武汉艺电论坛

第三辑

系列文集

主　编　叶朝辉

交融思想　砥砺创新

华中科技大学出版社
http://www.hustp.com
中国·武汉

图书在版编目(CIP)数据

武汉光电论坛系列文集. 第三辑/叶朝辉主编. —武汉:华中科技大学出版社, 2016.10
ISBN 978-7-5680-2044-2

Ⅰ.①武… Ⅱ.①叶… Ⅲ.①光电子技术-文集 Ⅳ.①TN2-53

中国版本图书馆 CIP 数据核字(2016)第 155543 号

武汉光电论坛系列文集(第三辑)
Wuhan Guangdian Luntan Xilie Wenji(Di-san Ji)

叶朝辉 主编

策划编辑:徐晓琦
责任编辑:谢 婧
封面设计:原色设计
责任校对:马燕红
责任监印:周治超
出版发行:华中科技大学出版社(中国·武汉) 电话:(027)81321913
武汉市东湖新技术开发区华工科技园 邮编:430223
录 排:武汉楚海文化传播有限公司
印 刷:武汉鑫昶文化有限公司
开 本:710mm×1000mm 1/16
印 张:13.75
字 数:293 千字
版 次:2016 年 10 月第 1 版第 1 次印刷
定 价:34.80 元

《武汉光电论坛系列文集》(第三辑)
编　委　会

序 preface

2008 年 3 月，武汉光电国家实验室（筹）（Wuhan National Laboratory for Optoelectronics，WNLO）发起并组织举办了“武汉光电论坛”系列学术讲座。截至 2016 年 9 月，该论坛已经成功举办了 114 期。

武汉光电国家实验室（筹）是科技部于 2003 年 11 月批准筹建的五个国家实验室之一，由教育部、湖北省和武汉市共建，依托华中科技大学，与武汉邮电科学研究院、中国科学院武汉物理与数学研究所、华中光电技术研究所等三家单位共同组建。武汉光电国家实验室（筹）是国家科技创新体系的重要组成部分，也是“武汉 · 中国光谷”的创新研究基地。

武汉光电国家实验室的定位是：以国家重大战略需求为导向，面向国际科技前沿，开展基础研究、竞争前战略高技术研究和社会公益研究。实验室建设目标包括：建成开放的国家公共实验研究平台；建成光电学科国际一流的科学研究与技术创新基地、国际一流人才的汇集与培养基地，以及国际学术交流与合作中心。此外，实验室还肩负着“探索跨部门、多单位组建国家实验室的运行管理模式”的重要使命。

作为光电领域的国家实验室，我们的中心任务是致力于光电领域自主创新能力建设。四家组建单位在优势互补、资源整合与共享的基础上，面向国家中长期发展规划和行业发展的重大需求，以社会和科技发展需求为主导，通过项目牵引，联合建立科研团队。除探索性研究外，重点开展光电领域竞争前战略高技术研究，并强调前瞻性、创新性、综合性，重视自主研制先进的仪器设备和开发新的测量分析方法。实验室强调学、研、产结合，一方面积极引导科研团队承接企业的课题，为企业发展解决难题；另一方面也鼓励科研成果通过工程中心和企业实验室实现技术转移。

根据国家实验室的定位和建设目标，我们强调“依托光谷、省部共建、资源整合、区域创新”，并为“武汉光电论坛”确立了“交融思想、砥砺创新”的宗旨。论坛邀请在光电领域取得重要学术成就的科技专家，面向光电学科与产业发展的重大需求，介绍光电学科前沿和专业技术进展，讨论关键科学问题与技术难点，预测学科与产业发展趋势，从而打造融汇光电智慧的思想库，为促进“武汉 · 中国光谷”乃至全球的光电科技产业发展出谋划策。

为精益求精，保证论坛的学术水平，实验室制定了严格的流程，指定专人认真组织和协调。每期论坛的筹备工作都超过一周，旨在与主讲人充分沟通论坛要求和报告主题，务求报告能紧扣主题，介绍光电学科前沿和专业技术进展，讨论关键科学问题与技术难点，预测学科与产业发展趋势，提供一份业界、项目管理者、学术界都感兴趣的热点问题的综述，并能给相关行业或领域以启发。

“武汉光电论坛”目前已经引起业界的广泛关注，专业人士纷纷慕名而来。为拓展知识传播途径、搭建信息沟通桥梁，每期论坛的内容都会在有关部门和机构的网站上同步转发，供相关研究人员下载。现将第 60 ~ 84 期论坛的主要内容整理成文，并汇编出版（第 1 ~ 59 期已于 2009 年和 2012 年分别出版），借此使得所有信息对外公开，以促进学术交流与合作，引起共鸣。

感谢莅临“武汉光电论坛”并作出精彩演讲的各位教授和学者，感谢长期以来为“武汉光电论坛”忙碌的武汉光电国家实验室（筹）办公室全体职员，感谢参与“武汉光电论坛”的各位师生，感谢为此文集付梓作出努力的华中科技大学出版社的编辑。没有你们的努力，“武汉光电论坛”的发展不会如此迅速；没有你们的努力，也不会有本文集的面世。感谢教育部、国家外国专家局“高等学校学科创新引智计划（111 计划，B07038）”，光电子技术湖北省协同创新中心建设专项，以及华中科技大学校园文化品牌建设项目对“武汉光电论坛”的资助。

我们真诚希望能够通过本文集给大家带来一些思考和启示。知识的传递是一项崇高的事业，是一种不尽的幸福，更是一种无私的奉献。我们将不断完善“武汉光电论坛”，通过学术交流与合作，为大家奉献更加丰硕的成果。

武汉光电国家实验室（筹）主任 叶朝辉

2016 年 10 月

目录 contents

Ullrich Scherf 教授，德国高分子化学家。1988年在德国耶拿大学化学系获得博士学位。1990—2000年就职于德国美茵茨的马克思-普朗克高分子研究所，在Klaus Muellen教授的研究组从事共轭聚合物的合成研究。2000年，他受聘到波茨坦大学担任教授，并于2002年到乌帕塔尔大学担任高分子首席教授。他的主要研究方向为半导体聚合物及大分子的合成及其在OLED、有机固体聚合物激光、有机太阳能电池等方面的应用。他发明了梯形聚合物和全共轭嵌段聚合物，并在1998年和2011年分别获得Meyer-Struckmann研究奖和Odysseus Senior Award，已发表学术论文560多篇、申请专利14个和出版专著3本。

第60期

Synthesis as a Key Tool in the Development of Novel and Improved (Opto) Electronic Materials

Keywords：conjugated polymer，organic light emitting diode（OLED），organic solar cell，morphology，self-assembly

第 60 期

有机合成是光电子材料研究的重要工具

Ullrich Scherf

近年来，有机半导体材料已经成功应用于发光二极管（OLED）、场效应管（OFET）、传感器和太阳能电池（OPV）等领域，吸引了世界各国科学家的关注。今天我将主要围绕应用于光电子领域的有机半导体材料的合成做一个简要的报告，介绍该领域的研究进展以及本课题组所做的一些工作。

1. 共轭聚合物的发展

20 世纪 70 年代，Shirakawa、McDiarmid 和 Heeger 合作研究发现，反式聚乙炔暴露在卤素蒸气中后，其导电率可得到惊人的提高。例如，若以碘进行处理，导电率可提高 7 个数量级（作为对比，不导电的聚四氟乙烯的导电率为 10^{-6} S · m^{-1}；未掺卤素的顺式聚乙炔的导电率为 10^{-8} ~ 10^{-7} S · m^{-1}；未掺卤素的反式聚乙炔为 10^{-3} ~ 10^{-2} S · m^{-1}；掺碘的反式聚乙炔的导电率为 10^{3} S · m^{-1}；铜和银的导电率为 10^{8} S · m^{-1}），并提出聚合物导电的孤子理论。他们在有机导电聚合物领域的这一开创性工作，奠定了有机导体/半导体的基础，因而分享了 2000 年的诺贝尔化学奖。有机导体/半导体也成为近年来研究的热点。

1.1 常见共轭聚合物及合成方法的进展

继反式聚乙炔之后，陆续合成出了各种共轭聚合物（单双键交替的聚合物），如聚吡咯（PPy）、聚芴（PF）、聚 3-烷基噻吩（PT）等，其结构式如图 60.1 所示。通过对这些共轭聚合物性质的研究发现，高分子量的聚合物（ >10 000）具有较好的导电性；为了获得较高的分子量，并且利于加工，都需要材料具有一定的溶解性。为了合成满足需要的有机导体和半导体材料，化学家们开创了各种新颖的合成方法：Wessling/Zimmermann/Gilch 法合成聚对苯乙烯（PPV）；使用过渡金属（如 Pd、Ni、Cu 等）催化芳基-芳基、芳基-乙烯基、芳基-乙炔基耦合的各种人名反应，如 Suzuki 反应、Heck 反应、Sonogashira 反应、Still 反应、Yamamoto 反应等，可以合成聚对苯（PPP）、聚对苯乙炔（PPE）、聚噻吩（PT）、聚吡咯（PPy）、聚芴（PF），以及在有机太阳能电池中广泛应用的给体-受体交替共聚物；利用复分解反应可以合成 PPV、

PPE 以及聚酰胺（PA）等。通过图 60.2 所示的 Suzuki 反应或 Yamamoto 反应可以得到数均分子量高达 25 万的聚合物，重复单元在 900 以上，在常见溶剂如氯仿、甲苯、四氢呋喃等中，具有优良的溶解性，并且表现出良好的半导体特性。

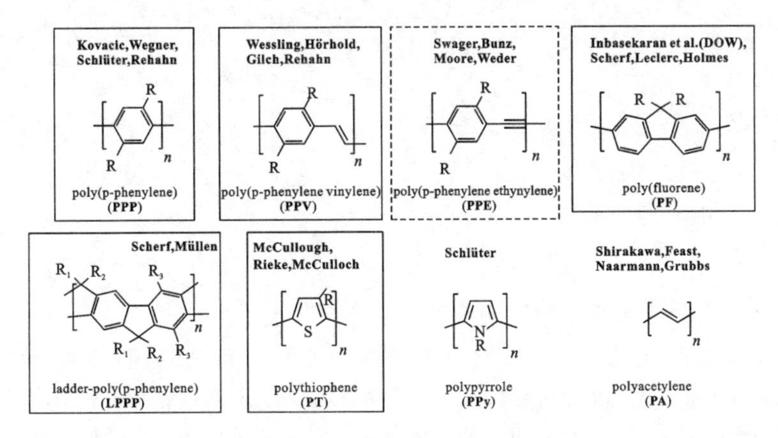

图 60.1　常见共轭聚合物结构式

$(RO)_2B$ … $B(OR)_2$　R R

Pd[0]　Pd[0]

Br … $B(OR)_2$　R R

Br … Br　R R

AB-type monomer

AA/BB-type monomers

Suzuki route(Mike Inbasekaran et al.,DOW)

Br … Br　R R　$Ni(COD)_2$

Yamamoto route(Ulli Scherf et al.)

图 60.2　Suzuki 反应和 Yamamoto 反应合成聚芴的反应式

1.2　试管刷概念（hairy-rod concept）

为了获得较高的分子量或者便于加工，需要材料具有一定的溶解性，这可以通过在聚合单体上引入柔性侧链来解决，如烷基链。如图 60.3 中 DHPPP 所示，直观地看，整个分子犹如试管刷一样，由刚性的主链和分散的侧链组成，因而将这一分子设计理念称之为试管刷概念（hairy-rod concept）。值得注意的是，侧链的引入会产生空间位阻，使相邻单体间的二面角增大，如图 60.3 所示，在 PPP 的 2，5 位引入侧链，将使相邻苯环的二面角由 15°～20°增大到约 80°；而在芴的 9 位引入烷基链，在保证共轭聚合物溶解性的同时，并不会造成显著的空间位阻，能够使相邻的单体保持较好的共平面特性，这对材料的半导体特性具有显著的积极影响。

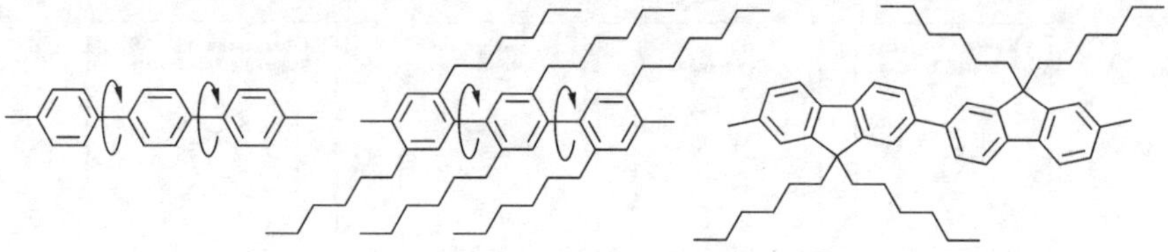

PPP　　DHPPP　　PFH

图 60.3　PPP、DHPPP、PFH 结构式

1.3　梯形聚合物（ladder-type polymer）

通过 C 原子桥连聚芴中相邻单体中的 3，6′和 6，3″，可以合成图 60.4 中的 LPPP，这种聚合物被命名为梯形聚合物，这是因为聚合物中的重复单元像梯子一样伸展，完全位于一个平面内，因而具有更好的共轭效果。材料几乎不受位阻、热振动的影响，即激发态具有较小的能量损耗，这可通过材料吸收光谱与发射光谱间的较小的 Stokes 位移来证实，如图 60.5 所示。

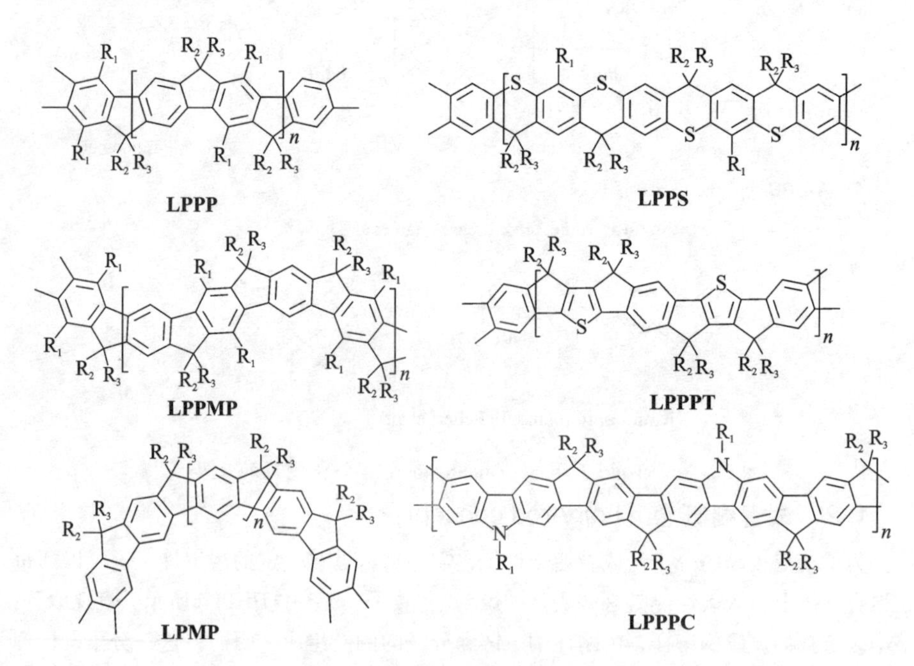

图 60.4　常见梯形聚合物的结构式

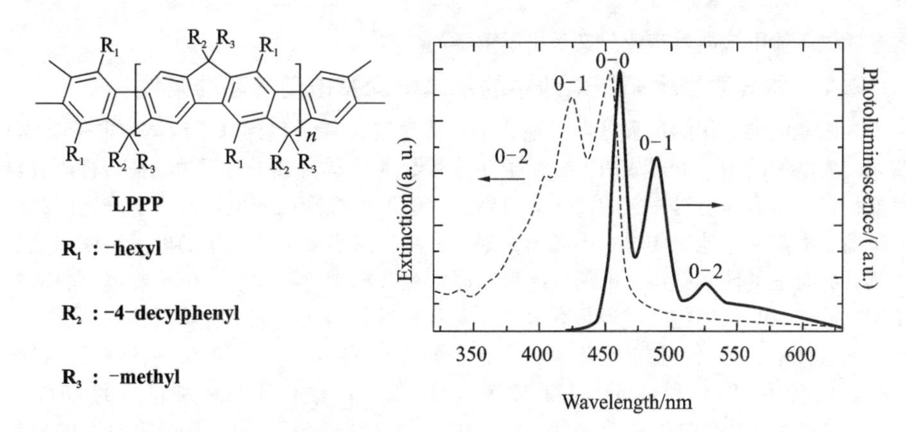

图 60.5　梯形聚合物 LPPP 结构式及其光谱（虚线为 LPPP 的吸收光谱，实线为 LPPP 的光致发光光谱）

尽管这种材料的器件效率并不理想，但由于其共平面性好，无结构缺陷，是研究有机半导体性能的理想材料。而且可以根据需要，利用不同的原子，如 C、N、S 等桥连相邻单体的不同位置，得到各种各样的梯形聚合物，如图 60.4 所示。同时我们可以将适用于小分子的合成方法用于合成新型的梯形聚合物，为梯形聚合物的合成提供丰富多变的合成路线。如图 60.6 所示，合成梯形聚合物 Spiro-LPPP 最后的关键一步即是小分子合成中常用的，用于合成 2，2′-取代螺芴的方法。

图 60.6　Spiro-LPPP 的合成路线

2. 共轭聚合物在有机太阳能电池中的应用

有机半导体材料已经成功应用于有机发光二极管、有机场效应管、有机太阳能电池等诸多半导体器件。本部分将主要就共轭聚合物在有机太阳能电池中的应用做简要介绍。聚合物太阳能电池由于具有材料易合成、来源广泛、制备过程简单、成本低、可挠曲等优点，成为新一代清洁能源发展的热点。2012 年初，加州大学洛杉矶分校的 Yang Yang 教授课题组报道了其已制备出转换效率达到 10.6% 的叠层太阳能电池，使聚合物太阳能电池向着产业化又迈出了重要的一步。

2.1 体异质结太阳能电池中的基本概念及电荷转移的条件

太阳能电池工作的过程可以简述如下：活性层材料（包括电子给体和电子受体）在太阳光激发的条件下形成激子，激子迁移到给体-受体界面处并发生电荷转移形成自由电荷，自由电荷通过相应的传输通道到达相应的电极形成光电流。激子分离形成自由电荷是太阳能电池工作过程中尤为关键的一步。这需要活性层中的电子给体和电子受体具有合适的能带结构。电子给体材料通常是共轭聚合物材料；电子受体材料通常使用富勒烯及其衍生物，或者具有 N 型半导体特性的材料。当两种物质共混后，在光激发的条件下，可以发生能量传输和电荷分离两种不同的过程。如果一种物质的最高占有轨道（HOMO）和最低非占有轨道（LUMO）能级位于另一种材料的 HOMO、LUMO 能级之间，将会发生荧光共振（FRET）能量转移，即激子从带隙较宽的材料转移到带隙较窄的材料上，如图 60.7（a）所示，也就是激子被束缚在了窄带隙的材料上，这种情况是无法发生电荷分离的，无法形成光电流。只有当两种材料的HOMO、LUMO 分别具有一定的能级差时，电子才会从给体材料的 LUMO 转移到受体材料的 LUMO 上（或者空穴由受体材料的 HOMO 转移到给体材料的 HOMO 上），从而形成自由电荷，产生光电流，如图 60.7(b)和图 60.7(c)所示。

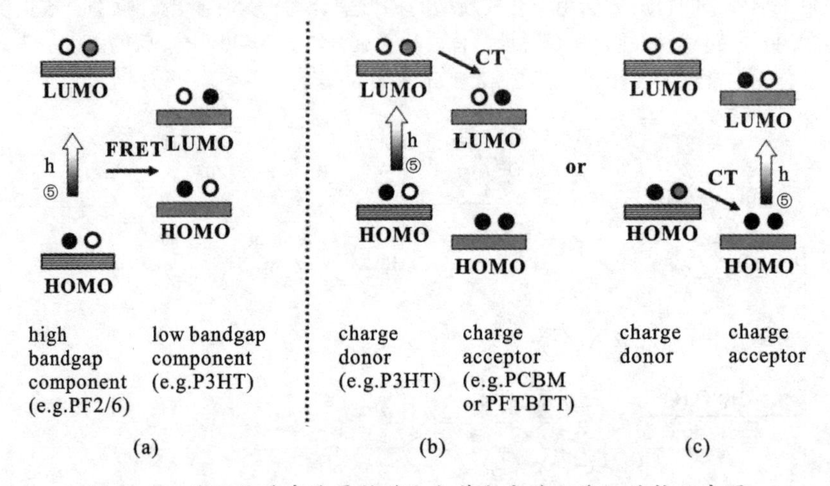

图 60.7 共混体系中能量转移和电荷分离过程能级结构示意图

有机太阳能电池通常采用三明治结构，即高功函的阳极与低功函的阴极夹着活性层的构造。而所谓的体异质结太阳能电池就是指活性层是由电子给体材料和电子受体材料共混涂膜，两种材料最终具有一定的相分离尺度，形成微观的异质结。这个结构的太阳能电池由于具有更大的给体/受体接触面积，易于激子分离形成自由电荷，是目前高效有机太阳能电池的主流结构。

2.2 窄带聚合物

太阳光的能量并不是均匀分布的，它在 700 nm 左右具有最大的能量密度，即太阳光谱中能量约为 1.7 eV 的光子所占的比例最大，考虑到太阳能电池中电荷转移过程中

的能量损失，理想的给体材料的带宽应该在 1.5 eV 左右。目前普遍使用的给体材料 P3HT 的带宽约在 2.1 eV，只能吸收部分的太阳光。通过在聚合物主链交替共聚富电子单体和缺电子单体可以有效降低带宽，有望拓宽吸收光谱，从而利于增大太阳能电池的电流，窄带聚合物 PCPDTBT 在 400 ~ 900 nm 均具有显著的吸收，器件效率比 P3HT 的也提高了 10%，如图 60.8 所示。

芝加哥大学 Luping Yu 教授课题组合成的窄带聚合物 PTB7 在 500 ~ 700 nm 范围内有良好的吸收，与 PC71BM 共混的薄膜在可见光范围内都具有显著的吸收（如图 60.9 所示），通过选择合适的溶剂（氯苯）和溶剂添加剂（1，8-二碘辛烷，DIO）制备出了光电转换效率高达 7.4% 的体异质结太阳能电池。

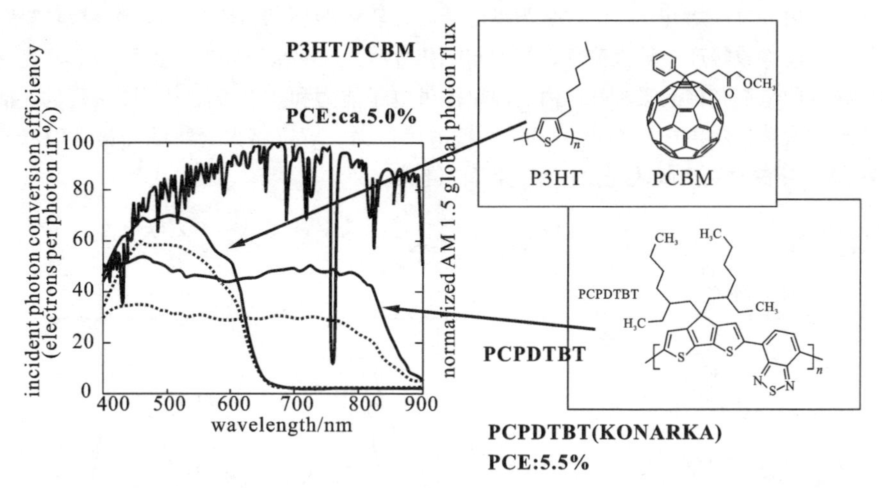

图 60.8　基于 P3HT、窄带聚合物 PCPDTBT 的有机太阳能电池的吸收光谱与太阳光谱的比较

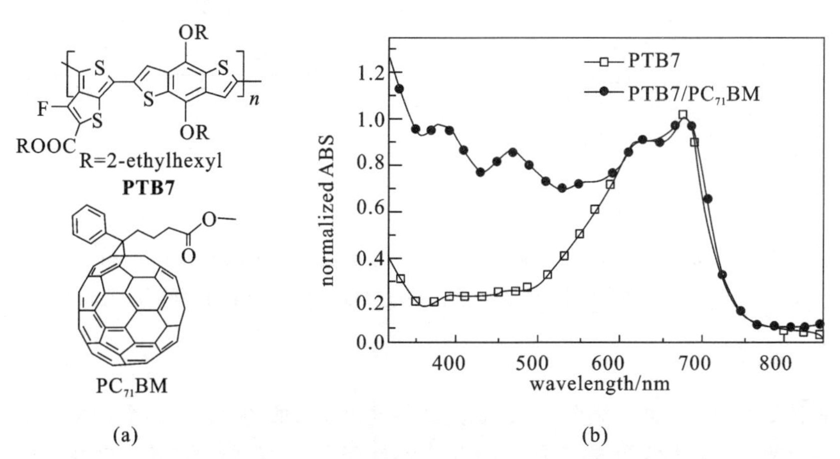

图 60.9　基于 PTB7:PC_{71}BM 太阳能电池中所用材料的结构式和吸收光谱

2.3 用于有机太阳能电池的新型单体的合成

目前文献报道的单个体异质结太阳能电池的最高光电转换效率已超过了 8%，但距离商业化所需的 10% 的光电转换效率还有一定差距。这不仅需要优化器件制备工艺，更需要通过化学合成来制备新颖高效的有机半导体材料以满足高效太阳能电池的需要。同时，化学合成也可以为研究有机半导体聚合物分子内以及器件中的能量传递、电荷转移等过程的物理机理而设计相应的材料。

本课题组利用聚合物主链交替共聚富电子单体环戊二烯并二噻吩和缺电子单体，合成了光电转换效率达到 4.6% 的高效窄带聚合物。同时发现通过将聚合物链中的富电子单体由环戊二烯并二噻吩改变为供电子能力较弱的环戊二烯并二噻唑，聚合物在长波范围的吸收峰产生较大蓝移，如图 60.10 所示，说明聚合物在长波范围的峰是聚合物链内的电荷转移的吸收峰，由链内单体供电子能力和拉电子能力共同决定的。而极大地增大聚合物主链中缺电子单体的拉电子能力，可以将聚合物的光谱带隙降至 0.75 eV，使聚合物的吸收光谱扩宽到近红外区域。

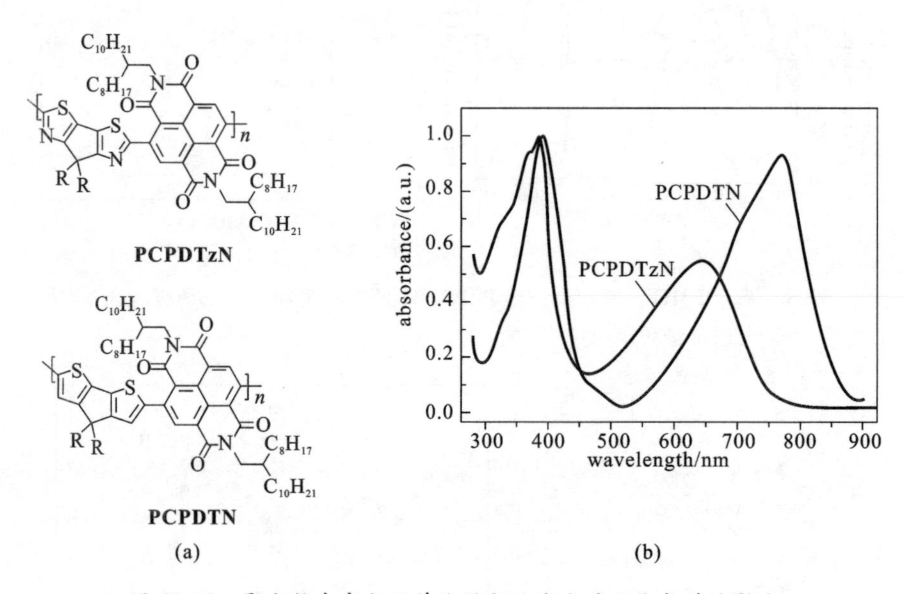

图 60.10 聚合物中富电子单体供电子能力对吸收光谱的影响

（a）PCPDTzN 和 PCPDTN 的结构式；（b）PCPDTzN 和 PCPDTN 的吸收光谱

3. 嵌段聚合物

嵌段聚合物是由两个聚合物片段通过共价键相连形成的。由于两个聚合片段的能级结构、极性、溶解性不同，所以嵌段聚合物具有分子内的能量传递、自组装行为等独特的性质，在有机太阳能电池中也有着一些特殊的应用。

3.1　嵌段聚合物的能量传递

我们合成了结构为 P3HT-b-PF-b-P3HT 的直型三嵌段聚合物，通过对其光谱的研究发现：溶液状态下，聚合物的吸收光谱具有 PF 和 P3HT 的特征吸收峰；在 380 nm 激发的条件下（PF 的最大激发），溶液仅表现出 PF 发光光谱（恰好位于 P3HT 的特征吸收峰范围内）；在薄膜状态下，由于 P3HT 具有更强的堆积特性，P3HT 的特征吸收显著红移；发光光谱中 P3HT 的发光强度也显著高于 PF 的发光强度，说明薄膜状态下，分子内存在显著的 Forster 能量转移过程（如图 60.11 所示）。

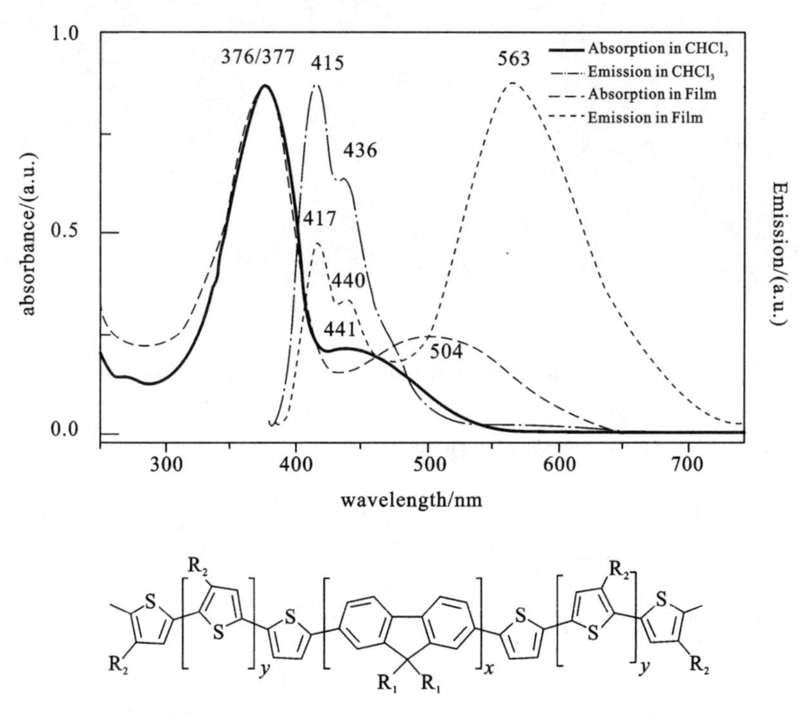

图 60.11　P3HT-b-PF-b-P3HT 的结构式及光谱

同时可以通过有效的化学合成手段，合成超支化嵌段聚合物 polytruxene-b-P3HT，合成路线及结构式如图 60.12 所示。这一嵌段聚合物分子内存在更为显著的 Forster 能量转移，发光光谱中 polytruxene 的发射峰消失，仅可见 P3HT 的发射峰，说明 polytruxene 形成的激子 100% 地传递给了 P3HT 聚合物片段。

3.2　嵌段聚合物的自组装行为

由亲水的聚合物片段和亲酯的聚合物片段构成的嵌段聚合物，在不同的溶剂中表现出多样的自组装行为。

我们将侧链末端含溴的噻吩引入到嵌段聚合物中，继而用亚磷酸酯基取代溴原子，合成出了噻吩嵌段亲水、聚芴嵌段亲酯的两亲性嵌段聚合物 PF2/6-b-P3PHT（合

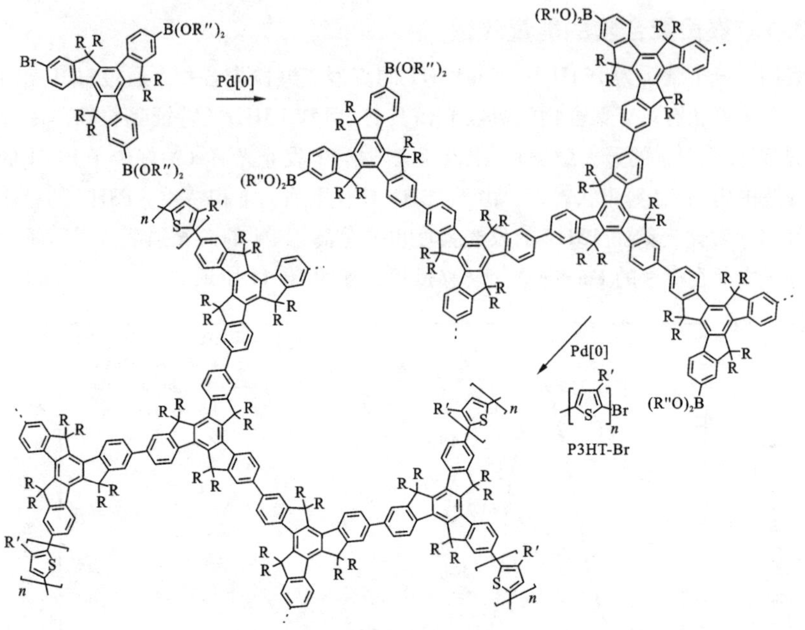

图 60.12　polytruxene-b-P3HT 的结构式和合成路线

成路线及结构式如图 60.13 所示）。可以将嵌段聚合物的数均分子量控制在 2 万~5 万，并且具有良好的多分散特性，PDI 为 1.4~2.0。

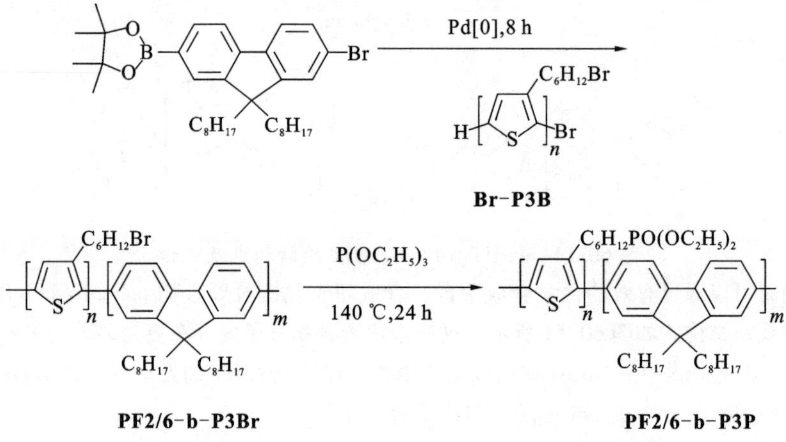

图 60.13　PF2/6-b-P3PHT 的结构式及合成路线

由于四氢呋喃（THF）能够很好地溶解聚芴嵌段和聚噻吩嵌段，因而 PF2/6-b-P3PHT 在纯的 THF 中是一个个独立分散的聚合物链。向 PF2/6-b-P3PHT 的 THF 溶液中添加聚芴的不良溶剂水（THF 中含水 10%~60%），聚芴嵌段将首先聚集；随着含水量的进一步增大（大于 70%），亲水的聚噻吩嵌段也将发生聚集形成微球，如

图 60. 14 所示。这一过程可以通过紫外可见光谱进行监测，可以看到当水含量大于 70% 的时候，由于 P3HT 堆积在 560 nm 形成的吸收峰开始形成并迅速增大，如图 60. 15 所示。

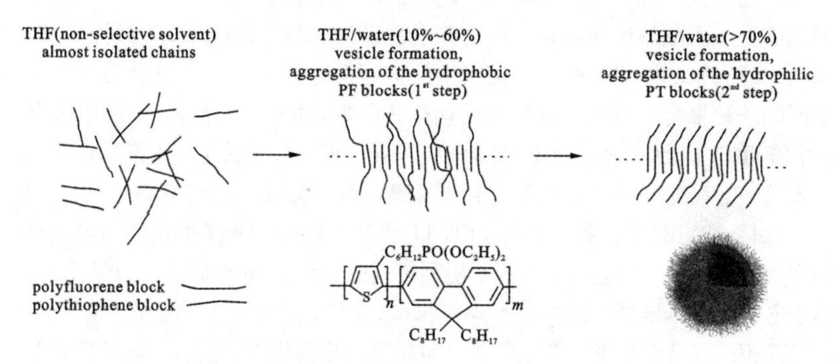

图 60. 14　PF2/6-b-P3PHT 在 THF/water 体系中自组装行为的示意图

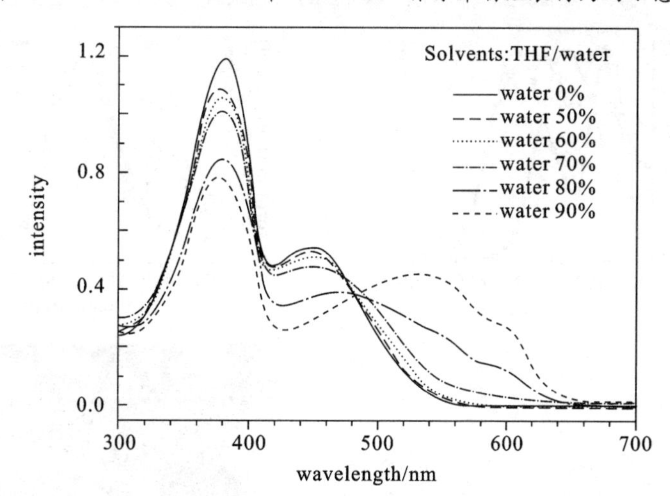

图 60. 15　PF2/6-b-P3PHT 在 THF/water 体系中随水含量变化的吸收光谱图

可以通过化学方法，将溴原子改变为极性更强的铵离子，如 PF2/6-b-P3TMAHT（结构式如图 60. 16 所示），从而使材料能够在甲醇（甚至水）中具有良好的溶解性；也可以将不同的单体引入到主链结构，如 PF6NBr-b-PF8（结构式如图 60. 16 所示）。

n　m　$C_6H_{12}N(CH_3)_3^+Br^-$　S　n　m

R　R　$H_{17}C_8$　C_8H_{17}　C_8H_{17}　C_8H_{17}

$R=(CH_2)_6N^+(CH_3)_3Br^-$

图 60. 16　PF2/6-b-P3TMAHT 和 PF6NBr-b-PF8 的结构式

3.3 嵌段聚合物在有机太阳能电池中应用

目前我们已经成功地将嵌段聚合物应用于有机太阳能电池中，并取得了一定成果。

如前所述，为了进一步地提高太阳能电池的光电转换效率，需要合成出吸收光谱与太阳光谱更加匹配的给体材料。目前普遍的设计思路是降低给体材料的带隙以拓宽吸收光谱，但通常的结果是吸收光谱发生红移而没有扩宽。嵌段聚合物可以连接吸收范围不同的两种聚合物材料，有望提供具有光谱吸收的给体材料。本课题组合成出了P3HT与PFTBTT嵌段共聚的给体材料P3HT-b-PFTBTT，发现这一嵌段共聚物在溶液中的吸收光谱一定程度上得到了扩宽，但在薄膜状态下会发生能量转移（如图60.17(a)所示）。更引人注意的是，由P3HT、PFTBTT和P3HT-b-PFTBTT共混制备的活性层在热退火的作用下，形成一种垂直于基板的层层排列的形貌（如图60.17(c)所示）。这是有机太阳能电池异于体异质结的另一种理想构型，因为这种形貌不仅利于增大给体-受体间的接触面积，并且利于电荷沿相应的电荷通道传输到相应的电极。尤为特殊的是，该体系的这种形貌具有热稳定性，即使在220 ℃的高温条件下保存2 h，也不会遭到破坏。

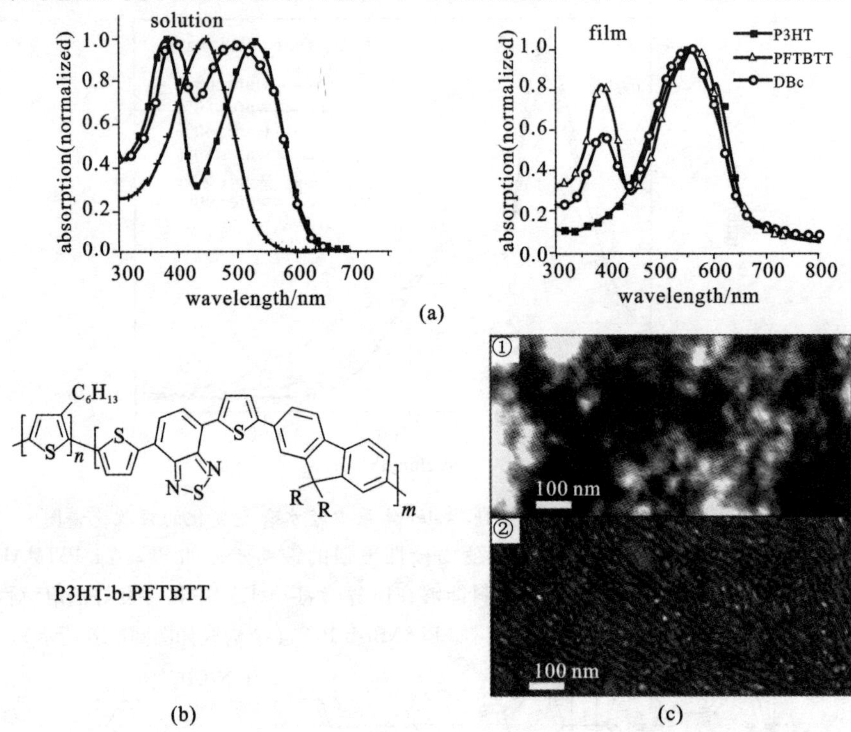

图60.17　P3HT-b-PFTBTT吸收光谱和AFM形貌图

(a) P3HT、PFTBTT和P3HT-b-PFTBTT在溶液中和薄膜状态时的吸收光谱；(b) P3HT-b-PFTBTT的结构式；(c) ①原子力显微镜（AFM）测得的高度图（最大高度为4 nm），②AFM测得的相图，样品为P3HT-b-PFTBTT (40%~50%) /P3HT/PFTBTT薄膜220 ℃退火2 h制备的

而共轭聚电解质（CPE）或者嵌段共轭聚电解质（BCPE）可以用于修饰活性层/阴极界面（太阳能电池结构及所用材料如图 60. 18 所示），实验结果显示 CPE 或者 BCPE 的引入可以同时增大短路电流（J_{sc}）、开路电压（V_{oc}）和填充因子（fill factor，FF），使得器件的光电转换效率提高 20% 左右（数据如表 60. 1 所示）。最新实验表明，这是由于 CPE 作为阴极修饰材料，会使侧链末端的极性极端定向排列，不仅可以提高器件的内建电场，从而增大开路电压，利于电荷传输，而且可以减小载流子的复合概率，增大短路电流，提高填充因子。

图 60. 18　共轭聚电解质 P3TMAHT 或 PF2/6-b-P3TMAHT 作为阴极界面修饰层制备的太阳能电池器件结构及活性层与修饰层材料的结构式

表 60. 1　有机太阳能电池阴极界面修饰前后关键参数一览表

PCDTBT:PC_{71}BM	J_{sc} /（mA/cm^2）	V_{oc} /V	FF /（%）	PCE /（%） Average	PCE /（%） Best
w/o CPE layer	9. 7 ±0. 3	0. 82 ±0. 04	61 ±2	5. 0	5. 3
w/Methanol	9. 7 ±0. 3	0. 88 ±0. 01	62 ±1	5. 3	5. 4
w/P3TMAHT	10. 8 ±0. 3	0. 86 ±0. 01	66 ±1	6. 1	6. 3
w/PF2/6-b-P3TMAHT	10. 6 ±0. 3	0. 89 ±0. 01	67 ±1	6. 2	6. 5

这些实验结果说明，嵌段共轭聚合物不仅可以用来调控活性层的形貌，而且可以用来修饰电极界面，是极具潜力且有待进一步研究的一种材料，必将引起有机太阳能电池这一研究领域科学工作者的关注。

4. 磷光 OLED 中主体聚合物

最后简单介绍我们在有机发光器件中的一些研究。OLED 中，由于电荷注入产生的单重态和三重态激子比例约为 1:3，为了充分利用电荷注入形成的激子，磷光 OLED 是目前 OLED 发展的一个重要方向。在磷光 OLED（PhOLED）中，主体材料的设计合成具有重要意义。主体材料需要具备以下性质：具有较宽的三重态能级，可以通过 Forster 能量传递将能量传递给带隙较窄的磷光材料。因而主体材料的重复单元中共轭长度要适度，甚至需要引入非共轭分子将共轭打断。我们利用傅克缩合反应合成出了主体材料 PME124（结构式及合成路线如图 60. 19 所示），三重态带隙为 2. 4 eV，满足 Forster 能量传递的需求。在磷光 7% 掺杂时，器件在 5 V 的驱动电压下电流效率达到最大值 17. 5 Cd/A。

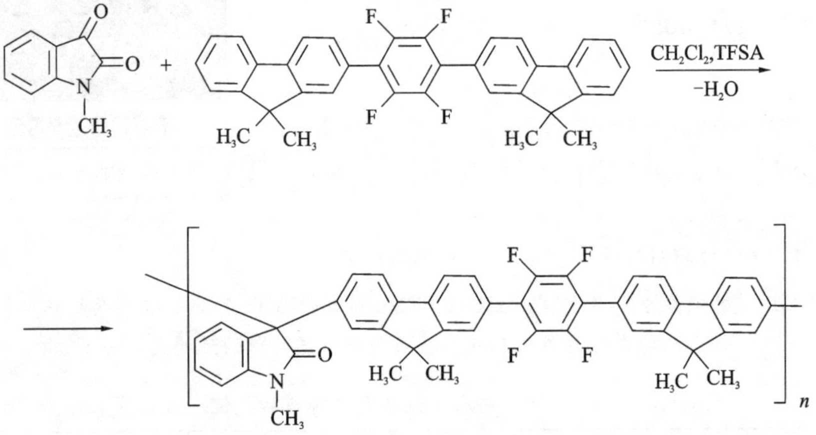

PME 124

图 60. 19　主体材料 PME124 的结构式和合成路线

类似地，可以利用还有两个活性位点的共轭单体和含有羰基的单体进行傅克缩聚反应，合成主链结构不同的磷光主体材料。

（记录人：屠国力　高翔　审核：Ullrich Scherf）

Shin-Tson Wu（吴诗聪） 中佛罗里达大学（UCF）光学与光子学院的Pegasus教授，在2001年加入UCF之前，曾在休斯研究实验室工作18年。吴教授在台湾大学获得物理学士学位，在南加州大学获得量子电子学博士学位。吴教授是IEEE、OSA、SID和SPIE的会士，曾获得SID的Slottow-Owaki奖（2011），OSA约瑟夫·弗劳恩霍夫奖/罗伯特·伯利奖（2010），SPIE的G. G. 斯托克斯奖（2008）和SID的正·珞佳门奖（2008）。他曾合作撰写了7本书籍，发表了400多篇期刊论文，申请了70多项美国授权专利。他是IEEE/OSA *Journal of Display Technology* 的创始总编辑。目前，吴教授担任SID的荣誉和奖励评审委员会委员，SPIE的斯托克斯奖评审委员会委员，并担任OSA出版理事会副主席。

第61期

Blue-phase Liquid Crystal Display：Next Disruptive Technology？

Keywords：blue-phase liquid crystal，Kerr-effect，stabilized polymer

第 61 期

蓝相液晶显示：下一代颠覆性技术？

Shin-Tson Wu

蓝相（blue phase，BP）是液晶中具有特殊性质的一个相态，是各种胆甾相液晶（胆甾醇衍生物和手性液晶）在稍低于清晰亮点时存在的热力学稳定相，它是介于胆甾相和各向同性相之间的一个狭窄温度区间（0.5～2 ℃）的相态，且相态稳定，由于通常呈现蓝色，故称为蓝相。由于蓝相的相对稳定和液体的流动性，目前蓝相液晶已经成为新一代显示的研发热点。

1. 蓝相液晶的优缺点

蓝相液晶（blue phase liquid crystal，BP-LC）和常用的扭曲排列（twisted nematic，TN）型液晶相比具有下列无法比拟的优点。

（1）具有亚毫秒的响应时间，不但使液晶显示器有实现场序彩色显示模式（场序彩色显示模式显示器的分辨率和光学效率是常规的 3 倍）的可能，同时还可以大大降低动态伪像。

（2）不需要定向层，可以大大简化制备工艺。

（3）暗场时光学上是各向同性的，所以视角大，并且非常对称。

（4）只要液晶盒的厚度大于一定值，其透明度对液晶盒的厚度不敏感，所以特别适于制作大显示屏。

虽然，蓝相液晶能保持相对的稳定性和液体的流动性，同时晶格参数又易于变更，是绝佳的可调式光子晶体。但是目前制约蓝相液晶大规模产业化仍需要解决的问题如下。

（1）蓝相液晶的温度范围过窄，由于蓝相只是仅存在于胆甾相和各向同性相之间的一个狭窄温度区间（0.5～2 ℃）的相态，因此很容易受到环境温度的影响。目前，随着聚合物稳定蓝相液晶的发现，蓝相液晶存在的温度范围已扩展到 -40～80 ℃，但是这里仍然有很大的发展空间。

（2）驱动电压是制约蓝相液晶产业化的一个重要的问题。目前各个研究单位都致力于提出新的电极结果或者注入方式来降低驱动电压以提高效率。

（3）磁滞现象和寿命问题也是阻滞蓝相液晶技术产业化的一个方面。

（4）对比度和高电压的保持程度也是影响蓝相液晶显示技术的关键。为了得到高的对比度，我们经常要减少节距和残余的双折射，提高透射比。而电压保持率则与材料的离子纯度以及光敏化剂有关。

2. 蓝相液晶发展历程

蓝相液晶的工作原理基于克尔效应。克尔效应是指与电场二次方成正比的电感应双折射现象，放在电场中的物质由于其分子受到电力的作用而发生取向偏转，呈现各向异性，结果产生双折射，即沿两个不同方向物质对光的折射能力有所不同。这一现象是 1875 年由克尔发现的，被称为克尔电光效应，或简称克尔效应。将蓝相液晶置于两平行电极板之间就构成一个克尔盒，外加电场通过平行电极板作用在蓝相液晶上，在外电场作用下，蓝相液晶就变为光学上的单轴晶体，其光轴方向与电场方向平行。当线偏振光以垂直于电场的方向通过蓝相液晶时，将分解为两束线偏振光，一束的光矢量沿着电场方向，另一束的光矢量与电场垂直。这两束光的折射率分别定义为正常折射率 n_0 和反常折射率 n_e，蓝相液晶最终双折射率的正负将由

$$\Delta n = n_e - n_0 = \lambda KE^2$$

来决定。其中 λ 是入射光的波长，K 是克尔效应常数，E 是外加电场强度。因为蓝相液晶有很强的克尔效应，所以该公式只适用于未饱和前的较小电场。但是从该公式也可以看出，简单的克尔盒是无法适用于显示器的，因为作为显示器，入射光是垂直于两平行透明电极板入射的，如果要产生与入射光相垂直的电场，只能将平行电极制作在不透明电极板上。同时，为了获得较强的电场，两平行电极必须靠得很近，也就是说要做成交叉指电极结构。而标准的克尔盒结构，电场是垂直于电极板的，继而入射光是平行于两个平行电极板入射的。

3. 蓝相液晶发展历程

蓝相液晶选用的是一种相对稳定且具有流动性的相态，其最早是在 1888 年由奥地利植物学家 Reinitzer 在观察的过程中首度发现的。他发现，在胆固醇苯甲酸酯的降温过程中，从 178.5 ℃开始冷却，在不到 1 ℃的温域内出现明亮的蓝紫色现象，这就是最早观察到的蓝相。此时只是观察到了蓝光效应，并且温度范围只有 1 ℃，并没有引发研究热潮。而在 1906 年，Lehmann 研究发现蓝相能选择反射可见光，而且这种色彩是光学各向同性的，他认为蓝相是一个与普通螺旋状相不同的一个稳定相。后来经过 Demus 等证实，蓝相不仅光学各向同性，而且不存在双折射现象。到此已经引发很多科研组开始对小分子蓝相液晶的研究。

1995 年，Kutnjakm 等报道了温度与热容的关系，说明在胆甾相至各向同性态之间存在 BPⅠ、BPⅡ和 BPⅢ，但是并没有清晰给出与蓝相的相互关系。Singh 等报道了相

与温度的关系，首次指出小分子蓝相不仅存在BPⅠ、BPⅡ和BPⅢ，而且还存在有临界点，不同的温度将会有不同的蓝相出现，可能有BPⅠ、BPⅡ和BPⅢ同时出现，也可能只出现BPⅠ和BPⅢ，或只出现一种蓝相。1983年，Grebel等提出了更完善的理论解释，称之为朗道（Landau）理论。该理论认为小分子BPⅠ为体心立方晶格，BPⅡ为简单立方晶格，但是朗道理论也有一定的局限性，并不能完美给出小分子BPⅢ的结构模型，也不能完全解释出现不同蓝相个数的原因。小分子蓝相液晶虽然理论已经趋于成熟，但是因为其窄的温度范围，不能满足进一步的科研理论研究，更无法实现产业化的应用。因此，2000年以来，越来越多的研究者将研究中心转向了如何提高材料的蓝相温度范围和驱动电压方面以及对聚合物蓝相的研究。在聚合物蓝相液晶的研究方面，2000年Heppke等合成了一系列手性和非手性的苯并菲衍生物，如图61.1(a)所示，此类化合物第一次报道了盘状的蓝相态以及铁电转换中间相。此后，Hirotsugu和Yoshiaki等首次利用聚合物来稳定小分子蓝相，该方法可以有效提高蓝相液晶的温度范围，使其扩展到66℃，另外一个优越特性是在常温条件下就有稳定的蓝相特性。这是目前世界上报道最先进的蓝相液晶技术。

R=　X　Y　O

(a)

F　F　$O(CH_2)_nO$　F　F

(b)

图61.1　苯并菲衍生物与含氟的对称液晶二聚物

然而聚合物稳定的小分子蓝相仍然属于小分子范畴，真正的聚合物蓝相研究却是始于20世纪末，但在聚合物蓝相液晶研究初期无论是侧链胆甾液晶聚合物蓝相，还是近晶聚合物蓝相，都在高温出现，并且在温度范围和驱动电压方面还无法满足产业化应用。直到2002年，日本九州大学的Masayuki等首次提出利用高分子安定法来拓宽蓝相温度范围，该技术使得蓝相液晶温度范围扩展到-13~53℃，并且表现出稳定蓝相的快速光电交流。2005年，剑桥大学Harry J. Coles和Mikhail N. Pivneoko教授首次报道了含氟的对称液晶二聚物，如图61.1(b)所示，该聚合物的BPⅠ液晶相区间最宽的温度范围可以扩展到44℃。该类型的聚合物掺杂有少量高度扭曲手性添加剂，在室温条件下也可以呈现出蓝相特性，同时由于该二聚体的结构特性和高挠曲特性，使得

该蓝相在电场作用下响应时间非常短（仅为10 ms）。而在2006年美国肯特州立大学的Yelamaggad等首次报道了新的含胆甾醇结构的非手性弯曲核心棒状二聚体结构，该聚合体结构能产生的蓝相温度范围均可扩展到14～22 ℃。而日本弘前大学的Yoshizawa等通过一系列的研究提出如果具有双轴性的手性液晶分子通过快速的电场诱导，那么将呈现出稳定的BPⅢ，这是由于分子双轴性和手性的耦合产生的。Seshadri等合成了一系列基于二茂铁的手性化合物，可以有效地展示出蓝相液晶。同时Buey等利用钯化合物自身的高螺旋性来设计高效的蓝相材料，该类型材料可以有效保持很长时间的玻璃态。在蓝相液晶的制作过程中，Wu等在2009年提出突起电极的设计理论，该理论可以产生强大的水平电场，而该电场能很深地穿入液晶分子。最优化的电极结构可以使得电压从50 V降低到10 V，如图61.2所示，并且可以保持高达70%的光透过率。此后该课题组又提出对电极进行刻蚀，从而在电极表面形成双穿透式的散射电场，使得开启电压降低30%，如图61.3所示。Chen等在2010年详细分析了磁滞效应对蓝相液晶的影响，该研究指出BP Ⅰ展示相对低的响应时间和磁滞效应，当聚合物稳定的时候将会发生磁滞效应变窄，响应时间缩短。但是对于BP Ⅱ则表现出没有磁滞现象和亚毫秒的响应时间。Cheng等利用垂直场转换模式和入射光倾斜技术可以有效地降低蓝相液晶的驱动电压，减少磁滞效应的影响，同时有效地提高了器件的光透过率。经过近几十年的发展，不管是在材料的设计上还是在对蓝相液晶器件的制作工艺上都有了很大的发展，已经为蓝相液晶技术产业化提供了很大的可行性空间。

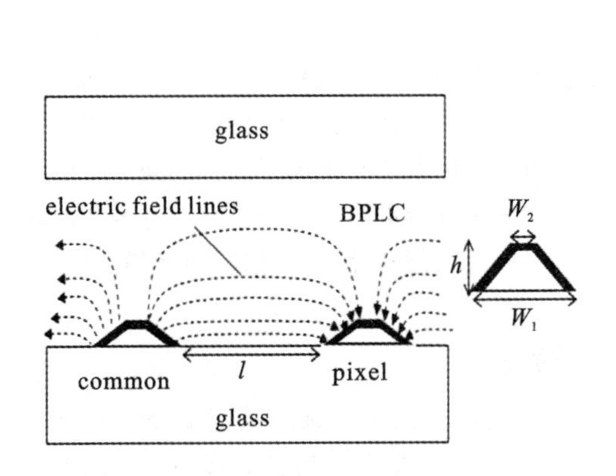

图61.2　最优电极结构

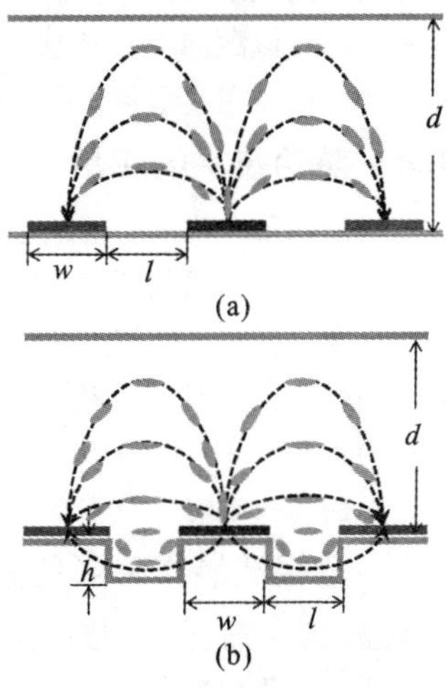

图61.3　在电极表面形成双穿透式的散射电场

4. 蓝相液晶的应用

蓝相液晶材料由于优秀的成膜性和可加工性以及其特殊的光学特性，在很多领域都得到了很广泛的应用。

4.1 蓝相液晶微透镜技术

由于蓝相液晶具有短的相干长度，使响应时间加快至亚毫秒级，使其不仅在液晶显示技术方面，而且在光电子器件方面都具有潜在的应用空间。尤其随着3D技术的发展，对自适应液晶透镜阵列的响应速度有了进一步的需求，采用快速响应的蓝相液晶用于透镜阵列的研究成为一种方向。

4.2 蓝相液晶选择反射和选择透射的应用

利用蓝相液晶对反射和透射的选择性来制作彩色滤色器、彩色滤光片、彩色偏振片等，同时利用选择发射光和选择透射光互补的光学特性来制作高性能的光学开关。此外，利用蓝相液晶反射波长会随温度变化的关系来指示难以测试温度场合的温度变化，具有不消耗能源、无污染、观察效果明显等优点。另外，利用蓝相液晶聚合物材料对光的选择反射与选择透过性能以及透过光与反射光存在的互补关系，且透过率高于反射率，从不同角度观察则色彩不同，因而可制作为迷彩材料。目前主要的应用是在可见光范围内，可以选择性地隐藏军事目标，比如用于飞机、坦克等的光学隐身。

4.3 蓝相液晶在显示器方面的应用

2008年5月，三星电子宣布推出首款图像帧率达到240 Hz的蓝相液晶电视面板，其帧率几乎是当时电视机的2倍。该电视具有超高速响应、更宽的视角。但是该公司在展会上展出的试制面板尚存在明显缺陷。虽然点缺陷以及线缺陷等阵列缺陷不是本质性问题，但看似配向不良造成的“斑点”状缺陷仍较为显眼。另外，画质也不够好。所以蓝相液晶在显示器方面的应用还有很大的发展和优化空间。

4.4 防伪技术的应用

用蓝相液晶聚合物制备的油墨，其印制品从不同角度会观察到不一样的色彩，具有一级防伪效果；利用其圆二色性做二级防伪，这种防伪不消耗任何能源；利用不同的织构、选择反射和选择透过性能做三级防伪。该技术同时集成了三种不同的防伪特性，其应用目前在国内外尚未见报道。该防伪技术可以被广泛应用于高端有价证券防伪，也可用于军事文件等特殊需求的物品，有重大的创新性，同时具有我国的自主知识产权，可提高我国防伪技术水平。

4.5 蓝相液晶作为彩色液晶颜料的应用

由于蓝相液晶聚合物可以作为彩色颜料，故而必然会给服装界带来新的机遇和挑战。而同样由于蓝相液晶独特的选择反射性能，可以在不同角度下观察到不同的颜色，也必然会给面料的改革带来新的方向。其对光的选择性反射，也会给绘画、广告行业带来新的契机。

5. 蓝相液晶的展望

由于蓝相液晶技术拥有微秒级响应时间、无需定向层、暗场时光学上是各向同

性、视角大、透过率对液晶盒厚度不敏感、易于大屏制作等优点，其具有更加美好的发展前途，并且目前的现状已经表明产业化指日可待。但是从三星等国际显示公司样机性能来看，蓝相液晶与传统的液晶显示相比还有比较大的差距。我们坚信随着多年大量研发资金的投入，终会克服一个个难点，将蓝相液晶显示器成功推向市场。同时，蓝相液晶聚合物的选择反射和选择透射，以及透射光与反射光的互补特性，必定会对建立晶体光学的新概念与新分支扩宽更大的领域，更会带给光学、防伪、国防等领域重大的创新机遇，从而提升我国在这些领域的整体水平和国际地位。

（记录人：王磊）

李灿　中科院院士，中国科学院大连化学物理研究所研究员，催化基础国家重点实验室主任，大连洁净能源国家实验室（筹）主任，中国化学会催化委员会主任，国际催化学会理事会主席。

2003年当选中国科学院院士，2005年当选英国皇家化学会会士、第三世界科学院院士，2008年当选欧洲自然和人文科学院院士。在学术刊物发表正式论文400余篇。2004年获得“国际催化奖”，也获得了国家自然科学奖二等奖、国家技术发明奖二等奖、中国科学院自然科学奖二等奖、香港求是科技基金杰出青年学者奖、中国青年科学家奖、何梁何利基金科学与技术进步奖、中国科学院杰出科技成就奖等。

他主要从事催化科学和光谱学的研究工作。研制了具有自主知识产权的国内第一台用于催化材料研究的紫外共振拉曼光谱仪，并开始了商品化生产；在国际上最早利用紫外拉曼光谱解决分子筛骨架杂原子配位结构等催化领域的重大问题；发展了纳米孔中的手性催化合成和乳液催化清洁燃料油超深度脱硫技术等。

近年来致力于太阳能科学利用的研究，针对太阳能光-化学转化核心科学问题开展工作，在太阳能光催化制氢的基础研究方面取得重要进展。提出双助催化剂概念，发现表面异相结促进电荷分离和光催化活性，保持着光催化量子效率的国际记录，对发展高效、廉价光催化剂及其太阳能光催化制氢过程具有重要的科学指导意义和潜在的应用价值。相关研究结果发表在 *Angew. Chem. Int. Ed.* 和 *J. Am. Chem. Soc.* 等国际学术刊物中，美国 *C&E NEWS* 对其相关研究进展在 Science & Technology Concentrates 栏目中给予 Highlight 报道。多次在美国 DOE 能源战略会议和法国化学学会可再生能源高峰会议等重要国际会议上就太阳能光-化学转化利用作大会特邀报告。

Research on Solar Hydrogen Production

Keywords：solar science，solar hydrogen production，photocatalysis reaction，photochemical reactions，semiconductor materials

第 62 期

太阳能光催化制氢的科学机遇和挑战

李 灿

1. 能源问题

联合国对人类生存所面临的问题进行了统计，在人类生存所面临的诸多问题之中，最引人关注的前十大问题，如能源、食物、水、安全等，能源问题排在第一位，是重中之重。能源问题不光是能源问题本身，它还带来了其他一系列影响。著名诺贝尔奖获得者 Smalley 曾在美国国会上这样讲：世界上的问题很多，其中能源问题是最重要的问题，如果把能源问题解决掉的话，其他问题将得到一定的缓解。在中国，能源问题是一个很大的问题，也是一个很危急的问题。在我国，能源主要依赖化石能源，占到所有能源的 90%，其中煤占到了 70%。我国的能源呈现出这样的特点：富煤，贫油，少气；相对来讲，煤多一点，油很少，天然气更少。由于我国人口基数大（超过 13 亿），每个人可利用的煤也是很少量的，因此我国的能源比较紧缺。此外我国能源结构性矛盾短期内难以改变。近年来我国 GDP 提升很快，是一件很鼓舞人心的事，但伴随着经济的快速增长，所消耗的能源也越来越多，特别是化石能源的消耗。大量化石能源的使用致使 CO_2 的排放量大大增加，也加剧了环境问题。两年前，我国的 CO_2 排放量超过了美国，成为世界上 CO_2 排放量最多的国家，并且排放量还在持续增加。随着世界各国对全球环境的日益重视，我国在国际社会上所面临的环境压力越来越大，不少西方国家提出“碳税”等策略来抑制中国的发展。因而，能源问题必将成为中国持续发展的瓶颈。

2. 可再生能源——太阳能

随着化石能源的日渐枯竭，能源问题日益严峻，我们必须要找到应对它的方法。大的方向上，大家都达成了共识：其一，对现有的化石能源进行洁净高效的利用，这方面的工作也是很重要的；其二，发展洁净能源转化技术以及可再生能源，特别是发

展可再生能源在我国是迫在眉睫的。对现有化石能源洁净高效的利用，发展洁净能源转化技术以及开发可再生新能源，从而构成多元化的能源体系，是我国实现可持续发展的关键。大体上来讲，新能源主要包括以下几个方面：核能、太阳能、风能、地热、生物质能。其中风能、生物质能都与太阳能或多或少有所关联。关于核能，正如大家所知道的那样，我们国家近年来也在大力发展。在瑞士论证的时候，我们国家期望在2020年，核能能够占到总能源的5%～10%，要实现这一目标是有很大难度的。另外，核能也存在许多问题：首先，存在着安全隐患；其次，建设核电站成本也比较高，并不是一件很容易的事；此外，我国也是个贫铀国家，核资源并不丰富，需要从国外进口。其他可应用于工业上的能源主要是太阳能、生物质能。实际上我们现在所用的化石能源，煤、石油、天然气也是太阳能经过亿万年的转化而成的生物质能。当下的一些可再生能源，太阳能、风能、水能、生物质能，其中太阳能最受关注。太阳能之所以最受关注的原因如下：有人曾经做过这样的研究，在2008年，人类的能源需求为15 TW，按照目前的发展速率到2050年，这一数值将增至27 TW，而到这个世纪末，那时的能源需求将达到46 TW。能源需求这么快速地增长，而化石能源日渐枯竭，因而我们必须发展可再生能源来满足日益增长的能源需求。可再生能源分成两类：一是太阳能；二是不直接利用太阳光的太阳能，像风能、潮汐能、生物质能等，这些全部加起来也就是24 TW。可以预见到了2050年，如果化石能源紧缺的话，单依靠这些非太阳能的可再生能源显然满足不了能源的需求。太阳能却很丰富，单单每年照射到地面的太阳能就达到12 000 TW，只要我们能利用其中的0.2%～0.4%，那么就能够满足本世纪末46 TW的能源需求了。因而，在全球能源的发展之中，太阳能始终是必选途径之一。非常幸运的是，我国是一个太阳能资源十分丰富的国家，特别是在我国的西部地区，像新疆、西藏、四川等地，因此，在我国发展太阳能是很有优势的。

3. 太阳能的利用途径

太阳能的利用途径有很多种，我们大家比较熟悉的是太阳能发电，即光伏过程；我们还可以利用太阳能转变为热能；将太阳能转变为化学能，像太阳能制氢；利用太阳能来制备油脂，即转变为生物质能。目前，太阳能发电体系比较成熟。从20世纪50年代起的第一代太阳能电池，利用单晶硅、多晶硅发电，已占到太阳能电池市场90%的份额。由于制造成本较高，市场无法接受等，目前其主要在西方发达国家使用，在我国较少使用。为了降低生产成本，人们又研发了第二代太阳能电池——薄膜太阳能电池，如CuInGaSn、TeCd、GaAs等太阳能电池，但由于使用了重金属元素，存在一定的安全隐患。因此，为了进一步降低成本，减少环境污染，人们又开发了第三代太阳能电池——有机太阳能电池、量子点太阳能电池、染料敏化太阳能电池。我们在大连的实验室也做一些太阳能电池，像薄膜硅、量子点、染料敏化太阳能电池，今天由于时间有限，在这里我就不讲了，主要讲一下太阳能转变为化学能，其中最具代表性的是太阳能制氢，即太阳能制氢的一些研究进展和成果。

4. 太阳能制氢的机理

到目前为止，对太阳能制氢的研究主要集中在如下几种技术：热化学法制氢、电化学分解法制氢、光催化法制氢、人工光合作用制氢和生物制氢。太阳能直接热分解水制氢是最简单的方法，就是利用太阳能聚光器收集太阳能直接加热水，使其达到2 500 K（3 000 K以上）以上的温度从而分解为氢气和氧气的过程。利用太阳能发电来电解水，也是一种太阳能制氢的手段，关键太阳能发电的成本能够降下来。光催化制氢在太阳能制氢中是最受瞩目的，也是能源化学领域的重大前沿学科，近二三十年来，大家投入了很多的精力来做这方面的工作。在太阳能制氢中，最关键的是这两个反应：

$$H_2O \longrightarrow H_2 + 1/2O_2 \quad (1)$$

$$CO_2 + 2H_2O \longrightarrow CH_3OH + 3/2O_2 \quad (2)$$

反应（1）是水在光的作用下，分解释放出氢气和氧气的反应，也是电解水的反应；反应（2）是水和二氧化碳在光的作用下生成有机质，并释放出氧气的过程，类似于植物光合作用的反应。本质上这两个反应都是水的分解的反应，也是人类一直在追求的反应，被称为化学领域的“哥德巴赫猜想”。这两个反应本身就可以形成封闭体系，即水分解产生的氢气和氧气，在释放能量的过程中又重新生成了水。一旦这两个反应在工业条件下能较好实现，那时人类就可以不依赖于化石能源了，只需依赖太阳能，就可以实现人类自身的能源供给。这种理想状态的封闭能源，在将来人类探索更加遥远的外太空，或者在没有能源供给的外星球生活，具有重大的战略意义。

水分解一直是人类想攻克的难题，图62.1是水分子的电子能级图。众所周知，化学键要打断的话，一是将成键电子激发到反键轨道上，二是外界提供电子到反键轨道上，从而实现化学键的断裂。就水分子而言，要打断氢氧键，将成键轨道上的电子激发到反键轨道上，需要 8 eV 的能量。如果想依靠热来分解水的话，那么将需要2 000 ℃的高温，这种方法耗能高，不经济，且效果差。如果要依靠太阳光直接分解水，那么需要的波长大约为170 nm，然而光线经过大气的吸收、散射，实际到达地面的太阳光中波长200 nm的光线几乎没有。因此，人们在分解水的探索中选择了光催化的方法。催化的原理就是将热力学上可行的反应，利用催化活化转变为动力学上可行

的反应。然而分解水是热力学上不可行的反应，因此，需要向体系里注入能量，使之在热力学上可行。同时为了使反应顺利进行，需降低反应的活化能。

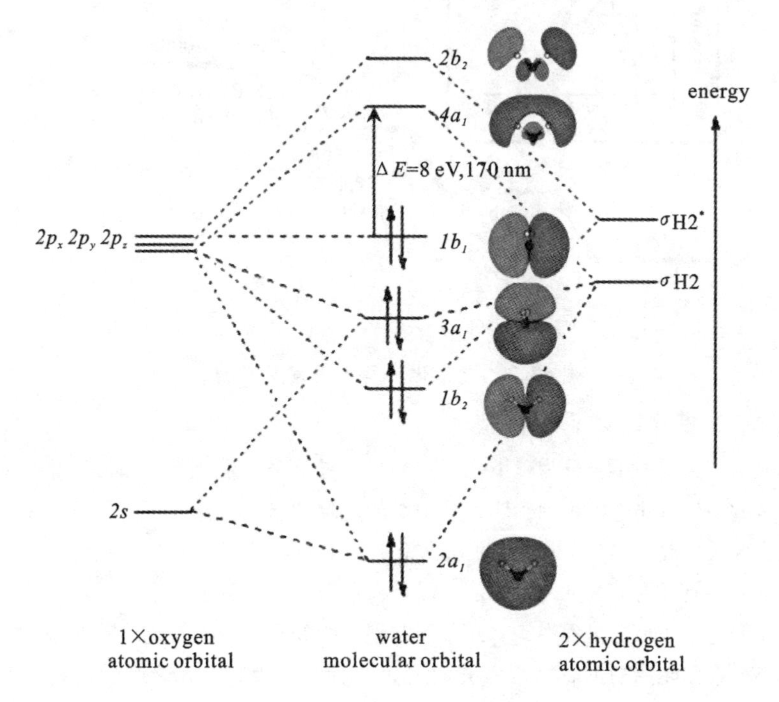

图 62.1　水分子电子能级图

5. 光催化剂

5.1　光催化制氢的发展历程

20 世纪 70 年代，日本的科学家在光催化分解水体系中引入了 TiO_2 催化剂，在紫外光的照射下，光催化转化水的量子效率在 0.1% 以下，经过十多年的发展，他们将量子效率提升至 20% 多，到 20 世纪末，紫外光催化分解水的效率达到 70% 。由于大气对太阳光的过滤，实际上到达地面的紫外光的能量只占到达地面太阳光总能量的 5% ，即便将所有的紫外光都利用起来，对太阳光的利用率也是很低的。理论上 1 000 nm 以下的太阳光都可以催化分解水，实际 700 nm 以上的红外光能量太低，还不足以催化分解水，因而，人们目前主要利用的还是集中在 400 ~ 700 nm 的可见光区，这部分能量占太阳光到达地面总能量的 43% ，是很有发展前景的。因此，从 2000 年至今，人们又开始开发在可见光照射下的光催化分解水的催化剂。目前最好的量子效率已达到 6% ~ 7% 。光催化分解水的发展历程如图 62.2 所示。

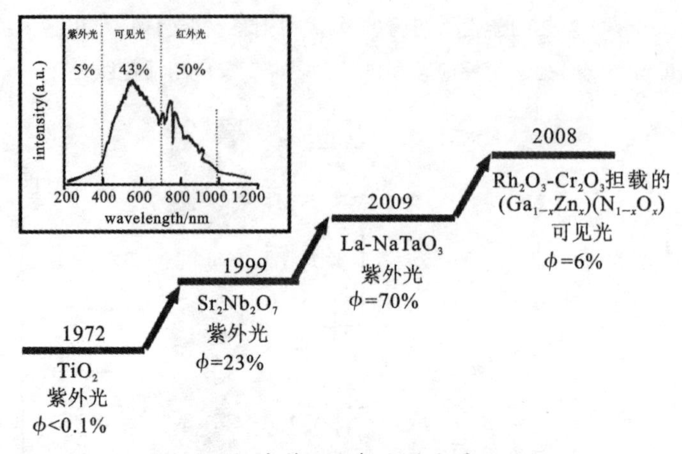

图 62.2　光催化分解水的发展历程

5.2　光催化的体系和机制

目前的光催化剂主要分为以下几类：一是半导体类光催化剂；二是均相的光催化剂；三是敏化材料的光催化剂；四是仿生类的光催化剂。在这几类光催化剂中，半导体光催化剂是发展最好、最有前景的光催化剂。目前，人类可用的半导体类光催化剂有 100 多种，但可用于可见光区的催化剂只有几种，且效率还很低。

在光催化分解水的过程中，有几个问题很值得我们研究。首先，需要一种高效的吸光材料。太阳光照射时，材料首先对光进行捕获、吸收。光吸收的过程就是激子（电子和空穴）产生的过程，激子的寿命很短，大多数都当场复合掉了，只有少量的激子能够存在。这些激子要向表面发生迁移，进而到反应活性中心去分解水，在激子迁移的过程中，也会发生复合。因而，还必须提高光生激子的分离和迁移速率。当光生电子和光生空穴迁移至催化活性中心时，活性中心的反应活性也极大地影响了氢氧的释放过程。因此，也必须找到高的催化反应活性中心。综上所述，我们不难知道，一个好的催化剂必须具备以下三点：一是高效吸收太阳光；二是高速的激子分离和迁移速率；三是高活性的反应活性中心。

5.3　光催化剂的组成

图 62.3 很好地展现了一个光催化剂的组成部分，主要包括光吸收剂（photo harvest）和助催化剂（co-catalyst）。

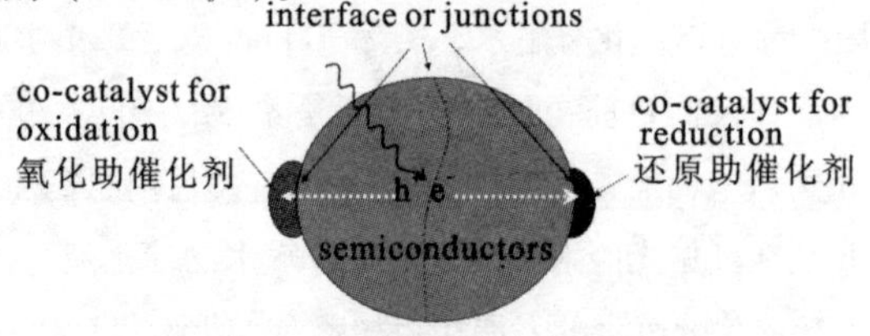

图 62.3　光催化剂的示意图

5.4 光催化剂活性影响因素

在开发新型高效的光催化剂时，我们必须考虑到材料的晶体结构、物相、缺陷、形貌、量子效应、掺杂以及掺杂浓度的问题，因为这些因素都会影响材料自身的电荷分离、迁移，光吸收剂与助催化剂界面的电荷传输。

5.5 物相结构

对于纳米尺寸的光催化剂，其体相及表面的不同物相比例对光催化的影响研究甚少。为此，我们发展了一种紫外拉曼光谱来研究纳米粒子表面的不同物相结构。下面我以大家都很熟知的 TiO_2 为例来讲一讲物相结构对光催化效率的影响。通常 TiO_2 是用溶液法焙烧制的，将无定形的 TiO_2 经过高温焙烧产生 Anatase 相 TiO_2(A)，对 TiO_2(R)进一步进行焙烧，产生了晶红石，即 Rutile 的 TiO_2(R)，且随着焙烧温度的不同，两相的比例也不一样。我们研究发现 A 具有较高的光催化效率，而 R 相催化效果很差，尽管 R 相在高温焙烧的过程中有良好的晶相结构。这项研究告诉我们同一种材料，它的晶相不一样，它的催化活性有很大差别。

在此基础上，我们进一步研究发现当表面是 A 相时，其活性与纯的 A 相的催化活性是一样的，而当 R 相表面生成有少量的 A 相时，它的催化活性是最高的，如图 62.4 所示。这说明对于光催化剂，表面上的物相非常重要，它极大地影响了其光催化活性。

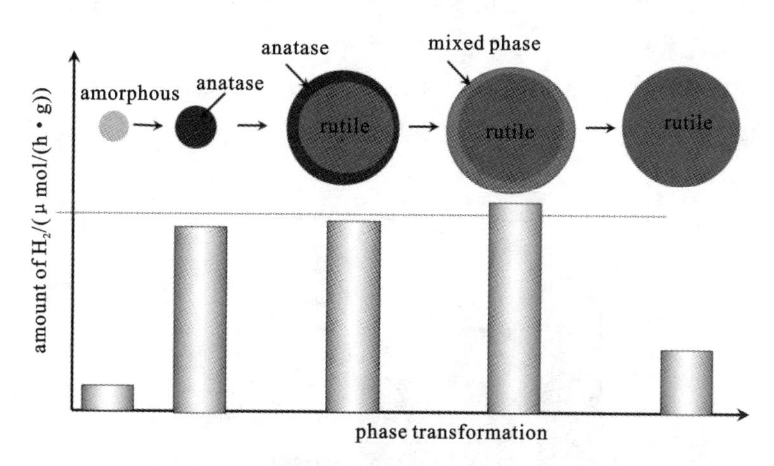

图 62.4 Anatase 相向 Rutile 相转变的光催化效率

为了进一步探究表面物相组成对光催化活性影响的本质原因，我们首先制备了 R 相的核，通过沉积的办法，在 R 相上缓慢生长一些 A 相的粒子，随着 A 相粒子的增多，TiO_2 的催化活性有显著的提升。我们通过高分辨率的电镜发现，在 R 相和 A 相之间形成了良好结，R 相的晶格和 A 相的晶格有很好的过渡。在物理中，我们知道两种材料的异质结有利于电荷的分离，因此我们将 A 相和 R 相之间的结类比于不同材料的异质结，从而加速光生电子和空穴的分离，提高催化活性。

为了进一步探索这样的结论是否具有普适性，我们以 Ga_2O_3 为例做了如下的实验。Ga_2O_3 是一个很好的光催化分解水的催化剂，通过 α 相和 β 相，α 相的活性是 β 相的 2～3 倍。Ga_2O_3 先在低温焙烧生成 α 相，继续焙烧，当温度升至 863 ℃，β 相开始在表面出现，此时催化活性得到极大提升，最大可达到 α 相的 3～4 倍，β 相的 7～8 倍，当表面全部生成 β 相时，即形成核壳结构，此时的催化活性与 β 相的基本一致。这也进一步证明了我们前面的结论是具有普适性的。

近期我们通过超快光电子能谱研究，发现当 α 相与 β 相生成相表面结时，α 相向 β 相的电荷转移过程是 3～6 ps，而荧光复合所需的时间是 50～100 ps，所以物相之间的电荷转移远快于荧光复合。这直接证明了物相之间的结构能够加速电荷的分离，从而提高催化活性。

6. 助催化剂

我们在发展光催化剂的过程中，发现了下面一个有趣的现象。

CdS 本身对可见光有较好的吸收，但自身催化活性低，MoS_2 本身的光催化活性也很低。当将少量的 MoS_2(0.1%～0.2%)沉积在 CdS 表面时，其催化活性提高 30～40 倍，甚至超过了用贵金属 Pt 作为助催化剂的活性。为了进一步探究其机理，我们研究发现：尽管 CdS 和 MoS_2 的晶格结构不同，但二者形成的相界面并没有无定形的结构，这意味着二者在原子结构上形成了较好的异质结，有利于电荷的分离，从而提高其催化效率。而以 Pt 做助催化剂的话，它与 CdS 之间形成肖基特结，是不利于电子的分离和传输的，所以光催化活性较前者的低。CdS 上不同助催化剂的催化效果如图 62.5 所示。

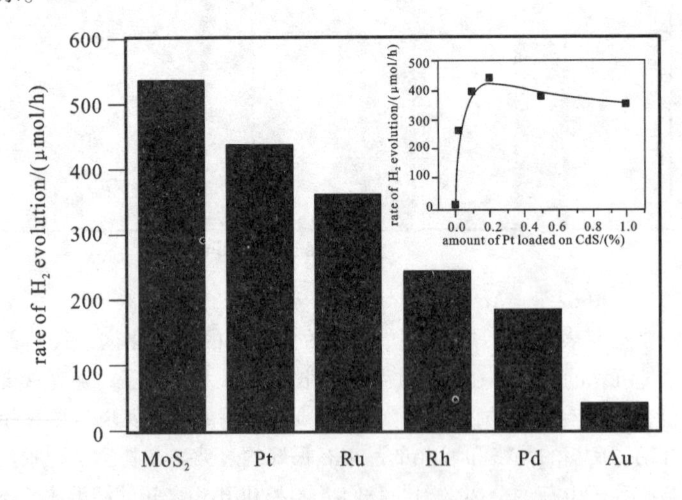

图 62.5　CdS 上不同助催化剂的催化效果

7. 双助催化剂

众所周知，生物光合过程是一个条件温和、非常高效的光催化过程。从中我们了解到其催化过程具有以下两个特点：一是催化体系中存在两种助催化剂，即氧化催化剂和还原催化剂；二是两种催化剂在空间上是相隔开的，这意味着在激子一旦分离为光生电子和空穴，它们将迁移至不同的区域，将极大地降低电子和空穴的复合概率，从而提高催化效率。这意味着几乎所有分离的光生电子和空穴均可以参加催化反应，鉴于此，我们也设计了具有空间分离的双助催化剂的光催化剂。

我们在 CdS 吸光材料上同时引入 Pt 和 PdS，催化效率提升十分明显，达到了 93%，这是首次量子效率超过 90%，其中 Pt 是还原催化剂，PdS 是氧化催化剂。Pt-PdS/CdS 双助催化剂催化分解水图示如图 62.6 所示。当分别单独引入 Pt 或者是 PdS 时，量子效率达到 40%～50%。

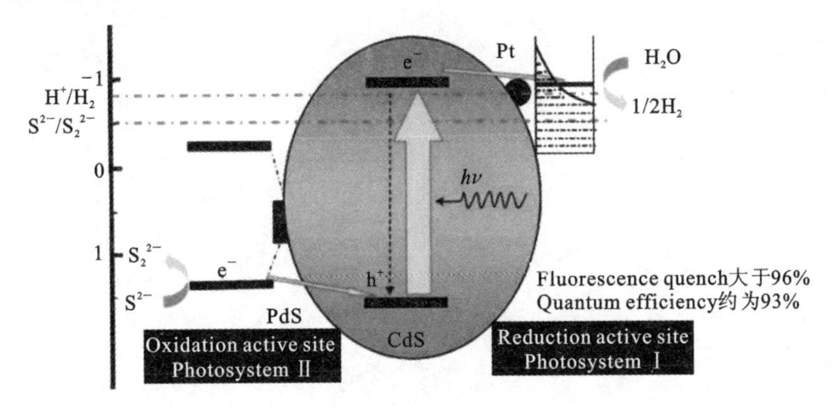

图 62.6　Pt-PdS/CdS 双助催化剂催化分解水图示

为了探究其原因，我们对其荧光淬灭曲线进行了分析。单独是 CdS 时，其荧光发射非常强，当引入 Pt、PdS，或者 Pt + PdS 时，荧光淬灭非常厉害，其中引入 Pt + PdS 的材料荧光强度只有本体的 6%，意味着 94% 的荧光都淬灭了，这也很好说明了它效率之所以高的原因。这个现象给我们提供了一个很好的指南：只要能够合成较好的光催化剂，其效率可以做到很高，甚至达到植物光合作用的效果。

当前，全世界都非常关注太阳能科学领域，这是当前研究的前沿领域，也是以后社会发展的必然选择。无论是使用太阳能光催化制氢、太阳能发电，还是制备生物质能，这都非常重要，可能各个领域的人都在尝试做自己的贡献。我个人认为太阳能制氢面临着很大的挑战，它需要化学、物理、材料、生物等多个学科的切磋。

（记录人：屠国力　审核：李灿）

Colin J. McKinstrie 1981年获得英国格拉斯哥大学数学与物理学学士学位，并于1986年获得美国罗切斯特大学等离子物理学博士学位。1985—1988年，在美国洛斯阿拉莫斯国家实验室应用物理部和非线性研究中心进行博士后访问研究。1988年，McKinstrie博士回到罗切斯特大学被聘为机械工程学助理教授以及激光能量实验室科学家。1992年和2000年，分别被聘任为副教授和教授。在此期间，他的主要研究方向是激光熔接和非线性光学。从2001年起，McKinstrie博士加入贝尔实验室作为一名技术人员，其研究领域是通信系统中光脉冲的放大和传播，以及参量器件在量子信息科学中的应用。在相关研究领域，McKinstrie博士已经撰写或合著了135篇期刊论文和185篇会议论文。McKinstrie博士是CLEO、FiO和OFC等国际会议的技术委员会委员，是美国光学学会（OSA）量子电子学部的前任主席，FiO国际会议的程序主席，Optics Express副编辑。McKinstrie博士曾多次获奖，并且是英国皇家物理学会会士、美国洛斯阿拉莫斯国家实验室主任会士、美国电气与电子工程师学会（IEEE）卓越讲师、NSF总统青年科学家奖、OSA会士和巡回讲师。

Recent Advances in Fiber-Based Parametric Devices

Keywords：optical communication，parametric process，four- wave mixing，amplifier，frequency convert，optical buffering，stroboscopic，photon pair generation

第 63 期

光纤参量器件研究进展

Colin J. McKinstrie

1. 引言

两个大的创新使得光通信成为可能。首先，在 1958 年 Schawlow 和 Townes 发明了激光，也就是用于光通信的光源。1966 年，高锟在 PIEE 杂志上发表论文《光频率的介质纤维表面波导》，从理论上分析证明了用光纤作为传输媒体以实现光通信的可能性，并预言了制造通信用超低耗光纤的可能性。1970 年，康宁公司第一次报道其实现了低损耗光纤的大规模制造。激光和光纤两项技术的发展使得光通信成为可能。1983 年，AT&T 公司在美国成功安装了第一个商用光纤系统。但由于光信号在传输 50 km 就变得很弱以至于信息几乎丢失，因此需要进行放大，将光信号转换为电信号，在电域进行放大后，再转换为光信号进入下一个 50 km 光纤的传输。这个系统尽管能工作，但太复杂了。接下来，在 1987 年，人们又发明了掺铒光纤放大器（EDFA），这使得光信号可以直接在光域得到放大，从而省去了每 50 km “光-电-光”转换的开销。

人们希望在一根光纤中传送更多的信号，问题在于如何提高系统的容量。提高系统的容量有三种方式：第一，提高信号速率；第二，在一根光纤中传输多路信号；第三，用能加载更多信息的复杂信号格式。正如有很多无线电信道一样，玻璃光纤也可以支持很多不同的光信道来同时传输多路光信号。

图 63.1 中的曲线反映了光纤损耗随波长变化的函数，可以看到，损耗最低点在 1 550 nm 波长处，也就是通信波段的中心，损耗值为 0.3 dB/km，这一损耗值可以说是极低的。

1989 年，另一种多信道传输的方式波分复用（WDM）被第一次证实可行，人们开始在同一根光纤中设置越来越多的信道。

图 63.2 示意了光纤传输容量的增长，基本上商用水平是低于科研水平的。在 1990 年左右，老一代的系统每根光纤只有一个信道，以 2.5 Gb/s 的速率运行。在 1995 年左右，两件有趣的事发生了：首先是10 Gb/s系统投入使用，第一个系统为单信道，其次是人们通过波分复用使一根光纤可有 100 个信道，5 年间系统容量增大

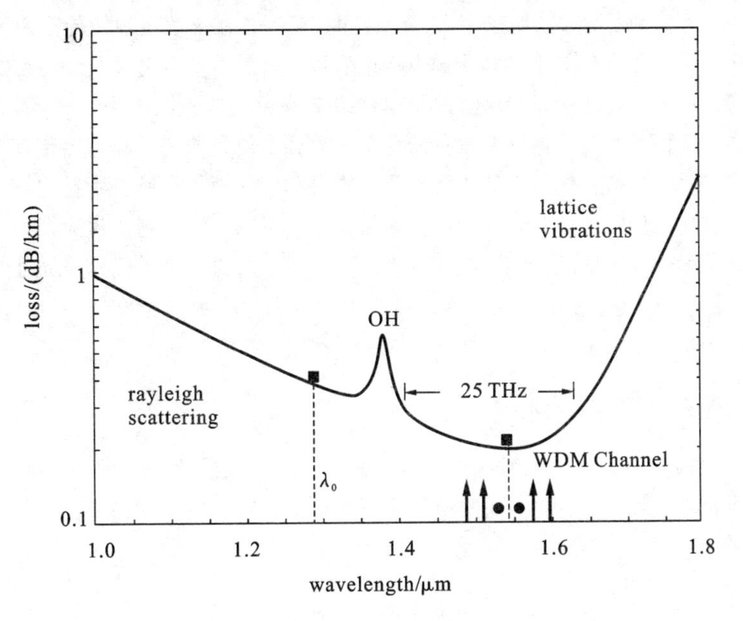

图 63.1　光纤损耗谱

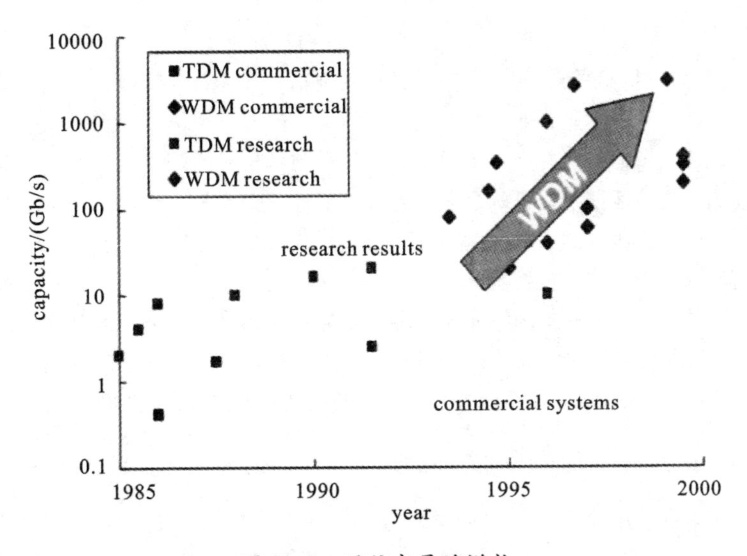

图 63.2　通信容量的增长

了100倍，这一容量增长为互联网爆炸式发展创造了条件。

在2000年，通信系统使用的是OOK格式，信号要么是0要么是1；2002年，有人开始使用DPSK格式；2005年，人们开始使用DQPSK格式；2010年，16QAM格式开始被应用。

所以，人们为了增大传输速率做了三件事：第一，在单信道中使传输速率达到 10 Gb/s；第二，通过波分复用同时传输 100 路信号；第三，使用更复杂的信号格式加载更多信息。以上是光通信发展历程的简单介绍。

这告诉我们一个放大器需要具备的特征。首先，放大器需要具有高带宽，从而可同时放大许多个信道，使每个信道可以得到同等程度的放大，所以增益应该是与波长无关的。其次，传输光纤并不保持信号偏振特性，所以当信号到达放大器时，放大器并不知道信号的偏振情况，因此放大器应该是偏振无光的（对不同偏振光能相同程度放大）。最后，噪声会使信号准确度降低，因此放大器产生的噪声越小越好。类似的标准也适用于其他参量器件，比如频率转换器和相位匹配器等。

2. 光纤中的四波混频

四波混频使参量器件成为可能。有三种类型的四波混频。图 63.3 中两个边带分别是信号光和闲频光，由一个或两个强的泵浦光驱动。

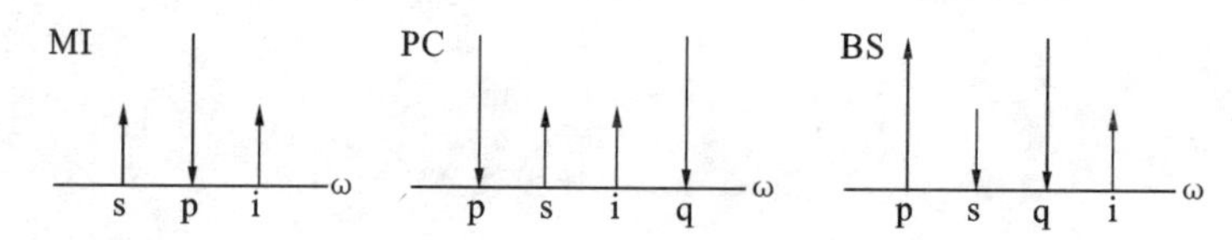

图 63.3　三种四波混频过程示意

第一种参量过程是简并四波混频，具有调制稳定性。一个较强的光波驱动两个较弱的光波，在量子力学里，两个泵浦光光子消失，产生一个信号光光子和一个闲频光光子，由此放大了信号光并产生闲频光，其相移与信号光匹配。第二种是非简并四波混频，需满足相位匹配条件，两个泵浦光各自消耗一个光子，产生一个信号光光子和一个闲频光光子，因此这一过程也放大了信号光并产生闲频光。第三种四波混频过程——布拉格散射，这一过程有一点不同，在这一过程中，一个信号光光子和一个泵浦光光子被消耗，产生一个闲频光光子和一个另一泵浦光的光子，因此这一过程并不放大信号光而是使其衰减。总之，通过相对于光纤的零色散频率来改变泵浦光和信号光的频率，可以控制 MI、PC 和 BS 三种四波混频过程单独或者同时发生。

3. 宽带放大器与频率转换器

接下来讲到应用光学参量过程的两个例子。第一个例子是光学参量振荡器，如图 63.4 所示。如果只有单通道的增益，那么过程就是放大，如果在一端设置镜子反射一个边带形成反馈回路，那么就是谐振。基于光子晶体光纤的光学参量振荡器的尺寸很短，只有 1 m，但非线性系数高达 110 $km^{-1}\cdot W^{-1}$，这使得参量过程能在很短的距离内有效进行。由一个脉冲泵浦驱动，以 710 nm 为中心增大或减小泵浦波长 2 ~ 3 nm，可以产生斯托克斯发射，斯托克斯边带频率减小会被反射，但是频率增大的反斯托克斯边带不反射，立刻从腔中发射出去。

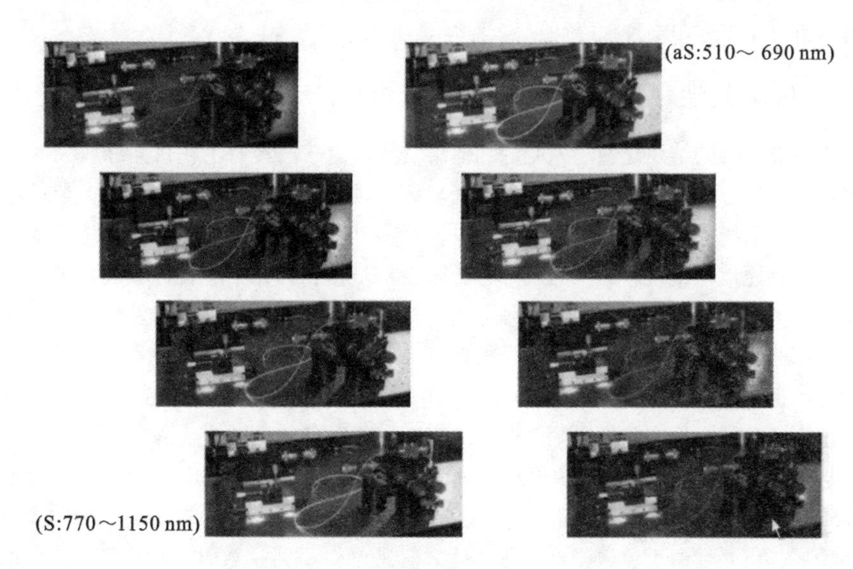

图 63.4　光学参量振荡器实验示意

第二个例子是双泵浦共轭过程，宽带放大是由于研究需要而产生的，如图 63.5(a)中三条曲线所示，虚线表示掺铒光纤的增益，它有一个 20 nm 的平坦增益带宽和一个 10 nm 的增益峰，可以通过滤波器来进行平坦。点虚线是拉曼放大器的增益曲线，尽管拉曼带宽达到 110 nm，实际的增益峰大概只有 20 nm 宽。实线显示了相位共轭过程的增益曲线，42 nm 的谱宽，其中 21 nm 的谱宽分配给信号光，21 nm 的谱宽分配给闲频光，这是前面说的第一种参量增益。

多年以来，用于实验中的高非线性光纤性能越来越好，UCSD 的研究者已经能够实现参量增益带宽 150 nm，75 nm 的增益带宽给信号光，75 nm 的增益带宽给闲频光。图 63.5(b)中的两个色柱，左边代表 C band，右边代表 L band。

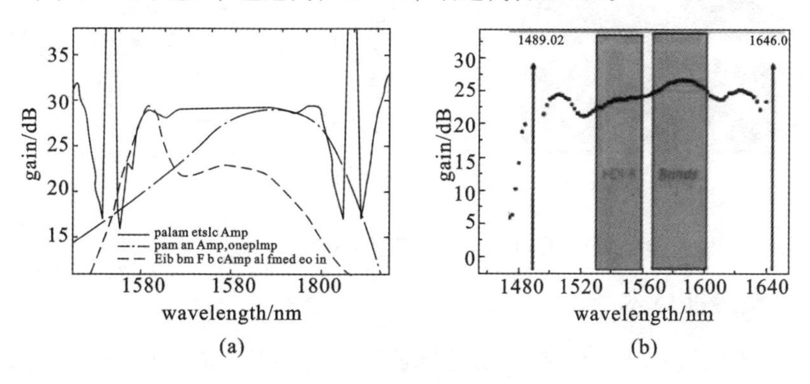

图 63.5　双泵浦参量放大增益谱

几年前的标准系统是 128 信道，每信道 10 Gb/s 的速率需要 51 nm 的带宽，信道间隔是 50 GHz 或 0.4 nm，所以总的带宽在 50 nm 左右。这一来自 UCLA 的结果显示参量放大器可以用于商用系统。

4. 相位共轭在光通信系统中的应用

上一节提到的结果是激动人心的，但事实是，由于已经有了掺铒光纤放大器和拉曼光纤放大器，所以没有人急迫地想要开发第三种放大器——参量放大器。参量器件用于光通信系统，除了用于放大，也可以做很多其他工作，比如频率转换、相位共轭等，这在光通信中是很有意义的，因为能减少信号损伤。光信号在传输过程中，通过一系列放大器，很难保持不变，信号由于色散效应被展宽，信号之间发生串扰，加之三阶克尔非线性效应相互作用，信号被破坏，这些都是不好的。相位共轭可以减弱这些效应，也就是相位共轭可以恢复在传输中受到的影响，如果信号光由于色散被展宽，由相位共轭产生的闲频光则会被压缩衰减，所以色散可以被撤销。

近期的一个实验证实了这一现象。实验采用了高达640 Gb/s 的速率。图63.6(a)显示了高质量的脉冲，1和0的区分很明显，信号很清晰。如果什么也不做，通过100 km的光纤传输后，信号会由于色散严重展宽，什么信息也得不到。然而，如果在50 km光纤后插入相位共轭器，在输出端可以看到信号被很好地重构，这不仅可以作用于单信道，对同时传输多路信号的情况同样适用。图63.6(b)是之前在10 Gb/s速率下的实验结果，显示相位共轭成功地同时减少了五个信道的信号损伤。这是一个很有趣的证明，相位共轭真正起了作用。补偿色散很简单，将两根光纤连在一起，那么第二根光纤就可以抵消第一根光纤的色散。然而，相位共轭真正的作用在于它可以同时减少几种信号损伤，比如四波混频中产生的相位抖动等。

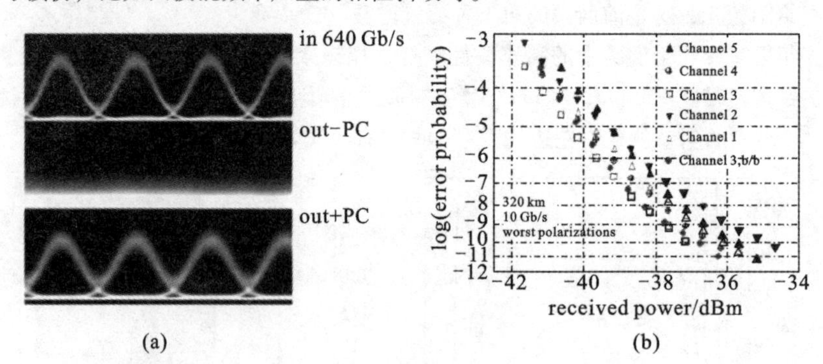

图63.6 利用相位共轭减少信号损伤的实验结果

5. 光缓冲技术

光网络和普通道路一样存在流量的问题。你可能以某一特定波长发送信息，希望在特定链路传输，但是在那个链路已经有在这一波长传播的信息，那就要把你要发送的信息通过另一信道发送，或者等已经存在于这个信道上的信号通过以后，再发送你的信号。这就需要产生可调的信号延迟，其实现方法之一就是结合频率转换和色散。

前面提到三种参量过程（MI、PC、BS），每种过程都会产生一个闲频光，作为一个有相移的信号光的复制。原则上，可以采取其中任意一种过程来实现信号延迟。因为闲频光频率与之前信号光的频率不同，如果闲频光通过一个有色散的介质传输，那么闲频光就会滞后或超前于初始的信号光，时间延迟的大小和累积的色散成比例，所以如果可以产生可调的频移，就可以产生不同的时间延迟，这也就是我们想要的。只有一个需要担心的问题，信道间色散延时是一个有用的现象，会造成信号光的延时，但信道内的色散则是不好的，它实际上会使信号光展宽。所以需要同时进行频率转换和色散补偿。将信号光频率转换为闲频光，将闲频光通过延时元件造成延时，然后再通过频率转换还原到信号光频率，再一次通过延时元件，则最终的闲频光是之前闲频光的复共轭。由于之前提到的效应，在第一次通过延时元件时产生的展宽会在再一次往回传输时被撤销。

基于四波混频使能的频率转换的光缓冲是一个很有用的技术。如图 63.7 所示，改变一个泵浦光的波长可使闲频光波长同等地改变。闲频光在超过 40 nm 范围内可调，图 63.7 中显示了无频移和不同频移的结果，1 和 0 之间的区分很明显，在延时过程中没有信息损失。总之，在 10 Gb/s 速率下，0～400 ns 的连续可调时延被证实。

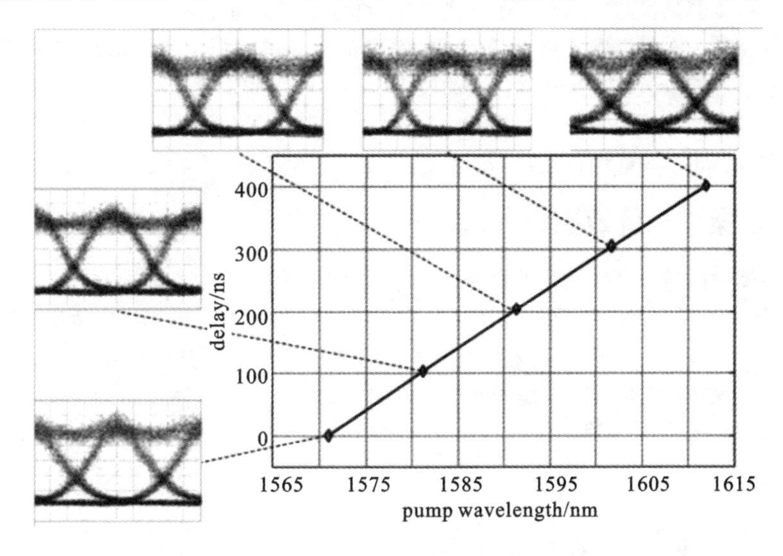

图 63.7　利用参量过程实现信号延迟的实验结果

6. 高速频闪观测和实时光采样

光通信系统是很复杂的，当它不工作的时候需要查找故障，用频闪观测仪（stroboscopic）观察输出信号，看失真的时间点，可以判断信号损伤的主要来源。

图 63.8 所示的为全光采样系统的工作原理，比特率为 B 的输入光信号（i）和一个很短的采样脉冲序列（ii）一起进入非线性与门。采样脉冲的重复频率为 $f_s=(B-$

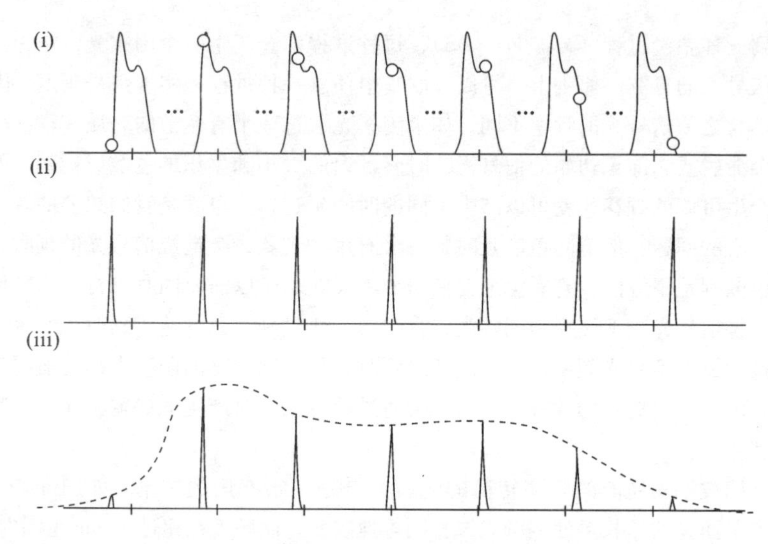

图 63.8　全光采样原理示意

$\Delta f)/M$，Δf 决定了比特隙的扫描速率（由（i）中灰色圆圈的相对运动显示），M 对应于信号采样复制的比特率缩减因子，或者称为时间放大因子，（i）中的“…”代表省略的中间脉冲。在采样脉冲重复频率下，采样信号通过与门产生（iii），采样信号的能量都和信号能量包络在采样脉冲处的值成比例。产生的采样信号从信号和采样脉冲中被分离开来，然后由一个低带宽（约为 f_s）的光探测器探测。最后，电信号由计算机进行采样，每个采样值以及扫描速率 Δf 被用来再生出一个时间放大的复制信号。

7. 低噪声相位敏感放大器

参量器件的量子特性是很重要的。在传统的光通信系统中，量子效应是信号固有噪声、传输中产生的噪声（放大器产生的）和探测器噪声存在的原因。所以在这些应用中，量子效应都是不好的。然而，一些量子通信和量子计算则依赖于光的量子特性，也就是说在这类应用中，量子效应是好的。一些例子包括量子密钥分发、量子纠缠传输和线性光量子计算。从节点 A 到节点 B 的量子态传输和纠缠分发如图 63.9 所示。

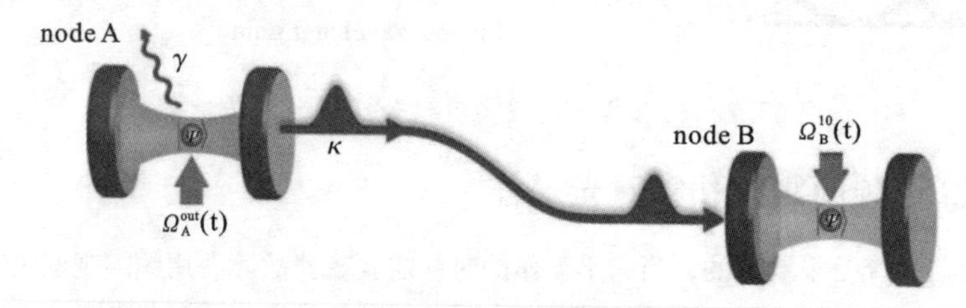

图 63.9　从节点 A 到节点 B 的量子态传输和纠缠分发

在量子信息实验中有一些工具很有用，比如，如果要做单光子实验，那么必须要有能够产生单光子或者光子对的光子发生器以及无失真的光子频率转换器，这也说明低噪声频率转换是很重要的。

这里解释一下为什么。如果想将量子信息从一个存储器发送到另一个存储器，假设你有一个量子比特存储在一个量子存储器里，量子比特处在激发态，然后弛豫发出一个数据光子，激发需要的能量典型值大概在可见光频率范围内。你可以直接将那个数据光子通过光纤发送，但那意味着很大的损耗，光子可能在短距离内被吸收，所以量子信息不能被传很远。如果在一开始进行频率转换的处理，将光子转换到光纤低损耗的波长，再通过光纤就能传输较长的距离，在另一端再进行一次频率转换，就将光子转换到原始波长。

8. 光子对产生

一个关于光的量子特性的关键实验中，两个光子从上、下两端入射到分束器上，如图63.10所示。假设透射和反射的可能性都是50%，它们表现得像经典粒子一样，则有四种可能的结果：如果上面的光子反射而下面的光子透射，则两个光子都出现在上面；如果上面的光子透射而下面的光子反射，则两个光子都出现在下面；另一方面，如果两个光子都透射或者都反射，则一个光子出现在上面，一个光子出现在下面。那么，从经典角度来看，就有50%的机会得到一个光子在上、另一个光子在下的结果，我们可以把这个称为符合计数器。如果从量子电动力学的角度来做这个计算，两个光子分别从上、下两端入射，我们把这种情况记为$|1,1>$，那么输出表达为$(t^2-r^2)\ |1,1> + i\sqrt{2}tr\ (|2,0> + |0,2>)$。输出结果可能为一下一上或者两个都在上或都在下，其可能性由透射率和反射率的大小决定。如果分束器的透射率和反射率相等，那么以上表达式中的第一项就消掉了，结果是两个光子都在上面或者都在下面，这就是量子理论和经典理论不一样的一个地方。

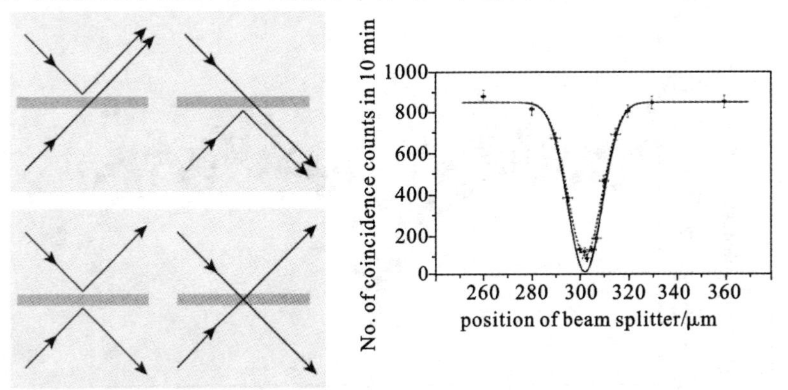

图63.10 两个光子同时入射到分束器上

在实验中，光子是波包的形式而不是连续光的形式。如果波包是相同且纯净的，而且没有区分信息，那么它们就会表现得像离散的单模并且发生干涉。

当分束器被不对称地放置，也就是说离两个光源不一样远，则系统可以判断光子是来自哪个光源，它表现出经典性，也就是会得到一个光子在上、一个光子在下的结果。如果分束器被放于两个光源正中间，那么无法判断光子来自哪个光源，系统表现量子性。问题在于参量器件能否产生完全相同的光子波包来应用于量子实验。这些实验无法用连续光泵浦来完成，而必须用脉冲泵浦光，对光纤色散要仔细调整，要明确光纤的长度，要对实验参数仔细选择，否则就不能成功。

图 63.11(a)展示了一个实验，由 TiSa 激光器做光源，发出的光被分束器分为两个相同的部分，分别通过两段分开的高非线性光纤，通过两个独立的过程产生光子对，方格代表信号光光子，三角形代表闲频光光子。闲频光光子通过一个宽带干涉滤波器来去除自发拉曼辐射和残留的泵浦光，然后被定向到单光子探测器上。一个闲频光光子的成功探测预示了对应源的一个信号光光子的存在。信号光光子则被传入一个光纤 50/50 分束器的两个输入端口，再通过宽带滤波器随后被各自输出端的 APD 探测。图 63.11(b)是实验结果，显示出高质量的 Hong-ou-Mandel dip。这是第一个成功展示基于光纤的高质量光子对产生的实验。这以后，几个基于光纤源的量子力学基本测试也被完成。

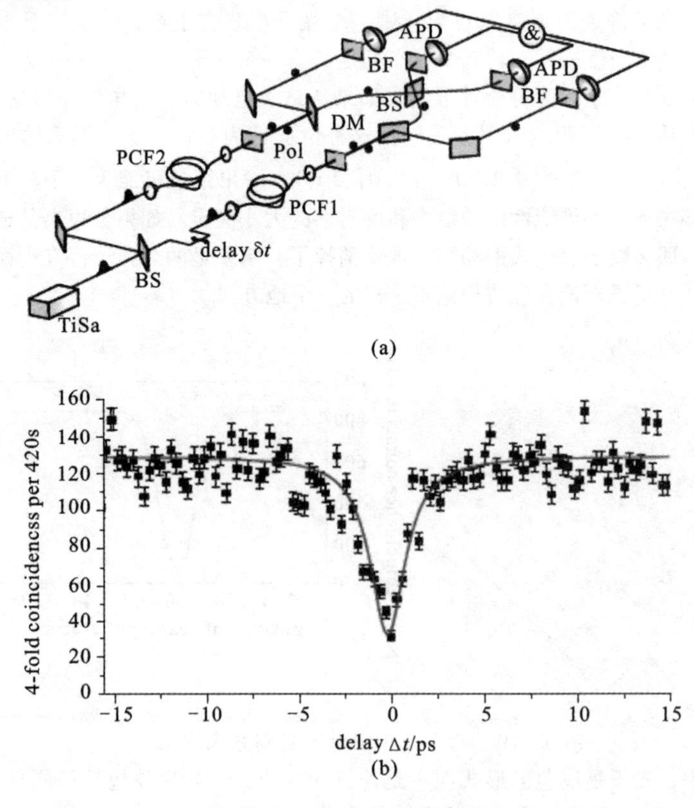

图 63.11　双光子干涉实验示意

最后来看频率转换中的失真现象。在非简并四波混频中一个信号光光子和一个泵浦光光子湮灭，一个泵浦光光子和一个闲频光光子产生，通过布拉格散射发生频率转换的输入和输出的关系也是一样。对于一个分束器，两个输入都会有透射和反射，所以输出的两束光都由输入的两束光组成。如果是一个全反射镜，那么可能光子会反射，但量子态不会改变。频率转换也是类似的。有两个入射光波，入射方向相同，频率不同。有两个输出光波，通常两个输出光波都是输入光波的合成。但如果是100%的频率转换，那相当于用一个频率改变的光子来替换入射的光子，那么只是改变频率，而不改变其他状态。纠缠的量子态可以被无失真地频率转换。

9. 单光子频率转换

我们还做了单光子频率转换实验。如图63.12所示，在光纤1中，通过单泵浦产生光子对，信号光光子（signal，S1）在683 nm，闲频光光子（idler）在989 nm。闲频光光子被直接探测，而信号光光子则被传到另一根光纤（fiber 2）中，结合两个泵浦光，通过布拉格散射发生频率转换，于是，信号光要么通过原始波长，也就是659 nm传输，要么通过频率转换后的波长，也就是683 nm传输。

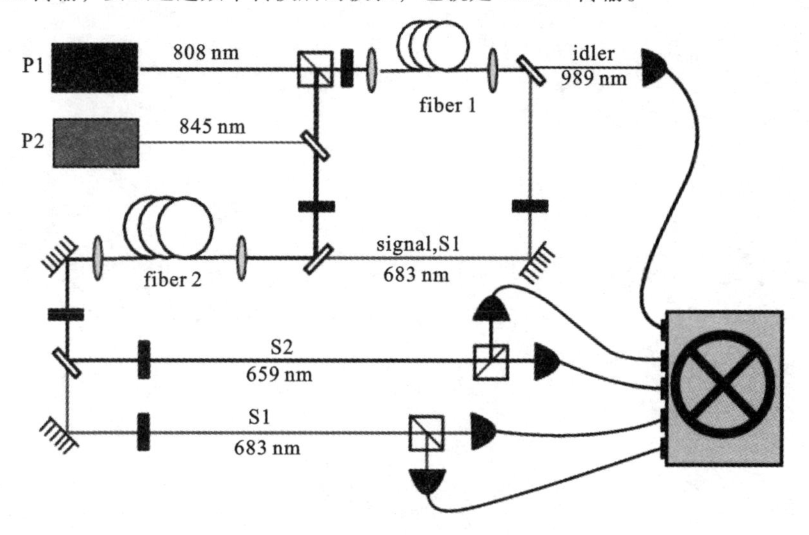

图63.12 单光子频率转换实验示意

10. 结语

参量器件有着广泛的应用，近几年参量技术正迅速发展。随着参量器件不断小型化，我们有理由相信它有光明的前景。

（记录人：张仲 审核：王健）

王志明　男，1969 年 10 月生于山东。1998 年获得中国科学院半导体研究所理学博士学位，随后在德国柏林 Paul-Drude-Institute for Solid State Electronics 进行为期两年的博士后工作，2000 年至 2011 年 5 月在美国阿肯色大学（University of Arkansas）材料研究科学与工程中心工作，现任电子科技大学教授、博导，是国家“千人计划”特聘专家。王志明教授的研究领域是工程与材料科学，他长期从事分子束外延材料与器件研究，代表性研究成果有量子点多层有序自组织，高指数面纳米结构控制和液滴外延技术等，其中纳米自钻孔技术和量子点分子生长开创了半导体量子结构研究的新方向。同时王志明教授还兼任 *Nanoscale Research Letters* 主编，*Springer Series in Materials Science* 和 *Lecture Notes in Nanoscale Science and Technology* 丛书编辑，并为能源材料纳米系列国际会议的创始人和组织者。

第64期

High Temperature Droplet Epitaxy for Advanced Optoelectronic Materials

Keywords：optoelectronic materials，semiconductor materials，molecular beam epitaxy，high temperature droplet epitaxy growth

第64期

高温液滴外延生长先进光电材料

王志明

1. 引言

半导体材料科学的发展对半导体物理学和信息科学起着积极的推动作用。它是微电子技术、光电子技术、超导电子技术及真空电子技术的基础。几十年来，人们发展了多种多样的外延生长技术满足各种规格要求的半导体材料，外延技术的不断发展和用它制成所要求的半导体材料及材料结构的设计在现代半导体器件尤其是光电器件的发展中起了不可缺少的作用。近年来，发展得比较成熟的外延技术有液相外延（LPE）、金属有机气相沉积（MOCVD）、氢化物气相外延（HVPE）以及分子束外延（MBE）等。尤其是分子束外延，因其能够精确控制材料的组分和掺杂的浓度，在较低的温度下即可完成晶体的生长，受到了越来越多的追捧。分子束外延技术的不断发展推动了以GaAs为主的Ⅲ-Ⅴ族半导体及其他多元多层异质材料的生长，极大地促进了新型微电子技术领域的发展，造就了GaAs集成电路、GeSi异质晶体管及其集成电路以及各种超晶格新型器件。特别是GaAs集成电路（以MESFET、HEMT、HBT以及以这些器件为主设计和制作的集成电路）和红外光电器件，在军事应用中有着极其重要的意义。GaAs微波毫米波单片电路和GaAs超高速集成电路将在新型相控阵雷达、阵列化电子战设备、灵巧武器和超高速信号处理、军用计算机等方面起着重要的作用。

另一方面，新奇的半导体纳米结构受其形状的影响很可能出现新的光学、电学和磁学特性。在半导体的生长中通过对生长过程的控制，可以得到许多新奇的半导体结构，进而导致一些新的物理现象及物理原理的发现和一些新的物理技术的发展。例如近几年来，量子点对、量子环、量子点簇的发现引起了人们的关注，这种结构很可能应用于未来的量子计算和自旋电子学领域，因而引发了很高的研究热度。这些新奇纳米结构的得到，依赖于半导体生长技术的不断改进，这就要求在现有一些成熟的技术基础上，不断地深化、创新，找到新的生长方法，拓展新的生长途径，来满足材料结构设计上的要求。本文主要讨论的就是在分子束外延的基础上发展起来的一种高温液滴外延生长技术，介绍了其最新进展，同时讨论了这种技术在光电材料领域的前景和挑战。

2. 分子束外延技术

2.1　MBE技术的发展及其特点

20世纪50年代起，随着真空蒸发制备半导体薄膜材料技术的推进，逐渐发展起来一种新型的外延生长技术——分子束外延技术，这种技术随着超高真空技术的发展而日趋完善起来。

分子束外延作为一项高端的功能材料生长手段，与其他外延方法相比具有一系列突出的优势：分子束外延在超高真空的环境下生长，污染很少，可以长出高纯度的外延材料；分子束外延能够制备超薄层的半导体材料，外延材料表面形貌好，均匀性较好；可以制成不同掺杂剂或不同成分的多层结构；外延生长的温度较低，有利于提高外延层的纯度和完整性；利用各种元素的黏附系数的差别，可制成化学配比较好的化合物半导体薄膜。正是因其在材料化学组分和生长速率控制等方面的优越性，非常适合于各种化合物半导体及其合金材料的同质结和异质结外延生长，并在金属半导体场效应晶体管（MESFET）、高电子迁移率晶体管（HEMT）、异质结构场效应晶体管（HFET）、异质结双极晶体管（HBT）等微波、毫米波器件及电路和光电器件制备中发挥了重要作用。分子束外延技术生长腔体的示意图如图64.1所示。

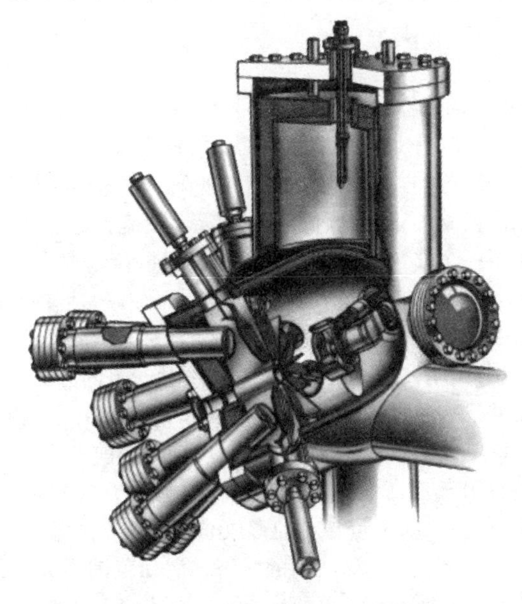

图64.1　MBE生长腔体的示意图

分子束外延作为已经成熟的技术早已应用到了微波器件和光电器件的制作中。分子束外延技术应用到大规模工业化生产仍有其不足之处，例如这种方法生长半导体材料的速率很慢，同时分子束外延设备昂贵而且真空度要求很高，要获得超高真空以及避免蒸发器中的杂质污染需要大量的液氮，也就提高了日常维持的费用。随着现在生产型分子束外延采用了多片大片衬底同时生长，这些不足也都得到了缓解。而且这种技术有其不可替代的独特优势，作为一种科学实验的工具，非常受材料学家的追捧。

2.2 分子束外延方法生长 GaAs

从生长过程来看，蒸发源 Ga 和 As 分别蒸发形成一定束流密度的分子束并在高真空下射向沉底，分子束在衬底上进行外延生长。从动力学的角度来说，源射出的分子束撞击沉底表面被吸附，然后被吸附的分子（原子）在表面迁移、分解，原子进入晶格位置发生外延生长，在这个过程中，未进入晶格的分子因脱附而离开表面。GaAs 的 MBE 生长过程使 Ga 原子到达表面后不立即直接与 As 原子发生表面反应生长砷化镓层，而是使 Ga 原子在衬底表面具有较长的距离，达到表面台阶处成核及生长。它在很低的温度下也能生长出高质量的外延层，在这个过程中关键性的问题是控制 Ga 和 As 的比例、束流强度以及衬底的温度。例如在实际生长过程中，要得到可用的 GaAs，要求 Ga 原子和 As 原子严格按照 1:1的比例参与反应，要求非常严格。在这种情况下，即便十分精确的控制也是很难达到要求的，只能利用大自然中一些自然的过程。例如，在传统的 MBE 生长 GaAs 技术里面，每给出一个 Ga 原子，通常会同时给出 20、40 甚至 100 个 As 原子，在合适的温度下，Ga 和 As 在 GaAs 的表面形核、生长。同时，高温会把多余的 As 原子脱附、剔除。就这样通过自然的作用，从而保证 Ga 和 As 是 1:1的关系。

3. 高温液滴外延生长

在传统的生长 GaAs 的过程和富 Ga 的条件下，由于 Ga 的熔点为 40 ℃，而 GaAs 衬底的温度是几百度，并且有非常平滑的表面，因而多余的 Ga 会在样品表面聚集成液滴，最终会在 GaAs 生长过程中形成一些椭圆缺陷，而这种状况是研究光电材料的学者们不愿意看到的。但是，正是这种先形成 Ga 小液滴，进而与 As 反应得到 GaAs 的方式，为研究提供了一个非常规的思路，即可以通过控制温度，在 GaAs 的表面形成大小可控的 Ga 纳米液滴（在较低的温度下，容易形成高密度的小的 Ga 液滴；在较高的温度下，得到密度较低的大的 Ga 液滴），进而在富 As 的环境下 As 化，形成独特的 GaAs 纳米颗粒，这样就得到了一种新的生长纳米量子点的方法。

然而在低生长温度下，通过 As 化过程得到的 GaAs 液滴中，有很多的缺陷，在此基础上制备的光电器件不能够发光，没有任何光电应用的前景。但这种有缺陷的材料经过退火，制备的器件开始有了发光的现象，光学性质有所好转。通过退火这一过程，研究者发现高温对生长 GaAs 量子点的形成非常关键。高温条件下样品的质量提高了，另一方面，由于高温下 Ga 源液滴的状态，活动范围增大了，并且其会变形，形成各种各样奇怪的构型，而不是简单的量子点。因此较于之前低温的生长条件，高温下更容易得到一些更复杂的量子构型，如量子环、量子点对以及量子点簇等多种不同的微观量子形貌。各种新奇的量子点新构型如图 64.2 所示。在量子环的生长中，一般来说在生长的初始阶段，由于液滴高的表面能密度引起的在液滴边缘形核导致量子环的形成。在随后的阶段，液滴原子的扩散和沉积原子的捕获控制量子环的进一步生长，它决定着量子环最终的尺寸和形状。图 64.2(a)是在250 ℃的条件下，先打开 Ga

源再打开As源，由于高温下液体的能动性非常大，在AlGaAs的表面，每个液滴都变成了双环的结构。内环是由于液滴直接As化产生的，外环是由于Ga原子的扩散As化引起的。图64.2(b)是在此基础上制备得到的一个多色光探测器。由于环的形成机理比较明确，甚至可以得到多个环。在更高的温度下，会得到非对称的环结构。从动力学的观点出发，Ga原子和As原子的反应和GaAs的结晶发生在扩散区域内，在液滴外围的GaAs可以再次形核。因此，扩散区域的尺寸和沉积原子的捕获会极大地影响纳米结构的最后形状。

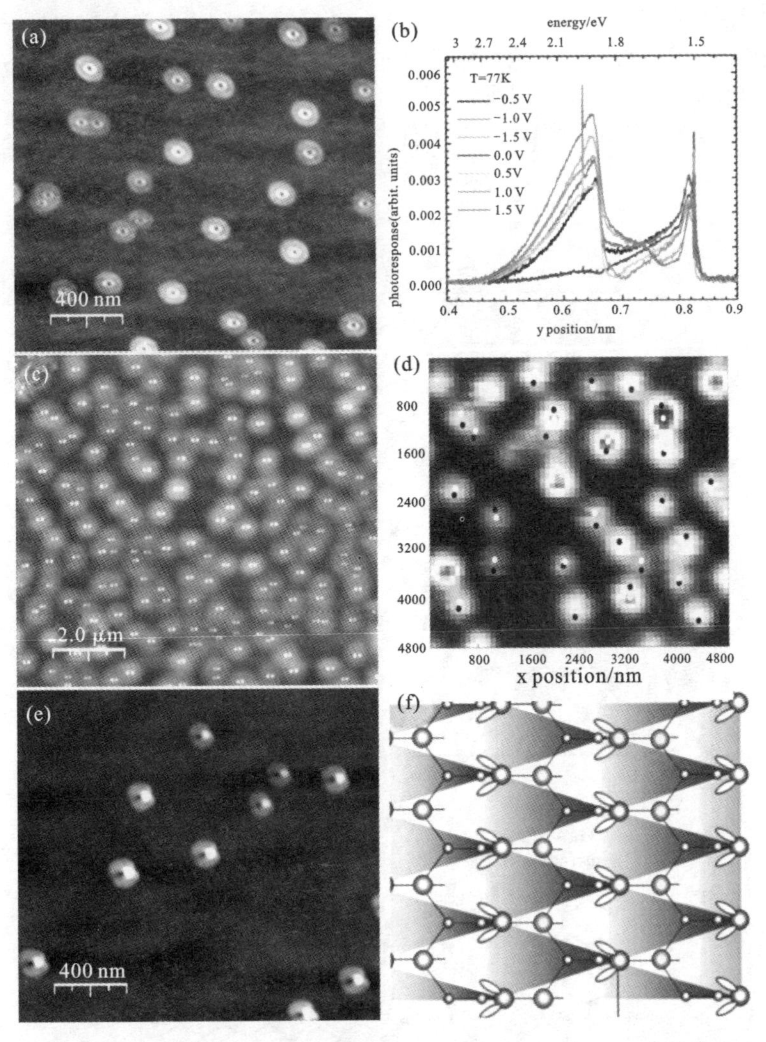

图64.2　(a)、(b)液滴外延方法得到的GaAs纳米环以及基于这种材料的多色光探测器；(c)、(d)GaAs量子点对的原子力显微镜图片及近场光学扫描照片；(e)、(f)纳米级GaAs复合体的显微镜图片及衬底表面结构示意图

4. 纳米自钻孔技术

从图 64.2(e)及(f)中可以看到，这种材料的量子结构的中心高度比较低，甚至低于衬底平面，这种现象产生的原因和意义可引申到纳米自钻孔技术。在普通的外延生长中，一般假设衬底是不参与反应的。但是高温条件下，衬底的界面也会与源发生各种反应。如图 64.3 所示，在 GaAs 的表面形成 Ga 液滴后，GaAs 与 Ga 液滴的界面会模糊，As 原子会逐渐从衬底中逃逸。并且由于 As 原子不能在 Ga 液滴中稳定存在，会在液滴的外围与 Ga 反应并堆积形成岛状结构，相应的 Ga 液滴会自主地往衬底内部移动，类似一种 Ga 液滴在衬底表面钻孔的过程。这种钻孔技术，相对于传统的刻蚀技术能更有效地与 MBE 兼容，因而能够与 MBE 技术结合在一起有效地生长一些异质结构，并在此基础上得到一些高性能的器件。

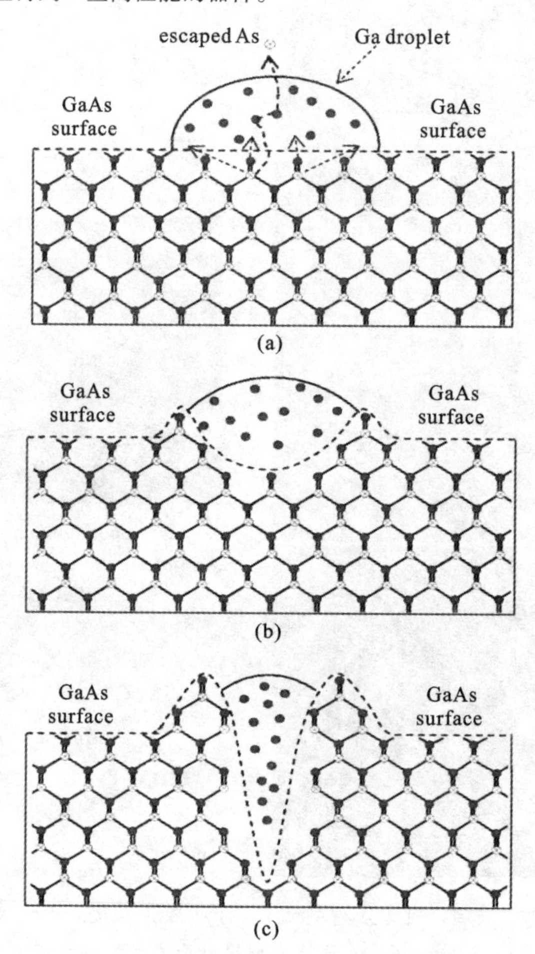

图 64.3　纳米自钻孔的物理过程示意图

如果在上述钻孔的过程之后，继续生长 GaAs/AlGaAs 材料，会发现空凹陷的部分更容易收集材料，孔被逐渐填满并不断向上生长形成峰形。由此得到一种新的生长 GaAs/AlGaAs 量子结构的办法。

5. 同质外延生长

同质外延生长是指在单晶衬底上按衬底晶向生长单晶材料，并且生长外延层和衬底是同一种材料的工艺过程。不同于异质外延生长，同质外延生长一般不会带来新的特别的量子效应等物理现象。但是，如果把同质外延生长作为一种生长模板的技术，并在此基础上生长新的材料，那么这种过程是非常有意义的。如图64.4所示，同样是在 GaAs 的表面，生长 GaAs 的量子结构，不同的生长温度对应得到的 GaAs 纳米构型是不相同的。温度比较低时，由于 Ga 小液滴在低温下活动范围比较小，As 化后的结果也只是把 Ga 小液滴变成 GaAs 简单峰状纳米结构；当温度逐渐升高时，原子的能动性变大，活动范围增大，因此会形成扁平的山丘状；当温度继续升高到一定的程度时，开始出现纳米自钻孔的现象。这样就可以通过对生长温度的调控，在同质外延的条件下，在传统的 GaAs 表面得到各种纳米构型。

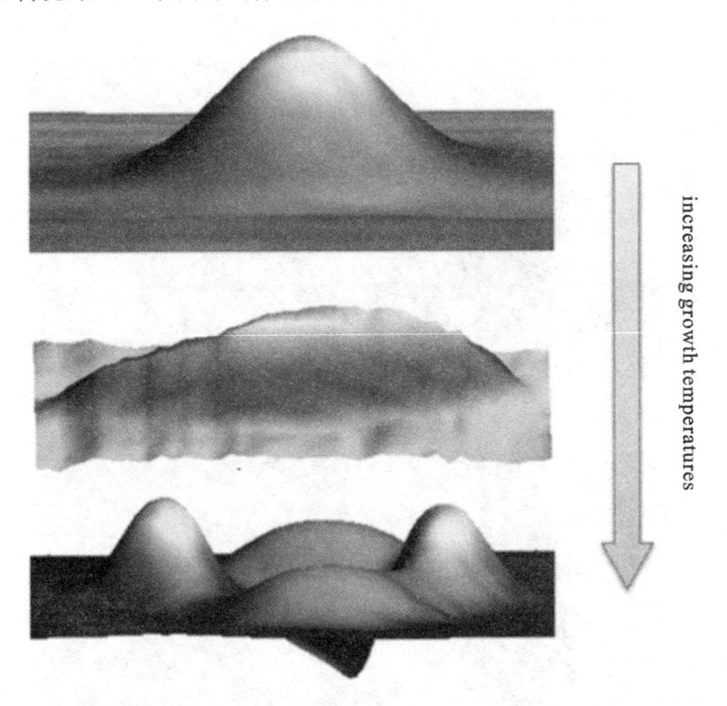

图64.4　在不同的生长温度下，通过同质外延生长得到的不同形貌的 GaAs 纳米结构模板

以同质外延生长得到的有各种纳米结构的 GaAs 为模板，在此基础上生长另外一些材料的话，就是另外一种新的生长量子结构的办法。如图64.5中所示，在长有纳米

构型的 GaAs 表面继续生长 InAs 量子点，会有一些新的现象出现。这种情况下，InAs 不会在衬底表面随机地生长，而是会在 GaAs 纳米山丘的附近沿着一定方向生长。首先长成两个点状结构，再进一步生长会逐渐得到 4 个量子点甚至 6 个量子点的特殊结构。6 个量子点结构是目前用自组织办法生长得到的最复杂的量子点结构。这种复杂的量子构型为更进一步研究的量子计算提供了可行性基础，当然，由于量子点之间的相互作用机制非常复杂，实现基于 6 个量子点的计算难度也可见一斑，有待更深入更系统的研究。

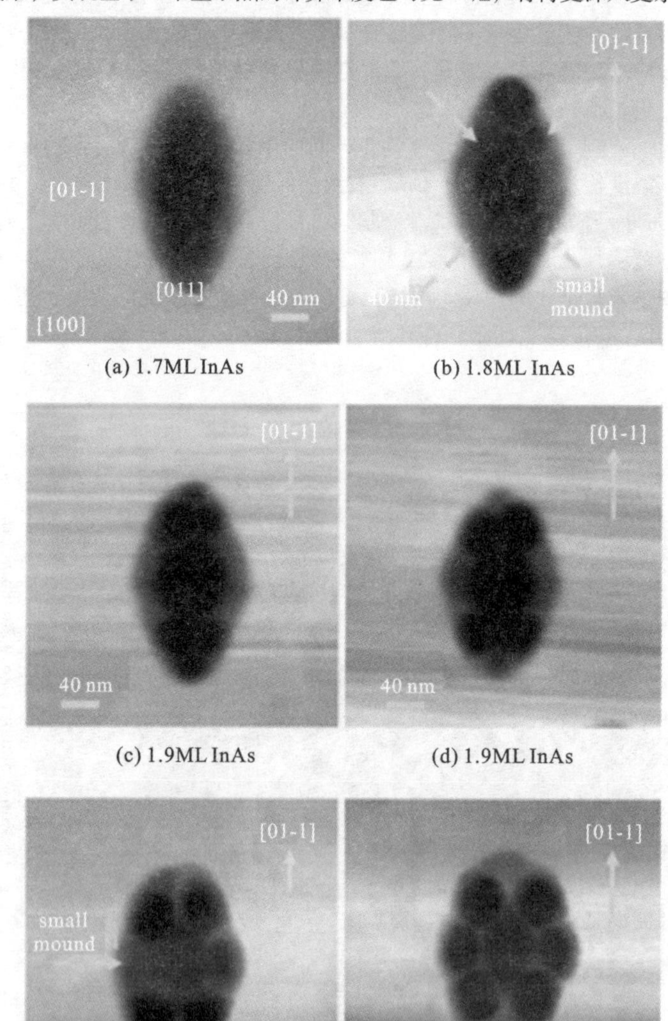

(a) 1.7ML InAs　(b) 1.8ML InAs

(c) 1.9ML InAs　(d) 1.9ML InAs

(e) 2.0ML InAs　(f) 2.0ML InAs

图 64.5　GaAs 模板表面 InAs 量子点的生长

如前所述，在生长GaAs模板时，在比较低的温度下得到的是比较高的山峰状纳米结构，在比较高的温度下得到的就是一个较低的、拉长的山丘状纳米结构。以带有这样的表面结构的GaAs衬底作为模板，继续生长InAs量子点，则会得到如图64.6所示的量子点簇的结构——即在GaAs山丘状的纳米结构周围分布了多个InAs量子点。

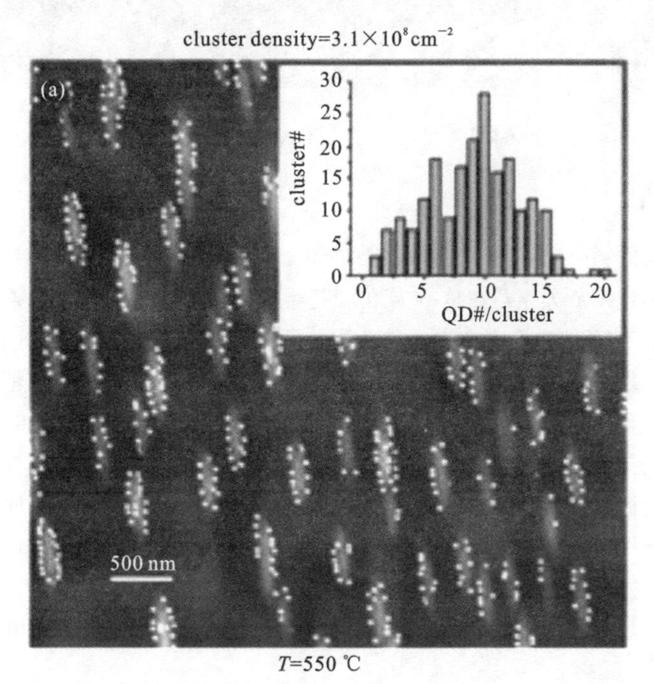

图64.6　InAs量子点簇扫描图片

在相对高的温度下，首先通过纳米液滴自钻孔技术在GaAs表面得到一些小的纳米孔结构，在其后的生长InAs的过程中，InAs倾向于在模板的孔中进行填隙，甚至在填满小孔后会继续向外生长。这种模板上一个小孔对应一个InAs量子点的现象可以得到很好的利用，如可以利用Ga液滴来控制InAs量子点的密度。由于高温下Ga液滴有它的特殊之处，即能动性较强，这样就可以在很宽的范围内（如几微米甚至几十微米内）只得到一个液滴。在液滴钻孔步骤之后，通过模板法可得到低密度的单个的InAs量子点，从而比较易于实现对单个量子点物理性质的研究。

在自钻孔的过程中得到的孔直径较大时，又会引发一些不同的生长现象。在随后通过模板法生长InAs的时候，会发现一个孔中会对应地出现两个甚至更多的量子点，如图64.7所示，这些孔里的量子点之间的相互作用并由此引起的发光等物理现象也是非常值得研究的。这些更复杂的量子点构型的获得，对实现有力的、实用化的量子计算意义非常重大。

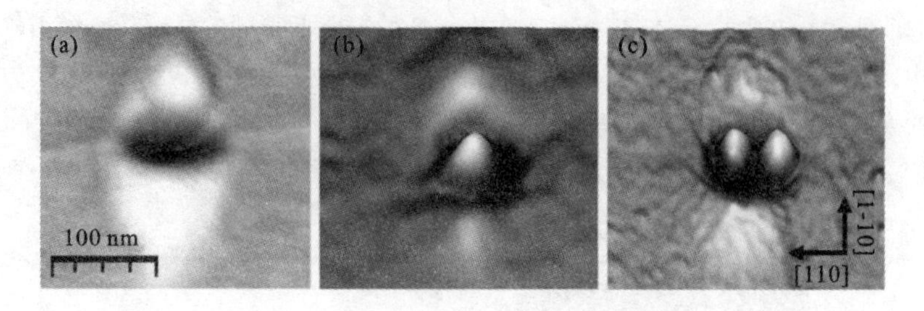

图 64.7 单孔中多个 InAs 量子点的存在

6. 总结

目前，人们利用液滴外延法在晶格匹配和非匹配体系中生长半导体纳米结构。这种方法主要是让Ⅴ族元素与在Ⅲ-Ⅴ族化合物半导体衬底形成的Ⅲ族元素的纳米液滴反应形成Ⅲ-Ⅴ纳米结构。本文在晶格匹配体系中利用液滴外延法得到了 GaAs 量子点、量子对、量子双环以及其他许多复杂形状的纳米结构，系统研究了液滴外延情况下的各种新奇量子构型的自组装过程。本文的亮点之处还在于，利用纳米自钻孔技术，在 GaAs 基底上通过同质外延的方法，得到各种不同构型的纳米结构，并且以得到的带有各种微结构的 GaAs 为模板，通过异质外延生长的办法得到不同的量子点构型，如量子环、量子点对、量子点簇等。另外还通过 Ga 的液滴来调控后续量子点的密度和位置，这对研究单个量子点的物理性质意义重大。总之，这种液滴外延技术对于未来量子点的合成、性质研究以及相应器件的制备具有极大的推动作用。

（记录人：沈国震　刘哲　审核：王志明）

Mohsen Kavehrad 美国宾夕法尼亚州立大学电子工程系教授。于1977年在纽约大学理工学院（原布鲁克林理工学院）获得电子工程博士学位。在1978—1981年，为美国仙童公司（空间通信部门）和通用电话电子公司工作，而后加入贝尔实验室从事通信和网络方面的研究。1989年3月进入加拿大渥太华大学电子工程系工作，并担任教授职位，同时还任安大略省通信和信息技术（CITO）的项目领导人、渥太华卡尔顿通信技术研究中心（OCCCR）主管。1991年成为日本电话电报公司（NTT）访问学者（高级技术顾问）。1996年在渥太华北电网络（NORTEL）从事高级技术顾问工作。1997年1月，加入宾夕法尼亚州立大学，担任电子工程系教授，并于1997年8月被任命为信息和通信研究中心（CICTR）创会理事。1997—1998年任美国Tele-Beam公司首席技术官和副总裁。2004年在新泽西州的AT&T香农实验室任高级顾问。此外，还担任了许多公司及政府机构的高级顾问。

主要研究领域包括：卫星通信、固定的无线电通信、移动式的无线电通信、大气激光通信、光纤通信及光纤网络相关技术。1992年，Kavehrad教授由于其对数字无线通信和光纤系统和网络的贡献而被选为IEEE成员。在2011年3月，Kavehrad教授成为美国国家科学基金会工程研究中心智能照明研究方向的咨询委员会成员。2012年1月，成为光无线技术及应用中心的主任。

Kavehrad教授作为IEEE杰出讲师常在世界范围内各种前沿会议上作为主讲人发言。在各种期刊和会议上共发表文章400多篇，出版学术论著2本，拥有美国发明专利13项。

Kavehrad教授的专业活动包括担任伍斯特理工学院电子工程部门咨询委员会成员（1998—2003），担任美国国家科学基金会审稿人，为加拿大自然科学与工程研究委员会（NSERC）主持相关会议。Kavehrad教授是IEEE通信学报、IEEE通讯杂志和IEEE光波远程通信系统杂志早期的技术编辑。目前，还担任国际期刊《无线信息网络》（*Wireless Information Networks*）的编辑委员。在许多国际年会中担任组织者和主持人。

Optical Wireless Applications

Keywords：free space optical communication，optical wireless application，energy efficiency，ultra wide band，LED light source

第 65 期

光无线技术及其应用

Mohsen Kavehrad

1. 引言

随着无线应用中诸如网页浏览、视频点播、音频点播等业务的日渐流行，毋庸置疑的是，在不久的将来，我们在使用上述业务时必将遇到网络严重阻塞的情况。另一方面，由于显示技术、电池技术和处理器性能的提升，我们已能使用随身携带的智能手机和平板电脑，这使我们正在逐步走向一个处处联通的世界，而用户随时随地访问视频和音频服务的要求必将给目前的远程通信系统带来一个极大的挑战。而如何有效快速地传送上述多媒体信号主要取决于如何获得低损耗的物理层传输机制。

根据最大的网络设备制造商——思科系统发表的市场调查表明，在未来的 5 年内，由于移动视频和移动网络业务的发展，移动数据消耗量将呈爆炸式增长。思科系统的市场调查包含视觉网络指数，即 VNI。对 VNI 的调查表明，目前移动数据消耗量将以每月 90 000 ~ 3 600 000 TB 的速度增长。在未来 5 年中，增长速率为 40% 或累积年增长率超过 100%，该增长速率很大部分（66%）归因于移动视频业务的增长。大多数移动数据消费的增长（70%）依赖于掌上电脑和其他诸如微型投影仪、无线阅读器、数字相框和智能电话等设备。这些移动设备通常被用作分享互联网信息的室内网络设备，它们多被用在教室、会议室中。报告还预测很大数量的通信量将从固定网络转移到移动网络上。

在过去的几年中，我们已经目睹了技术进步所产生的各种低损耗的通信设备，如使用免授权 RF 频带的 ISM（2. 4 ~ 2. 4 835 GHz）、UNII（5. 15 ~ 5. 25 GHz&5. 35 ~ 5. 825 GHz）。随着技术的发展，这些设备的性能也将得到提升。对使用同一频带设备不合理的部署将对整个通信系统造成无法承担的影响，并导致服务质量下降。IEEE 802. 15. 2 工作小组成立的目的就是为了处理上述问题，然而，由于在一些地方无控制地增加了许多设备，使这些问题除了增加可用带宽外并没有别的更好的解决办法。目前，57 ~ 64 GHz 部分的带宽已被增加为免授权的带宽，但是设计和使用如此高带宽的设备是一个极大的挑战，在实际设备能满足性能和价格的要求以便能进入市场之前需要较长时间。同

时，增加带宽并不能从根本上解决这个问题。我们所需要的是一个宽带的、无干扰的或至少是抗干扰的技术，使得用户能在可接受的支出范围内较容易地实现频率复用。考虑到目前快速增长的无线设备数量，我们对上述技术的需求将是相当迫切的。

众所周知的是，目前电磁谱的使用已经极其拥挤了，如图 65.1 所示。无线掌上设备对带宽的需求正持续增长，同时，无线设备间的信息交互所需要的带宽也呈爆炸式的增长趋势，这些都造成了对光谱资源极大的需求。但是，目前能用来解决上述问题的却只有一些从竞价和政府调控中获得的几乎可忽略的光谱资源。

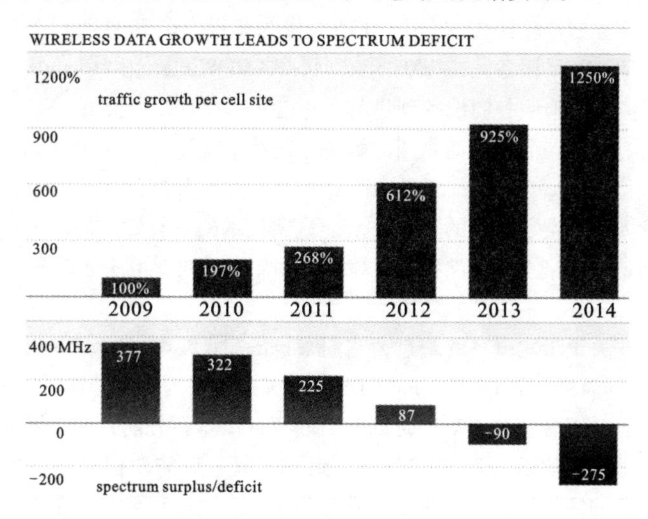

图 65.1　光谱资源使用示意图

我们可以试着用经济学理论——纳什均衡理论（Nash equilibrium）来思考上述问题。理论涉及 2 个或更多的玩家。理论假设每个玩家都知道其余玩家的平衡策略，同时每个玩家除了调整自身的策略外没有任何办法来增加其平衡程度。如果每个玩家已经选定了一个平衡策略，且如果其余玩家保持他们的策略不变时某玩家单独改变其策略并不能使其自身受益，则此时所有玩家的策略选择就构成了纳什均衡。这个理论暗含的意味是一个玩家能从群体中获取的利益是优于他能从自身获取的利益的。不幸的是，在频谱的利用问题上，如果参与者不协调合作的话，纳什均衡可能会导致频谱利用的崩溃。

对于上述问题的一个解决方案是蜂窝式分组数据包（CDPD）。这是在 AMPS 手机中被使用的大范围数据传输技术，它使用的是 800 MHz 和 900 MHz 的带宽，最高速率可达到 19.2 kb/s。当源 AMPS 取消使用时，与其连接的其余服务都会中断，目前，它已被更高速的服务取代，如 1xRTT、EV-DO 和 UMTS/HSPA。CDPD 形成于 20 世纪 90 年代初期，当时被认为是未来的关键技术。但是，它并没有成功取代低速但费用较低的系统——Mobitex 和 DataTac，而在更先进更快速的标准，如 GPRS 成为主流技术前也没有能被市场广泛接受。CDPD 对用户的需求较高。AT&T Wireless 首先以 ProcketNet 的形式在美国提供 CDPD 技术。而后，OmniSky 公司为 Palm 第五代掌上电脑设备提供 CDPD 服务，Cingular Wireless 公司随后也以 Wireless Internet Brand 品牌提供了 CDPD 服务（注意与 Wireless Internet Express 相区别开，这个商标是属于 GPRS/EDGE 数据传输服务的）。ProcketNet 相对于 2G 业务，如 Sprint’s Wireless Web，普遍被认为是一次失败的尝试。随着 AT&T Wireless 推出 4 款手机（两款来自松下，一款来自三菱，一款来自爱立信）后，最终还是放弃了 CDPD 业务。虽然 CDPD 在普通用户群中并不成功，但它在企业和政府网络中的采用率却极高。特别是在远程遥测装置和公共安全监控终端的第一代无线数据传输解决方案中，CDPD 极为流行。在 2004 年，美国的主要航空公司均宣布关闭 CDPD 服务。在 2005 年 7 月，AT&T Wireless 和 Cingular Wireless 宣布放弃 CDPD 服务。此项服务的设备到目前为止已基本没有使用价值了。

另一个已有设备与无线电谱复用的解决方案是超宽带技术（UWB），UWB 使用直接序列扩展频谱（direct-sequence spread spectrum）在已分配给无线电谱的 7 GHz 处分享带宽。尽管人们花费了大量的资源去论证这项技术的可行性，但是仍没有获得很好的进展。在确定的规格上，这项技术可以工作得很好，可是它并没有很好地被公众广泛接受。

下面是一些关于带宽分享的观点，它们来自认知无线电（cognitive radios）或动态光谱分配（dynamic spectrum allocation，DSA）。无线（移动）数据交换环境的实时变化是很快的，若希望有效捕获某一时刻空闲的频带以重新分配，那么需要安装许多精确的能量探测器来探测这些频带。在测量到空闲频带后需要把这些数据发送到数据库，以便使闲散的频带能被用户获知并重新利用。上述过程要在一个极其需要带宽分享的人口稠密的大都市中实现是极其困难且花费极大的。虽然在农村地区，可能会有许多空闲的带宽，但是带宽和信道的复用概念却只局限在短距离中。在人口密集的城市中，当探测器探测到闲散带宽并对其重新分配的方案也确定时，频谱的状态可能又发生了改变。

目前有许多实际的问题阻碍着频带复用的发展，也有很多商业风险影响着技术应用的最终结果，如 CDPD。其中一些需要解决的问题包括以下方面。

（1）探测器的成本效率和探测器数量的要求较高。

（2）缺乏自愿的频谱资源分配管理者，以便进行对企业频谱资源的出售和动态的频谱资源的再分配。

（3）如何在一个人口稠密的大都市合理地配置网络资源和探测器。

（4）如何使用户签订协议以参与到频谱资源的动态分配中。

在频谱的动态分配上目前确实存在着众多的问题。为此，人们制定了许多规则和协议试图解决这些问题，但这些措施很难被实现，甚至也无法强制实施。为解决上述问题，我们需要找到新的频谱，也需要新的机制来解决动态分配频谱中类似“平民的悲剧”的各种问题。“平民的悲剧”指的是一种进退两难的情况，在这种情况中群体中的许多个体总是以自己的利益为出发点，并最终导致共享资源的耗尽，尽管这些个体自身也并不希望出现这样的结果。这个观点由生态学家 Garrett Hardin 于 1968 年首次发表在《科学》杂志上，文章名为《The Tragedy of the Commons（平民的悲剧)》。

因此，除非一些有效的措施被真正实施，否则无法在授权的用户群体中个人用户不再产生帕累托最优性（pareto optimality）。最优性（optimality）这个词同样借鉴了博弈论中的概念，指在理论中每个用户都有一个施加于他们自身的策略和规则，这些策略和规则来自于地球和自然本身。

2. 射频频谱相关问题的研究及技术发展

当波动频率超过 30 GHz 时，它只能传输数千米或更短的距离，且通常不能很好地被耦合到固体材料中。这为当前的频谱崩溃（spectrum crunch）问题提供了一个可以让人接受的解决方案。

事实上，在 1997 年 7 月美国联邦通信委员会工程技术办公室的第 70 号公告中已说明：吸收频段（如 23 GHz 或 60 GHz）对具有较低被窃听可能的高速保密通信是适用的，对近距离的潜在高密度数据传输服务也是适用的，对希望使用未授权的服务的应用也是适用的。

为了解决当前无线通信中可用频谱缺乏的问题，我们详细研究了未来手机和多媒体便携设备将采用的高速（>100 Mb/s）自适应速率传输系统。

我们当前研究的任务之一是证明某些实际可用的具有自我限制传输距离的网络能采用频谱复用技术。

操作者选择上述自限制传输距离技术的动机来源于这样做能在用户只需较低花费的基础上实现抗干扰、提高信噪比。这种波传输的特点并不一定是缺点，因为它能实现一个更密集的数据包通信链路。因此，高频能通过选择性的频带复用实现有效的频带利用率，同时也提高了传输的安全性。

光通信能实现远超目前的频带宽度，但同时这也意味着新的设备和系统必须被开发出来。

本研究中心的目的是处理这个新技术带来的问题，学生将成为推动这项新技术工业化的主要力量。目前同时出现了光无线通信技术的两组分支。在第一个分支方向上，半导体发光二极管（LED）被认为是未来建筑业、通信业和航空业的主要光源。相比于白光光源和荧光光源，LED 能提供较高的能量效率。在全球性降低二氧化碳排放量的行动中，LED 也由于其出色的节能效果而扮演着一个重要的角色。激光器目前也处在和 LED 相似的情形中。这些核心器件很有可能会改变我们对光的使用理念，未来光不仅用于照明，还会用于通信、探测、航海、定位、监控和成像。而第二个分支方向则使用两个属于不同波长的相干的边带光信号进行编码后再进行传输。在这两个边带中，至少有一个作为光波信号需携带信息后传输较远距离，届时，对应于两边带的光外差干涉仪将产生一个被低频的编码光信号调制的微波或毫米波。这个携带编码信号的电磁波接下来将被天线广播。而后一个无线接收器将产生一个无线的回复信号，回复信号通过一个由携带电编码的电波通道进行传输。有线的光网络与各种各样无线光网络就此融合在了一起。上述简要分析的每一个无线光网络都有其独特的应用场所、编码方式、保密特征和信号发送及接收技术。在这些领域的应用主要包括：多频带、多业务的光无线接入技术，基于云计算的分布式光纤无线通信接入网络技术，宽带毫米波无线探测器通信技术和基于数千兆比特无线通信系统的微波光子学技术。

目前本中心主要将研究目标设定在研究和发展各种光源上，如毫米波、红外波、可见光、紫外光。LED和激光光源的新纪元即将到来，使得这些光源不仅能提供较高的照明能量效率，也能为人们提供良好的无线宽带通信、视觉成像和可靠的分布式探测系统。这需要通过创新的设计、良好的功能和实际表现来实现。

可见光（VL）相关技术及应用是目前的一个新兴技术领域，它利用具有高速开关特性的可见光LED来实现无线数据传输服务，它的数据传输速率与传统的802.11无线传输网络协议相符合，同时还能使目前存在的频谱缺乏问题得到一定的缓解。

电力是一种不可或缺的资源，其对于人类社会是至关重要的。设想停电将对经济、安全和市民福利带来的影响便可明白电力的重要性。因此，用户、政府和工厂合理使用电力、提高电力设备的效率和安全性是很有必要的。据估计，目前全球三分之一的电力资源消耗都来自于照明，因此开发出高资源利用率的照明设备是很重要的。这种对资源消耗的顾虑促使了固态照明系统的产生，以此替代白光光源和荧光光源（荧光灯会造成环境污染，因此减少其使用对减少环境污染是极其有益的），更具体地说，是采用高效率的LED产生的白光代替现有照明设备。幸运的是目前白光LED已经实现了商业化。白光LED（WLED）所需的能量比传统光源降低了约$\frac{19}{20}$，比被划分为“绿光”的荧光光源也降低了$\frac{4}{5}$。使用LED能带来的有益影响可体现在，如果目前所有的灯泡均换为LED，那么10年内将节省能量1.9×10^{20} J、节省财政1.83万亿美元、减少106.8亿吨二氧化碳的排放、减少9.62亿桶原油的消耗。

光子学领域起源于对光使用效率的考虑。所有高效可控的光源都可使用LED制成。使用白光LED替代传统的光源意味着光源的尺寸、花费和能量消耗都能有效减小，这是因为光器件相比于电器件正朝着越来越小型的方向发展。白光LED是半导体器件。大约13 000个LED可被集成为一块0.25×0.25单元大小的基片。相同照度下，白光LED仅使用常规白光灯泡5%的能量。若使用白光LED，则照亮一个村庄所需的能量甚至小于传统的一个100 W灯泡。通过使用白光LED替代传统光源进行数据传输和照明，能节省非常可观的能量。毋庸置疑，发射白光的固体光源将成为21世纪的主要光源。

可见光和红外光由于其相近的波长而具有很多相似的性质。但是，在室内通信，却只能使用红外光。原因是迄今为止，仍无法制造出高效的白光LED。LED有以下特征。

（1）能量效率——从光通量的角度来说，LED拥有远高于白光灯的效率及远高于荧光灯的灵活度。

（2）宽的光谱——比WiFi频带更宽的光谱范围。

（3）较高的安全性——不会穿透建筑物墙壁。

（4）无电磁干扰。

随着近几年LED逐渐替代传统的白光灯泡，可见光的应用范围将扩展到无线因特网接入、汽车与汽车的通信、LED标志的广播、机械与机械间的通信、定位系统、航海等。

可见光在以下专业应用领域都具有很强的潜力：

（1）与GPS类似的室内或户外的光定位系统。

（2）灯光导航系统。

（3）医院和健康机构——使医院实现移动性和数据通信能力。

（4）危险场所的应用——在使用红外光具有危险性的场所使用（如石油、天然气开采使用场所、矿井中）。

（5）商用航空事业——使用无线通信的空中娱乐项目和个人通信等功能能够实现。

（6）公司和组织的信息安全——在使用WiFi存在安全隐患的场所中使用。

（7）WiFi频谱使用压力的缓解——提供额外的可用带宽，缓解未授权的通信频段的拥挤状况。

（8）防卫和军事中使用——使军队中军用车辆和飞行器的高速无线通信得以实现。

（9）水下通信——使潜水员和远距离设备间的通信得以实现。

一些局部的、小范围场所的例子包括教室、宾馆房间、家庭、商场、机场和火车站的候车室、飞机、宇宙飞船等。考虑室内网络环境，在不久的将来每个房间都能使用可见光LED照明，并且这些LED也能用作宽带通信的载波。在可见光和红外光乃至更长波段的光波是不能穿透墙壁的，一般也不能渗透进固体介质。

因此，实际可用的网络系统能较容易地通过这种“自限制传播距离”的方法实现。我们根据其性质将其命名为高带宽岛群系统（high-bandwidth islands）。使用者采用这种光波进行数据传输的原因是在相邻的房间之间，在很大的带宽内即可实现无干扰的频带复用。

在较大的开放环境中，用户可能需要100 Mb/s甚至更大的数据传输速率，针对这种需求，光无线（OW）技术由于其设备有限的单元体积而成为一种理想的解决方案。现有的无线电网络实际上连两三对用户的高速通信需求都无法支撑。较多的大容量用户将导致对无线电通信单元的需求增加，从而导致单元重叠情况的出现，进而产生信号的干扰和载波的复用等问题。与此相对的，光无线技术可以通过许多小单元的通信

单元为每个用户提供必需的信道容量，且由于每个单元间均具有较清晰的分界，使得干扰和载波复用的情况基本可以忽略。这些单元称作高带宽岛群系统，可将高带宽的多媒体数据负荷从无线电频率转移到无线光载波上，从而真正解决频谱短缺的问题。同时，光无线由于其具有远超无线电容量的性能，也是解决未来用户日益增长的数据通信容量要求的很好的解决方案。

可见光通信（VLC）可成为光无线系统的一个可行的选择，因为 LED 能被用作无线通信传输器。对于其余任何一种灯光来说，都不可能具有类似 LED 的宽频带传输性能。我们不仅能将 LED 用来照明，也能将其用作室内无线通信设备，IEEE 标准委员会目前正在研究这个应用的相关问题。一种全双工的系统可以通过上行采用红外而下行采用可见光 LED 实现。若我们在电力通信线路（PLC）和电网系统中使用这种新技术，则能在很大程度上缓解频谱崩溃问题，因为不需再考虑如何将照明设备与通信设备分开，也无需再考虑干扰对无线电频率带来的限制。图 65.2 给出了一种较有概括性的可见光通信系统，其中使用的是可见光 LED，且图中可清楚看出各分隔的高带宽岛群系统。

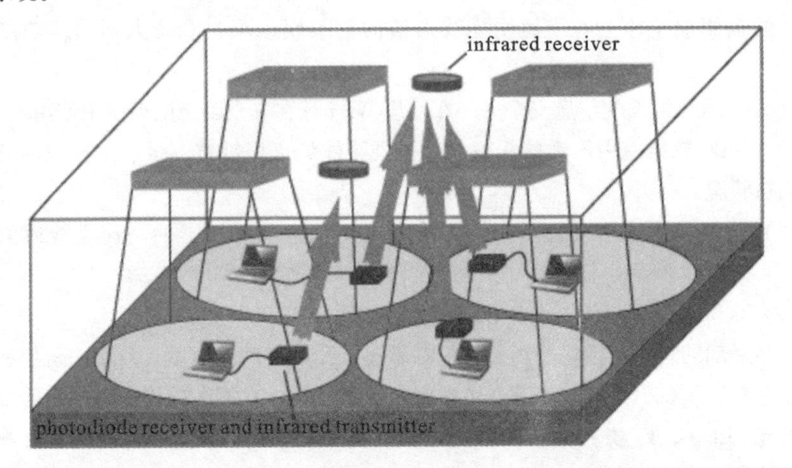

图 65.2　使用可见光 LED 作为下行和红外光作为上行的光无线通信系统

目前一个普遍观点是未来的无线通信系统不仅具备单一的接入技术，而且具备多种相互补充的接入技术。令人意想不到的是，目前已安装的最大的短距离无线通信基地采用光波而不是无线电进行链接。事实上，根据红外数据协会（IRDA）制定的标准进行安装的点间和短距离通信系统几乎以每年 1 亿台的速度投入使用，其中大多数采用远程控制。目前有人认为光无线技术将在未来更宽的 4G + 视觉通信系统中扮演一个重要角色。

综上所述，目前正是将需要极高带宽的室内多媒体数据传输转移到光波频段的最佳时机，以便克服频谱短缺的问题。

3. 自由空间光通信摘要

自由空间光通信是创造全球性三维通信网络的唯一解决办法，此三维通信网络可将地面节点与空中节点直接连接起来。卫星与地面节点间的通信需要极大的数据容量，这不能通过传统频谱较窄的无线电通信实现。自由空间光通信却有潜力提供几乎无限的带宽。此外，由于自由空间对激光束的在空间上的限制，这样的连接是非常安全的。换句话说，自由空间光通信的安全性可以在物理层上得到保证。但是，我们所希望的高数据传输速率只在纯净的空气环境中才能够实现，各种大气现象，如云、雾乃至大气湍流都会使通信性能严重降低。在大气中一些浑浊介质如云、气溶胶等会使脉冲在空间和时域上发生展宽，而大气湍流则会使光束产生闪烁和衰减。因此，为了开发自由空间光通信系统蕴含的强大潜力以使其在各种天气状态都能达到最佳通信状态，我们必须通过精确测量实现对发送机和接收机的最好设计。特别的是，我们可以通过使用多个发送机和接收机来抵抗大气湍流产生的衰减，同时补偿由散射引起的脉冲衰减和展宽。

（翻译：杨振宇　审核：元秀华）

David J. Hagan 1985 年在英格兰爱丁堡的 Heriot-Watt University 获得物理学博士学位，1985—1987 年他在北德州大学和应用量子电子学中心担任研究科学家。1987 年转职到中佛罗里达大学，创办 CREOL，现任光学和物理学教授，同时担任大学课程体系（Academic Programs）的副院长。他目前还是美国光学学会（OSA）期刊 *Optical Materials Express* 的主编和 OSA 会士。目前的研究方向包括非线性光学材料特别是半导体和有机物，以及非线性光学表征和光谱学技术。

第66期

Extremely Nondegenerate Nonlinear Optics for IR Detection

Keywords：nonlinear optics，two-photon absorption，infrared detection，non-degeneracy

第 66 期

用于红外探测的极度非简并非线性光学

David J. Hagan

1. 关于 CREOL 的絮语

首先，简要介绍下 CREOL。CREOL 始建于 25 年前，那时规模还比较小，经过多年的发展才有了今日的成就。

CREOL 是中佛罗里达大学的研究中心，政府每年都为 CREOL 提供额外的研究资金，因为 CREOL 能为以科技为基础的工业带来较好的发展契机，学生在完成学业的同时也服务于项目的研究，所以在工业技术的发展中担任了重要的角色。CREOL 的总面积有 10 400 m^2，包括大约 100 个实验室，有教职工 120 余人，主要包括佛罗里达先进光子学中心（FPCE，主要研究纳米光子学、生物光子学成像与显示）和 Towns 激光学院（TLI，主要研究激光在工业和医药学上的应用）。根据美国国家研究委员会数据显示，CREOL 在 EE 博士项目中排名第 7，每年的毕业生中有 60% 来自国外，他们取得博士或硕士学位后，有的加入了政府的合作项目，有的参加了工作。学校为学生提供了大量的资助和良好的研究平台，让学生能够接受邀请赴外演讲或者进行相关研究。CREOL 的研究领域包括光纤光学、激光、非线性量子光学、半导体和集成光学、成像、传感和显示等。

为庆祝 CREOL 成立 25 周年，今年举行了大型的学术研讨会，到会者包括 3 位诺贝尔奖获得者，另外还有一位来自华中科技大学的毕业生 Rao Linghui，她在 CREOL 取得了她的博士学位。

2. 非线性折射和双光子吸收

我们对于非线性折射和非线性吸收很感兴趣，一直致力于弄清楚它们的影响并找到合适的方法强化其作用。比如已知折射和吸收系数可分别表示为 $n(I)=n_0+n_2I$ 和 $\alpha(I)=\alpha_0+\alpha_2I$。我们研究的材料包括半导体、有机物和等离子化合物，当光线在这些材料中传输的时候，产生的非线性折射和吸收效应使得这些材料起到了一定的透镜作用。当 $n_2<0$ 时，将产生自聚焦效应，可用于材料缺陷检测、玻璃中 3D 图案的制作

以及光束的空间准直等。此外，基于非线性折射在时域中的影响，还能实现自相位调制和输入脉冲的频谱展宽等光转换作用。

双光子吸收也有相当广泛的应用，如3D显微技术和3D微制造技术。

双光子吸收中激发态的强度与光强 I 的平方成正比关系，当样本发出的荧光聚焦在焦点处时，由其激发作用，扫描焦点可以建立样品的3D显微图像。图66.1所示的为基于多光子激发效应的小鼠淋巴球中的四色荧光标记检测技术。

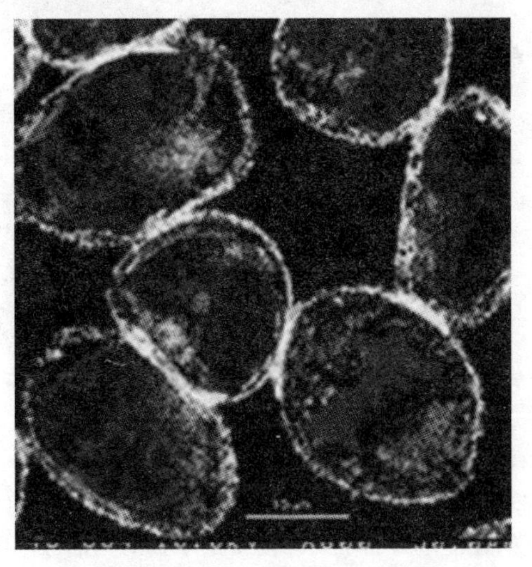

图66.1　基于多光子激发效应的小鼠淋巴球中的四色荧光标记检测技术

双光子吸收也能引起材料在焦点处的聚合，其光聚合作用为微制造技术的实现提供了基础。图66.2所示的为双光子聚合制造技术制作的3D结构。

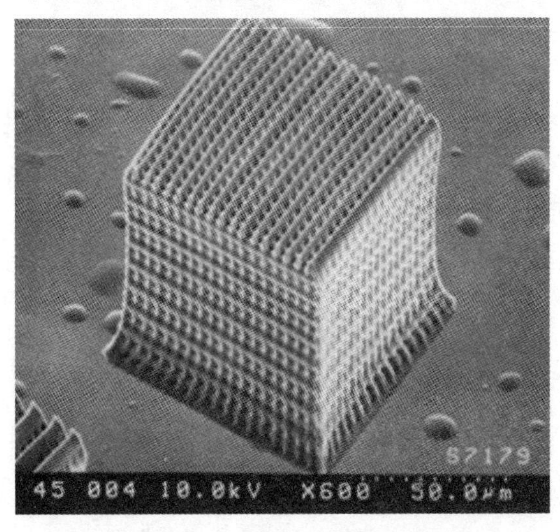

图66.2　基于2PA的微制造工艺

下面介绍一下非线性光谱学技术，使用单光束来测量多种材料中的非线性吸收系数和非线性折射系数。实验原理图如图 66. 3 所示。

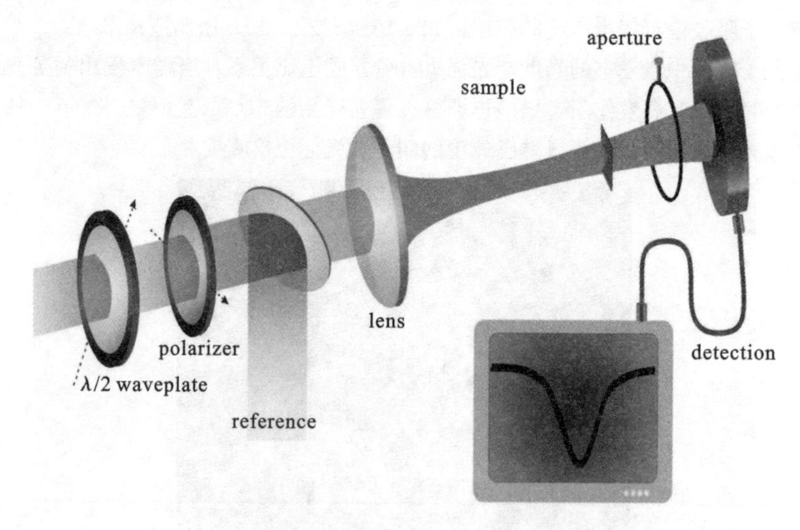

图 66. 3　实验原理图

光束通过 λ/2 玻片、起偏器、透镜和孔径光阑后照射在探测器上，样品置于透镜和光阑之间并沿着轴线移动。当光阑的孔径较大时，样品在靠近透镜焦点的过程中，非线性吸收将由光强的逐渐增大而激发，使得探测到的光信号下降，样品和焦点重合时信号达到波谷，随后样品远离焦点，其上的光强减小，非线性吸收的效果也随之减弱，信号爬升。

非线性折射的作用则稍微复杂一些，这里需要减小光阑的孔径，如图 66. 4 所示。

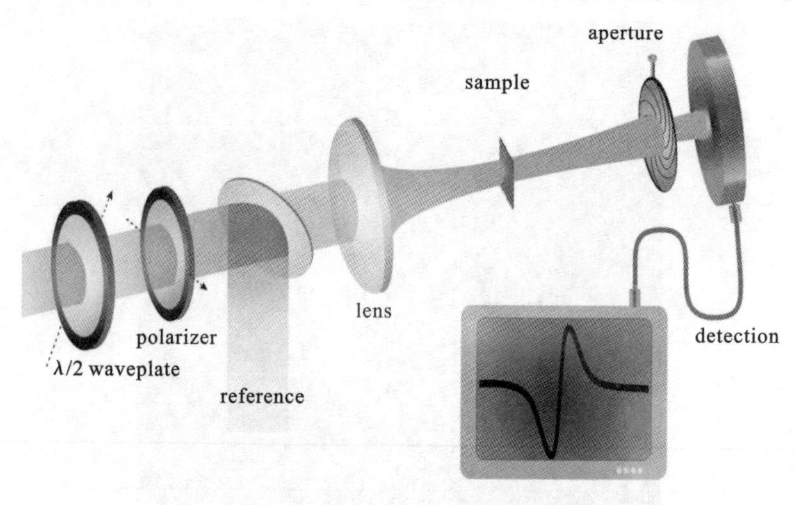

图 66. 4　非线性折射系数测量原理图

在样品靠近焦点的过程中，由于样品的自聚焦效应，原有的聚焦光束更加集中在轴线位置，使得远场光强减小，信号会出现波谷。而在样品经过焦点并远离的过程中，同样由于自聚焦效应，光线偏离的幅度减小，使得光强相对集中，信号出现波峰。

我们通过探测材料的透过率曲线来验证非线性效应是否是由辐照度的改变而引起的。在实际的探测中，采用如图66.5所示的双通道分光仪，一个是参考信道，另一个是经过泵浦后的信道，分别探测它们的材料透过率，可以看到在泵浦情况下非线性吸收效应导致的透过率改变。泵浦使得材料的非线性吸收被激发，我们可以探测出整个入射光谱上的信号来研究这种效应的强弱，由此测出非线性效应的系数。

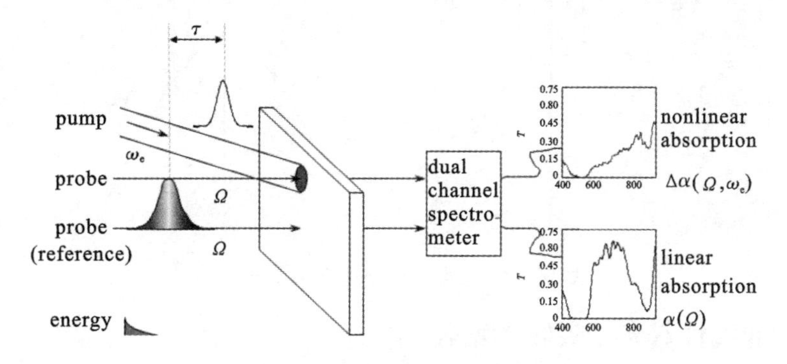

图66.5　双通道分光仪

如果一个光子不能提供刚好使材料发生能级跃迁的能量，那么就不会发生一般的或者线性的吸收。这时如果第二个光子也到达的话，一个分子同时吸收两个光子，使其能量刚好满足跃迁条件，能级跃迁就可能发生。

半导体中的双光子吸收有一些不同，它没有有效的中间能带，其中禁带跃迁发挥了主要作用，其双能带模型满足式(1)的关系。其双能带模型如图66.6所示。

$$\begin{aligned}\alpha_{2,\mathrm{th}}(\omega) &= K_2\frac{\sqrt{E_{\mathrm{p}}}}{n_0^2E_{\mathrm{g}}^3}\frac{(2\hbar\omega/E_{\mathrm{g}}-1)^{3/2}}{(2\hbar\omega/E_{\mathrm{g}})^5}\\ &= \left(\frac{K_2\sqrt{E_{\mathrm{p}}}}{n_0^2}\right)\times\frac{1}{E_{\mathrm{g}}^3}\times F_2(\hbar\omega/E_{\mathrm{g}})\end{aligned}\tag{1}$$

在测量半导体中的双光子吸收光谱时，用到了Nd：YAG激光器提供1064 nm、532 nm、355 nm和266 nm的脉冲谐波。双光子吸收系数可表示为

$$\alpha_{2,\mathrm{scaled}} = \frac{\alpha_{2,\mathrm{meas}}n_0^2}{K_2\sqrt{E_{\mathrm{p}}}F_2(x)}\propto\frac{1}{E_{\mathrm{g}}^3}\tag{2}$$

这个结论同半导体InSb($E_{\mathrm{g}}=0.23$ eV)和ZnS($E_{\mathrm{g}}=3.6$ eV)的特性很吻合。这些材料的能带越窄，能产生的非线性效应就越大，还有其他一些半导体材料也符合这种规律。我们可以选取窄带材料以获取更大的非线性效应。而有机材料的性质又有很大不同，只要改变它们的结构，就可以得到不同的非线性效应，这也为多样化的研究

提供了方便。

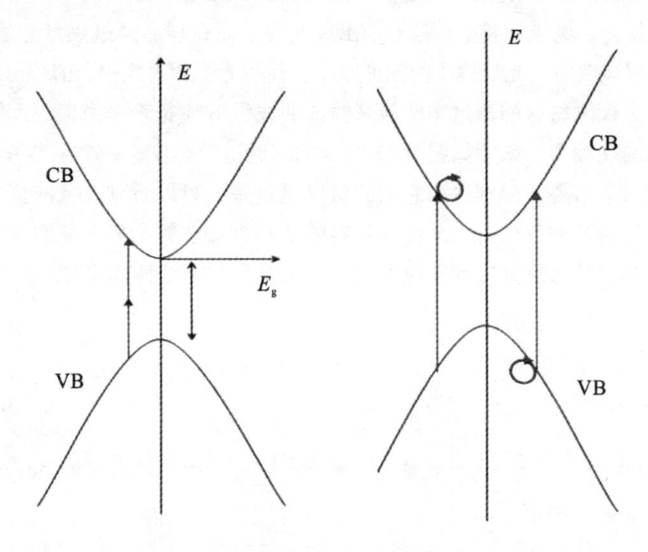

图 66.6 双能带模型图和微扰方法

3. 非线性双光子吸收和增强

如图 66.7 所示，在三阶能级跃迁系统中，随着 Δ 的减小，产生双光子吸收的概率会增加。因此我们更多的时候考虑非简并状态下的双光子吸收，通过引入泵浦来改变中间态的共振能量，并选择不同频率的光来激发双光子吸收，根据这种方式来重新调制共振增强效应。

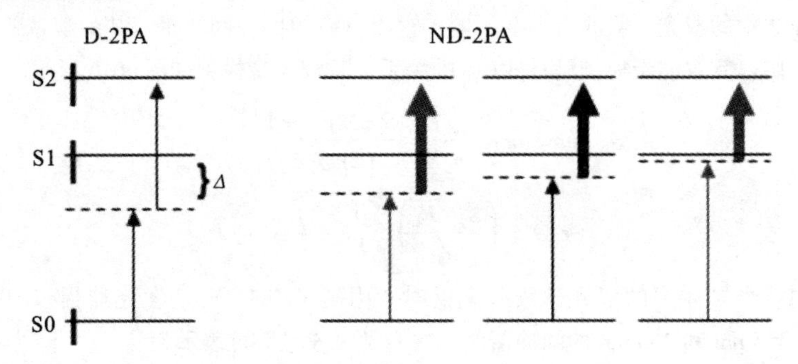

图 66.7 兼并和非兼并下的双光子吸收

当使用长波长的强泵浦时，非简并状态下的双光子吸收更容易被激发，当其能量远离中间态的共振能量时，非简并和简并状态下的双光子吸收并没有太大区别，而当其接近中间态的共振能量时，非简并双光子吸收效率会大大增加。为泵浦探测加上不同的光子能量，由此可以测出不同激发能量下的双光子吸收效率。

为了进一步探讨双光子吸收光谱中的溶剂极化规则，还测量了双光子吸收截面光

谱。图66.8所示的分别为甲苯（toluene）和丙烯腈（CAN）的测量结果对比。左轴的坐标表示归一化的单光子吸收光谱，右轴的坐标表示双光子吸收截面。尽管第一级(S0-S1)的单光子吸收带有很大的改变，但是第二级(S0-S2)吸收带基本保持不变。

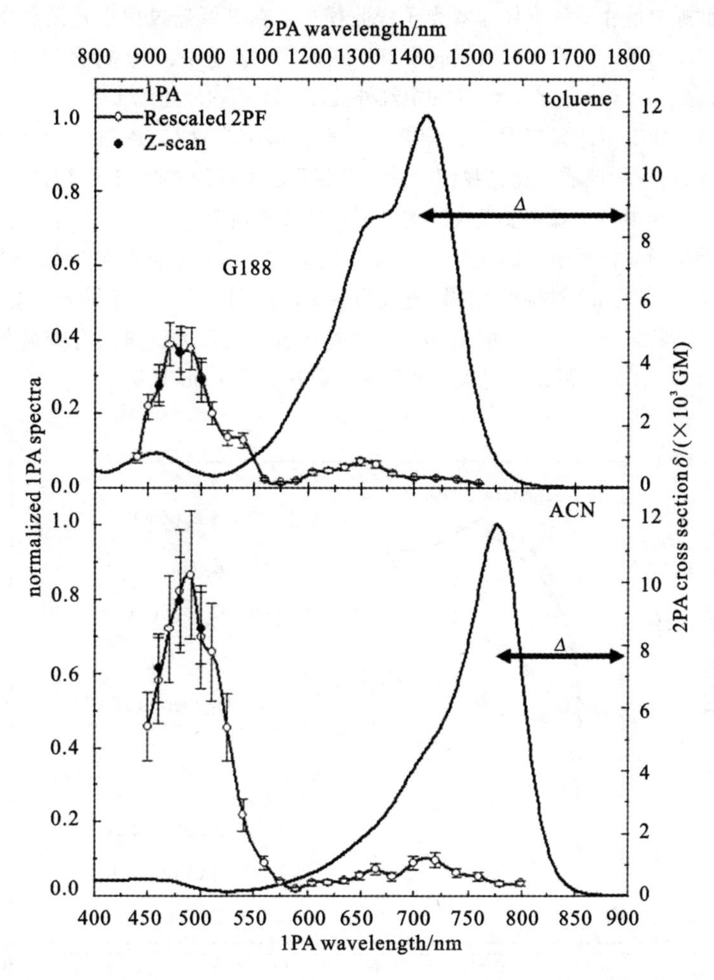

图66.8　甲苯和丙烯腈的归一化单光子和双光子吸收谱测量结果对比

尽管双光子吸收的状态是相对稳定的，但丙烯腈中的双光子吸收截面是甲苯中的两倍。这实际上是一个完美中间态共振加强效应（ISRE）的例子，因为单光子吸收带正是双光子吸收转换的中间态，丙烯腈中的单光子吸收红移引起了很强的共振增强效应，并导致了双光子吸收截面的增加。在这个意义上，我们找到另一种方法来提高双光子吸收，只需要对溶剂作简单的改变，在较大的溶剂极性下减少S1和S0之间的带隙。

半导体材料 CdSe 和 PbS 发生双光子吸收时的增强系数分别为 2.2 和 5。产生如此大的差别是由于发生能级跃迁时其导带能量不同，PbS 的能量更接近于中间态，而 CdSe 的能量则相距较大，短波长下的线性吸收限制了双光子增强效应在其中的应用。

再来回顾之前介绍的半导体双光子吸收模型。在其跃迁过程中是没有中间态的，在长波照射状态下，其更多时候趋向于自发跃迁，也就是说，其谐振会有很强的非简并效应。因此，很难同时在近红外和中红外波段使用短脉冲完成实验。

非简并的情况对应宽带材料，简并的情况对应窄带材料，它们之间有相似的地方，均同含有 ω_2 的项成正比，我们由此能预想到极度非简并状态下也有相同的性质。总的来说，影响半导体双光子吸收的主要因素是长波频率。

在多种半导体材料中实验测试了非简并的双光子吸收，测试实验结果如图 66.9 所示。理论计算得到的非简并光谱以直线表示，而点划线则表示不同光子能量下测量到的光谱。随着泵浦光子能量的增加，非简并状态下的最大测量值有着显著的改变。在 8.5 μm 的泵浦下，CdTe 中最大的非简并吸收达到了 1 cm/MW。

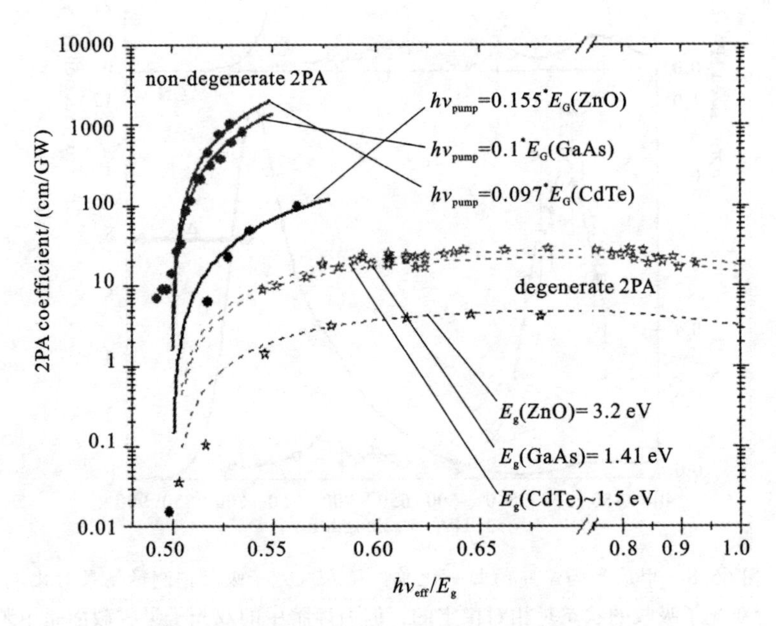

图 66.9　半导体材料中的双光子吸收测试结果

4. 非简并双光子吸收的选通红外探测

图 66.10 表示在不同的泵浦光能量下 GaN 探测器的响应。在暗电流区域没有信号，输出电压与输入能量成正比关系，相同输入能量的情况下，泵浦波长越长，输出电压越小。其中 390 nm 处的泵浦波长可用于室温下的红外探测。

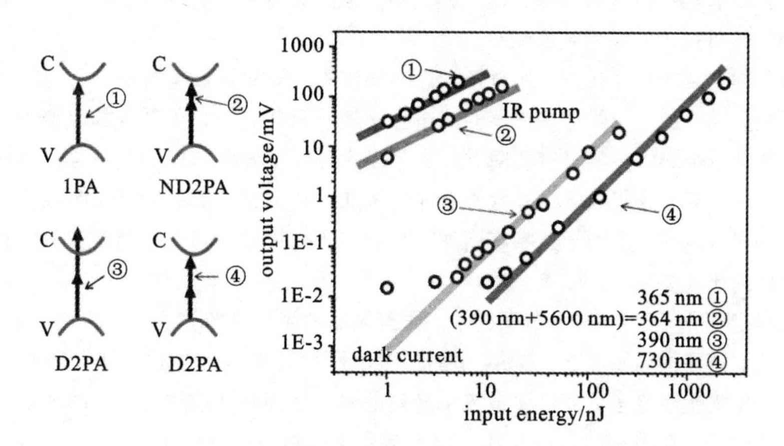

图 66.10　不同泵浦能量下 GaN 探测器的响应

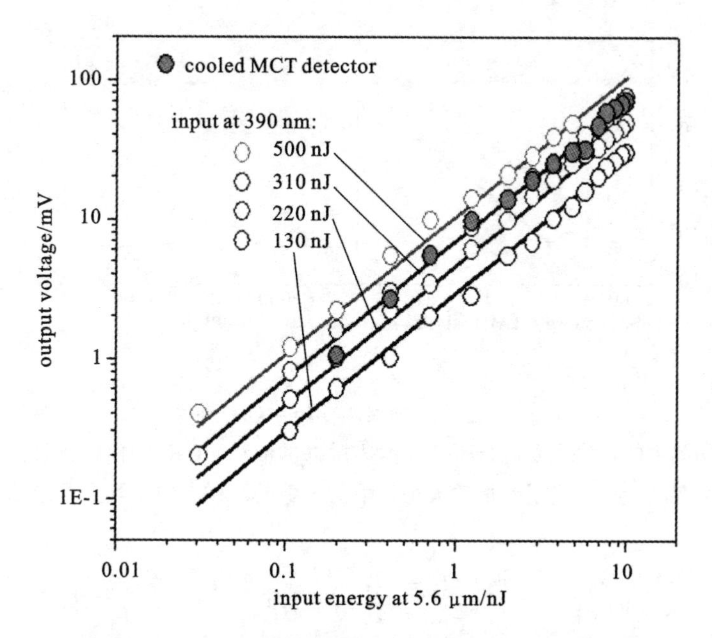

图 66.11　不同泵浦能量下致冷型 MCT 探测器的响应

在 310 nJ 能量的信号下，简并的双光子吸收效率为 20%，而在 500 nJ 能量的情况下，其吸收效率为 50%，GaN 探测器使用短脉冲，灵敏性比液氮制冷的 MCT 探测器更好。不同泵浦能量下致冷型 MCT 探测器的响应如图 66.11 所示。

室温下的红外探测更为重要的原因有以下几点。

（1）敏感的红外探测器要求线性间带吸收，所以半导体需要满足 $E_g < \hbar\omega$。

（2）热激发是目前的一个难点，在室温下，对于 InSb，$n_c/n_v \approx 10^{-5}$。

（3）尽管热载流子群很小，但还是会对光激发载流子造成很大影响。

（4）红外探测器需要液氮制冷。

众所周知，在简并状态下的直接跃迁半导体中，非简并效应的增大会使得双光子吸收系数大幅增加。一般地，带隙的减小会伴随着简并的双光子吸收效应增大，由此可以推知窄带半导体中的极度非简并双光子吸收灵敏性会比 GaN 中的更强。然而，基于极度非简并双光子吸收的红外探测会伴生选通脉冲的冗余简并双光子吸收，这会产生额外的光载流子，进而导致噪声增加。我们将研究扩展到两种不同带宽下的直接跃迁半导体的比较。

我们使用同步验波来抑制选通光子中未经调制的简并双光子吸收，如图 66.12(a)所示，在相似选通的辐照度下，GaAs 中的输出电压相较于 GaN 中的有大幅增加。这些信号产生于光生载流子，而这些载流子又是由跟红外辐照度成线性比例的非线性双光子吸收产生的。在图 66.12（b）中，我们表示了分别加在简并双光子吸收记录背景中的红外和选通脉冲这两种情况下的互关联测量。

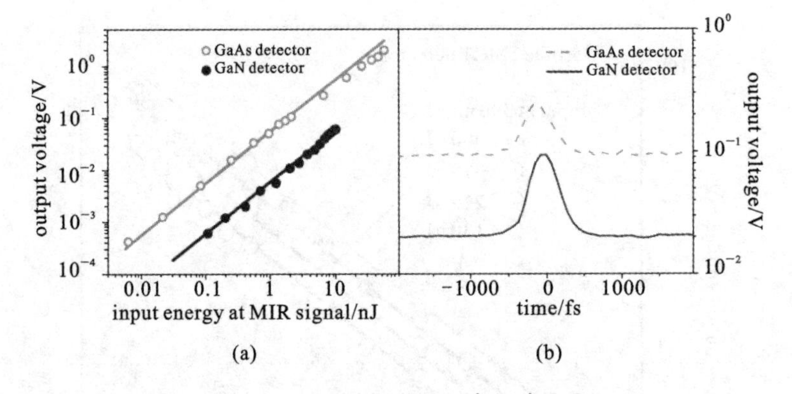

图 66.12　两种探测器的中红外响应

由于探测中的噪声主要源自于选通激光脉冲的波动，GaN 的信噪比较大，在极度非简并的情况下，一个光子能量的大小几乎与带隙的一样，但实际上两个信号的表征却不同。

$$\left.\frac{(\mathrm{d}N/\mathrm{d}t)_{\mathrm{ND}}}{(\mathrm{d}N/\mathrm{d}t)_{\mathrm{D}}}\right|_{\mathrm{exact}}=\frac{n_{\mathrm{g}}}{n_{\mathrm{z}}}\left(\frac{\Omega-\delta}{E_{\mathrm{gap}}-2\delta}\right)^{3/2}\frac{(E_{\mathrm{gap}}-\delta)^{2}}{\Omega^{2}}\left(1+\frac{E_{\mathrm{gap}}-\delta}{\Omega}\right)^{2}\frac{I_{\mathrm{s}}}{I_{\mathrm{g}}}\tag{3}$$

其中 I_s 表示红外辐照度，I_g 表示选通辐照度，通过近似，上式可以表示为

$$\left.\frac{(\mathrm{d}N/\mathrm{d}t)_{\mathrm{ND}}}{(\mathrm{d}N/\mathrm{d}t)_{\mathrm{D}}}\right|_{\mathrm{approx}}=\frac{n_{\mathrm{g}}}{n_{\mathrm{z}}}\frac{(\Omega-\delta)^{3/2}}{\Omega^{4}}E_{\mathrm{gap}}^{5/2}\frac{I_{\mathrm{s}}}{I_{\mathrm{g}}}\tag{4}$$

图 66.13 表示使用 GaAs 在 7.5 μm 的选通脉冲下探测 920 nm 的信号脉冲和使用 GaN 在 5.6 μm 的选通脉冲下探测 390 nm 的信号脉冲。图 66.13(a)表示在低能量输入的情况下，GaAs 中的兼并双光子吸收应同 GaN 中的比较。图 66.13(b)中比较了 GaAs 和 GaN 由实验数据根据理论方程计算出的输出信号比。

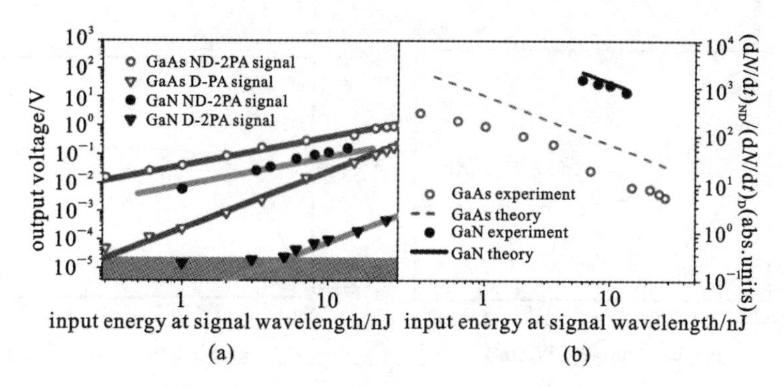

图 66.13　两种探测器的简并双光子吸收探测理论值和实验值比较

延伸到长脉冲下的情况和连续波辐射的探测，激发的光载流子群可用下式表示

$$\frac{\mathrm{d}N}{\mathrm{d}t} = 2\alpha_2(\omega_s;\omega_g)I_g\frac{I_s}{\hbar\omega_s} \tag{5}$$

如果探测器能对光电流作积分，则有

$$N = 2\frac{\alpha_2(\omega_s;\omega_g)}{\hbar\omega_s}\int I_g I_s \mathrm{d}t \tag{6}$$

我们认为使用中红外激光二极管源可以很容易地达到探测目的，也就是用 kW/cm^2 级的通道能量来探测 GaN 二极管中的 μW 级中红外连续波功率。更高的探测灵敏度也要求更大的作用长度，但是由简并双光子吸收引起的暗电流仍是一个需要解决的问题。

使用基于非简并双光子吸收效应的直接能隙光电二极管来进行连续波红外探测的系统结构如图 66.14 所示。

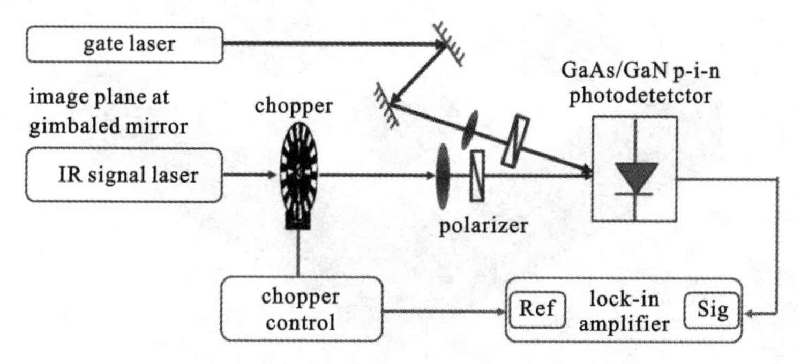

图 66.14　连续波激光探测系统

噪声在探测器性能中是非常重要的指标，噪声源有许多种，包括热噪声和光学背景噪声等。对于极度非简并探测器来说，选通时就会产生额外的背景噪声。

我们在测量和消除通道中的波动时，在最好的情况下，等效噪声功率是由信号中的散粒噪声和简并双光子吸收的背景电流引起的，图 66.15 所示的为使用基于极度非简并双光子吸收的 1 mm^{2}GaN 二极管探测 5 μm 辐射的 NEP。

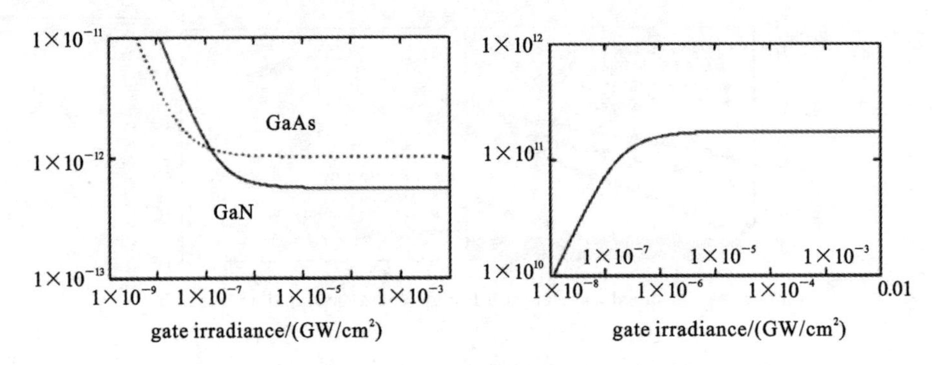

图 66.15　不同栅极辐照度下探测器的噪声等效功率（NEP）

当通道辐照度增加时，由于非简并双光子吸收的灵敏度增加，等效噪声功率相应地减小。当简并双光子吸收中的散粒噪声占据主要地位时，等效噪声功率达到最小，可得到最大的探测率为

$$D^{*} \approx 10^{11}\ \mathrm{cm} \cdot \mathrm{Hz}^{-2} \cdot \mathrm{W}^{-1}$$

一个实用的探测器将包括一个集成的通道激光源，这里给大家展示焦平面阵列的可行结构，如图 66.16 所示。

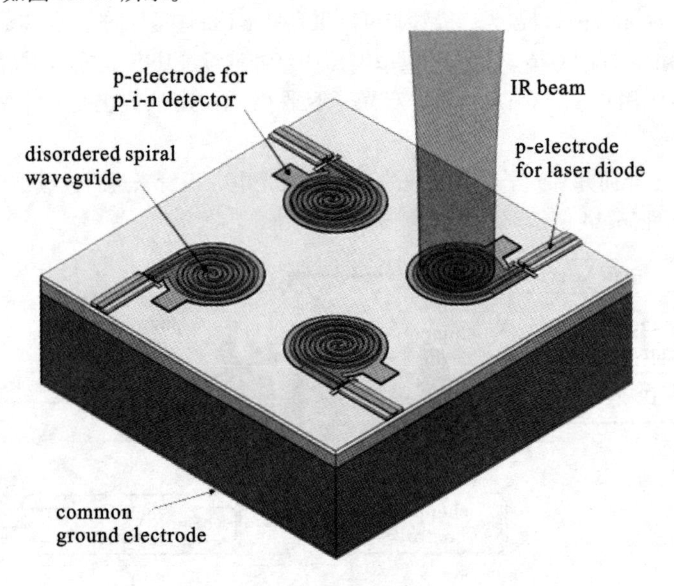

图 66.16　焦平面探测器的可行结构

最外圈的环形的结构是光电二极管的 p 型电极，里面的结构是无序波导，条状波导是激光二极管的 p 型电极，底部是一般的电介质衬底。通过检测照射在无序波导上的红外光来进行探测。

5. 非简并双光子的增益可能性

激发双光子跃迁可以通过单或者双受激跃迁的形式进行，如图66.17所示。

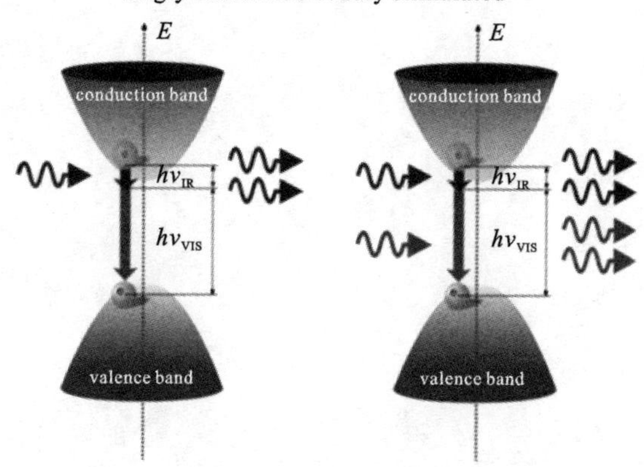

图66.17　单或双受激跃迁

考虑双受激跃迁，低温下的非简并光子对的双光子增益系数可以表示成

$$\gamma_2(\omega_1;\omega_2) = K\frac{\sqrt{E_p}}{n_1 n_2 E_g^3}F_2\left(\frac{\hbar\omega_1}{E_g};\frac{\hbar\omega_2}{E_g}\right)[f_c(\hbar\omega_1;\hbar\omega_2) - f_v(\hbar\omega_1;\hbar\omega_2)] \tag{7}$$

在高温情况下，能量反转会减小，相应的双光子增益也会减小。

6. 结论

（1）极度非简并的情况下双光子吸收有大幅增加。

（2）可用GaN二极管在390 nm亚间隙下完成红外选通探测。

（3）结果表明，室温下与77K HgCdTe相比，GaN二极管在5.6 μm的脉冲下有更好的灵敏度。

（4）利用商业化的光电二极管通过双光子吸收可以实现连续波探测。

（5）需要更细致地研究噪声问题。

（6）需要优化连续波探测中的探测器几何参数。

（7）极度非简并双光子增益为新型中红外源的研究提供了新的思路。

（记录人：张欢　赖建军）

Tanya Monro 教授，澳大利亚联邦院士，阿德莱德大学光子与先进传感学院（IPAS）主任。IPAS 致力于跨学科研究领域，将物理、化学和生物结合创建知识和突破性新技术，并为健康、国防、环境、矿业、食物和葡萄酒问题提供新解决途径。

Tanya Monro 教授是澳大利亚科学院和澳大利亚科学技术与工程院会员，所获奖项包括：澳大利亚科学院 Pawsey 金奖（2012），年度物理学 Scopus 青年研究者奖（2011），年度南澳大利亚科学家奖（2011），迈金托斯年度物理学家奖（2008）。1998 年，Tanya 教授于悉尼大学获得博士学位，并荣获澳洲最佳物理学博士 Bragg 金奖；同年，她进入英国南安普顿大学光电研究中心工作；2000 年，获得皇家学会大学研究奖金；2005 年，担任澳大利亚阿德莱德大学光学教授一职。她已发表 450 篇学术期刊论文和会议论文。

Tanya Monro 教授对光的产生、控制及纳米级处理和探测问题做出了巨大贡献。她的研究包括新型光学材料和光纤结构，化学、生物和辐射探测的新方法，新型激光光纤和非线性器件。

第67期

Emerging Optical Materials, Fibres & Devices for Next Generation Sensor and Source Technologies

Keywords: emerging glasses and fibres, microstructure, sensorPreform Extrusion, nonlinear

第 67 期

用于下一代传感和光源的新型材料、光纤及器件

Tanya Monro

1. 新型光纤

对新型材料和新型光纤结构的研究是我们的研究特色。我们研究了新型玻璃，这种材料意味着许多新的可能。例如把适用于中红外光传输的光学材料或者纳米粒子掺杂到玻璃中，经过处理之后，不同结构的玻璃可以应用到不同的领域中去，例如生物传感器、化学传感器、激光元器件、特种光纤等。

我们自行制作了玻璃的熔融炉，配制原料之后进行高温熔融，得到高纯、无水的熔融玻璃，之后倒在冷却板上再放入退火炉里淬火，慢慢地冷却之后，得到几百或者几十克的玻璃，如果做得好可以得到很好的玻璃原材料。接下来主要介绍我们最有特色的玻璃研究——挤压加工工艺。这种工艺的原理是：对玻璃胚料热处理达到其软化点得到软化玻璃，然后把软化玻璃放在钢模具上，给玻璃施加压力，完成结构上的粗加工。该项技术要求苛刻，必须应用于软性玻璃。而最近经过进一步研究发现，该技术可以应用于硬性玻璃，比如硅酸盐玻璃。此外还有拉丝塔，通过拉丝塔，软性玻璃或者预制棒可拉制成各种各样我们所需特性的高质量微结构光纤。

MCVD、超声波钻探、有源光纤激光器、光谱特性分析描述仪可以结合起来研究。MCVD 具有高灵活性，可以应用在硅酸盐、锗硅酸盐、铝硅酸盐及磷硅酸盐等玻璃光纤中，并且允许掺杂铝和稀土离子等。高峰值的红外激光及高相干性的激光器是本团队主攻的光纤激光器方向，主要应用在通信、防御、医疗和加工等领域。

在挤压加工工艺过程之后，加工的成型品与模具的结构相比会有一定程度的失真变形，称之为塌陷。经过研究，Fluid-Mechanics 建立了 Fluid-Mechanics 模型，发现塌陷比例与挤压过程中外界的温度及压力相关。所以研究该工艺时既要考虑模具结构的设计又要重视挤压时的外界压力和温度等。

我们不仅研究了硅酸盐玻璃，而且研究了非硅酸盐和软性玻璃，在经过熔融淬火技术处理之后，得到许多不同组成成分的玻璃，比如氟化物玻璃、碲酸盐玻璃、锗酸盐玻璃。不同的玻璃具有不同的玻璃性能，比如制作温度为 200 ~ 2 000 ℃，玻璃线性系

数介于1.4~2.6，非线性系数在1~1 000×10^{-20} m^2/W变动，零材料色散点为1.3~2.5 μm，适用于4~12 μm中红外传输，并且可以与稀土离子和纳米粒子共掺。MCVD可以制作掺杂光纤，故可以在玻璃中掺杂许多特殊的物质，如稀土离子、纳米粒子等，处理之后得到所需的特殊性能光纤。特别是掺杂纳米粒子，如金刚石粒子，是目前较新的研究方向。

接下来详细介绍预成型挤压工艺。在熔融淬火得到大块玻璃之后，把它放在挤压的器件中，对玻璃加热，在刚好达到软化点时，从上往下施加力对玻璃进行撞击，可以通过机器设定固定的速度和力量（力量为10 N~100 kN，速度为0.001~200 mm/min）。工艺最重要的部分是模具，一种使玻璃达到所需形状的器件。新的模具设计理念使得实现该工艺过程只需一步。该模具具有两个基本的部件，一个部件是通玻璃材料的小孔，另一个是阻止玻璃原材料通过的小孔。通过这种设计结构的模具，可以得到所需形状和尺寸的预成品。验证发现该方法可运用于硅酸盐、铋酸盐、碲酸盐、锗酸盐、高分子聚合物、氟化物、氟化物锗酸盐和氟化物硼硅酸盐等。方法简单，只需一步便可生成所有的圆孔，机器自动化可实现高产量，不再局限于单一结构，可以得到任意想要的复杂结构。

例如，2011年本课题组把金刚石纳米粒子掺杂到碲酸盐玻璃中，100 g玻璃中掺了2 mg金刚石纳米粒子，首次证明了玻璃中可以掺金刚石纳米粒子并能够保有纳米粒子的特性，而且证明了纳米测磁学。随后扩展了该理论，把其他纳米粒子掺杂到其他类型的玻璃中，并把做成的玻璃通过拉丝塔拉成掺有金刚石纳米粒子的光纤，对其进行激发光谱测试，单一光子激发。这种新型结构开创了在量子传感器的新型领域的应用。最近的光纤研究重点在硅酸盐玻璃、软性玻璃和高聚化合物玻璃上，主要在光纤微结构上的处理，例如多芯光纤、圆孔尺寸结构改变的光纤和纤芯裸露的光纤等。

2. 光纤传感研究平台

传感技术基于荧光机制、共振机制、拉曼机制或是这些机制的结合。我们做了许多不同样式的光纤，可以得到不同的新的结构的传感器，比如倾角传感器、分布式传感器和光纤顶端传感器等。当然这需要许多技术的支撑，比如新的光纤和玻璃材料、新的合成化学物质等。这些机制和技术共同架设一个比较完善的传感器，具有快速反应能力，nL级的样品容量，PM级的灵敏度。

2.1　悬浮芯光纤传感

普通的光纤一般都具有大芯径和固体的结构，用作传感的光纤就像两条通道，水走水的那条道，光走光的那条道。传感器是基于光与物质的相互作用，造成散射、吸收或者荧光作用的产生。要使光能够更多地通过通道与物质接触发生作用，一种方法是采取对光纤拉锥，另一种方法采用纳米线。我们采用的方法是后面一种，利用纳米线的功能。悬浮光纤的纤芯采用纳米线，尺寸很小，旁边是尺寸相对比较大的空气孔，这样既能够保证更多的光在空气孔中与物质发生作用又能够维持纳米线本身的特性。

DIP 传感器把悬浮芯光纤浸渍在溶液中，溶液充满空气孔，然后给光纤注入激光，由于光纤纤芯尺寸很小，只有几微米，激光与溶液在空气孔中发生作用产生荧光。荧光的波长与泵浦光的波长不同，可以在反向处由 Monch 光栅单色仪测得。我们对该模型已经研究得很全面，能够清楚地获得并控制荧光量的产生。利用改变悬浮芯光纤的微结构，可以测得很多化学物质的荧光谱，比如过氧化氢、铝、二氧化硫、钠、钾等。所以现在需要把该技术应用到各种各样的传感测量中。我们最早的研究是利用拉曼散射原理，探测爆炸物。本团队的 Dr. Linh Nguyen 利用悬浮芯光纤开展了一项新的探测 DNA 的方法。当然，也可以尝试用悬浮芯光纤在其他相关领域中探索应用。Dr. Florian Englich 利用悬浮芯光纤，发展了一种新的探测气体的方法，原理也是基于光纤中传导的光与气体的相互作用。这是本团队的第一项气体探测项目，之前介绍的都是液体探测。下面介绍一种最近开展的很有趣的项目，研究人员试着减小悬浮芯光纤传感平台模型的探测极限，如果想要有效地探测到肉眼可见的物体，该模型足够，然而一旦探测物体更小，利用该平台探测就显得相当困难。我们希望注入到光纤中的激光会与探测的材料发生反应，但是激光与玻璃自身也会有反应，这就是我们熟知的背景光。玻璃的纯净度会决定拉曼背景反映光的强弱，当然希望背景光越小越好。最近与 Macquarie 大学合作的一个项目研究发现，把纳米粒子加入到光纤中可以大大减少探测极限（从 10PM 降到 500fM），原理就是在悬浮芯光纤中加载纳米粒子，这样可以用近红外光比如 980 nm 的光泵浦该光纤。

最后，要介绍一项由本实验室的化学家开展的全新方向的研究工作。她研究发展了利用光纤做光控开关界面化学。用这样的光控开关，可以把紫外光转换成可见光。例如我们的化学界面可以捕捉到紫外光，如果传感器只需要捕捉紫外光发生作用，那么完全可行。但是一旦不需要紫外光，那我们就要用光控开关把紫外光转换成可见光之后再进行捕捉。

2.2 纤芯暴露型光纤

Kostecki 博士创新地利用挤压工艺在悬浮芯光纤基础上制成纤芯暴露型光纤。在实际应用中，填充悬浮芯光纤的时间与需要作用的长度和空气孔的尺寸有关，对于在分布式传感应用上悬浮芯光纤存在比较大的缺陷，故采用露出纤芯的方式使得纤芯与物体充分接触，可以充分应用在实时传感上。该光纤的原材料是硅玻璃，它相对于软性玻璃的优点是沿着光传输的方向光损失较低，具有快速填充和对外界环境改变快速反应能力，而且在外界环境要求苛刻的条件下，硅玻璃更加稳定。

2.3 光纤末端 WGM

这是一根悬浮芯光纤，在悬浮光纤空气孔中加入微小的球体，这个微结构的小球对外界条件非常敏感，事实上在末端的那个小球可以极大地提高荧光效率，还可以提

高收集光信息的效率，使得许多方面性能都变好，这是一种双赢。由于该球体的限制，更多的光被限制在重叠区域，使得激发效率呈10倍的提高；又由于光纤中高的数值孔径，荧光激发呈20倍的提高。

2.4　光纤电离辐射探测

在新材料和新的光纤中我们对光致发光感兴趣，OSL表征了物质对信息的存储能力，每次电离辐射撞击之后，玻璃粒子就会捕获电子空穴对。我们发现氟化物磷酸盐玻璃会表现出强烈的光致发光效应。

3. 纳米结构的非线性

下面介绍在光纤中的几个非线性问题，都是比较基本的方程，但是对波导结构做改变，比如设计接近传导波长大小结构的波导，会产生很多有趣的现象。例如边缘传导，光会在悬浮芯纤芯与空气孔的交界面上传导。如果悬浮芯光纤的纤芯尺寸足够小，可以在交界面上获得强度很高的光。另外一个关于非线性光的有趣的现象是，所有关于非线性光的资料都认为非线性光由第二线性光推导出来，然而如果把光纤做成很小的结构，该结论的确有待讨论。如果把光纤纤芯做得足够小，传导的模场具有很强的偏振效应。这改变了很多关于非线性光的看法。

红外中红外四波混频效应的结构设计是由本实验室的学生完成。该结构中的小孔是用来传播短波长的光，大孔传播长波长的光，在此不做详细介绍。

4. 结论

本文概述了IPAS的研究情况和科研实力，报道了一些新型的软性玻璃材料（如氟化物玻璃、碲酸盐玻璃和锗酸盐玻璃等），并利用特制的钢模来制备各种新型光纤。简要介绍了这种玻璃和光纤的性能及其相对于普通光纤的优势，其中包含悬浮芯光纤、用于太赫兹传输的网格状光纤、露芯光纤等。还介绍了光纤传感的相关情况。光纤传感一般利用光纤的荧光、共振和拉曼等效应来获取样本信息。其中重点强调了悬浮芯光纤在传感领域的应用。此种光纤由于有很好的填充率和其他优良的光学特性，在气体等探测上起到至关重要的作用。还展示了IPAS在传感领域搭建的平台，包括对气体、生物酶、DNA，甚至易爆物品的探测和传感。

（记录人：刘鹏）

Thomas G. Brown 1987 年 7 月加入美国光学研究所，2008 年 3 月成为正教授。在罗切斯特大学时，他所指导的研究领域包括探测器和光学通讯、半导体光电、光纤微结构、光偏振和光学测量。他早期的研究主要是在频率稳定的半导体激光设计和基于硅的波导技术，包括第一个在非线性布拉格反射器的全光开关的实验观测。近期的研究包括：①偏振涡流光束的聚焦和相干特性；②应力工程的光学元素；③纳米结构的偏振特性；④波导模式在 SOI 波导的谐振。偏振旋涡这项工作已经应用于半导体光刻和检验以及单分子成像研究中。Brown 教授及同事们最近介绍了一个完整的庞加莱光束的想法，一个完整的相干光束，包含了每一个可能的偏振态。他被引用最多的工作发表在 2000 年的《光学快报》，在文章中，他创造了“圆柱向量光束”这个术语，用于分析径向的和方位各向异性的偏振光束的紧密聚焦性能。Brown 教授 1978 年开始从事光学和光电子学方面的工作，当时在 GTE 实验室担任光纤系统设计师，编写了系统建模软件用于设计第一个实时路况的 1.3 μm 光纤电话链路。此后，他为很多公司担任顾问并有技术上的合作，例如 IBM、康宁公司、ABB、罗切斯特天然气和电力公司以及爱默生公司等，还有一些法律公司和光学研究所的工业协会。

第68期

Stress Engineering and Applications of Inhomogeneously Polarized Optical Field

Keywords：inhomogeneously polarized optical field，stress，focusing，imaging

第68期

非均匀偏振光场的应力工程及应用

Thomas G. Brown

1. 引言

十多年来，人们开始对非均匀偏振光场的理论、应用及实现方法展现了极大的兴趣。这些研究包括旁轴机制下光束传播和聚焦的偏振相关现象，以及具有高数值孔径的聚焦系统的三维场研究等。美国罗切斯特大学研究组致力于通过光机械的方式来剪裁光学偏振，从而为实现波长和材料可灵活选择的系统的偏振控制，特别是那些不适于液晶偏振控制的系统需求和波段。本文将简单介绍非均匀偏振和应力工程的概念。

本文将主要考虑完全相关的波束场，即其局部偏振态可认为是完全偏振的。描述这类场的两个典型例子如图68.1所示，我们将给它们典型的名称（方位角和径向），原因是在电子偶极辐射理论中，它们分别是亥姆赫兹方程在波束近似下的横电场（TE）和横磁场（TM）解。此外，它们也可被称为柱面矢量波，表示其偏振和相位具有柱面对称性。

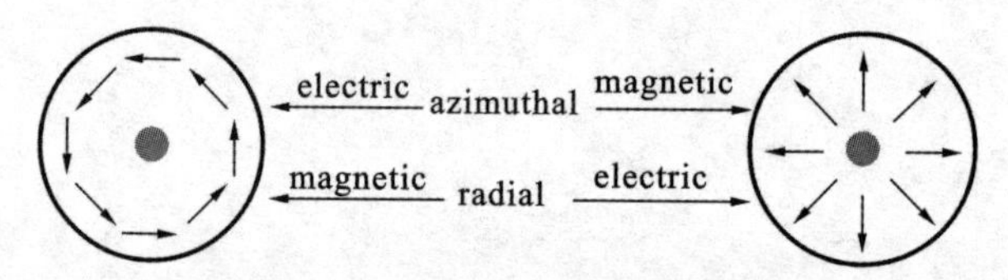

图68.1　角向（左）和径向（右）偏振态是局部平面偏振状态，并且其偏振和相位关于波束轴保持柱面对称

在旁轴近似下，这些波可以写成别的波形解的线性组合。比如，两个线偏振的Hermite-Gauss模式可以按下列方式组合成一个径向偏振波。

$$\begin{bmatrix} x \\ 0 \end{bmatrix} e^{-\beta\rho^2} + \begin{bmatrix} 0 \\ y \end{bmatrix} e^{-\beta\rho^2} = \begin{bmatrix} \cos\phi \\ \sin\phi \end{bmatrix} \rho e^{-\beta\rho^2}$$

这里$\rho^2 = x^2 + y^2$是归一化的径向坐标，ρ则是极角。

这种类型的组合可以在实验上用各种类型的干涉仪来实现，包括Mach Zehnder干涉仪和Twyman-Green/Michelson干涉仪等。图68.2给出了由Youngworth和Brown提出的Mach Zehnder设计的原理图和实验装置照片。

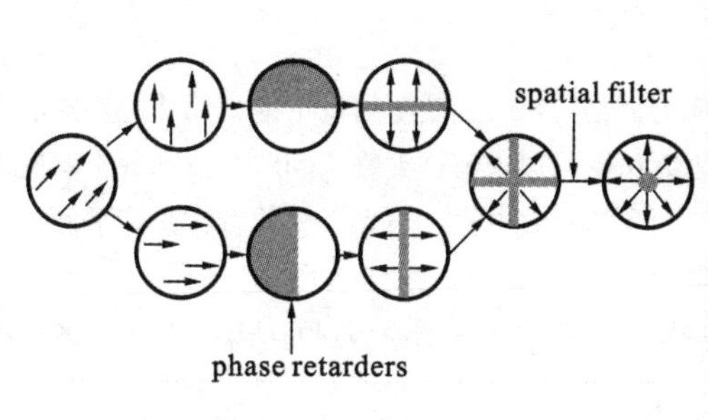

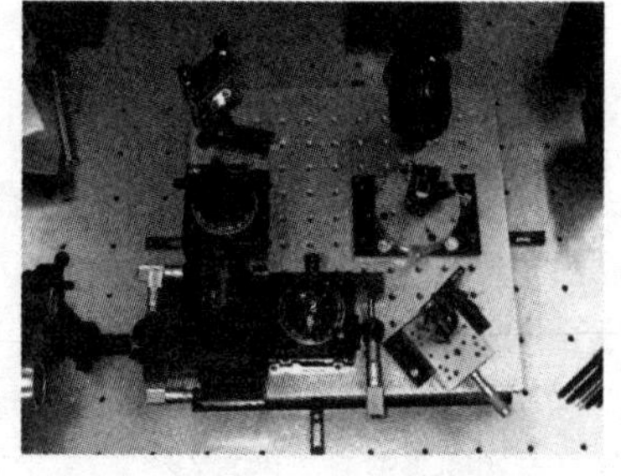

图 68.2　Youngworth 和 Brown 提出的基于马赫-曾德干涉仪形成柱面矢量波束的机制和干涉仪照片

方位角波束和径向波束也可以叠加为均匀圆偏振的 LaGuerre-Gauss 型波束：

$$E = \frac{1}{2}\left(\begin{bmatrix}\cos\phi\\ \sin\phi\end{bmatrix} + i\begin{bmatrix}\sin\phi\\ \cos\phi\end{bmatrix}\right) = e^{i\phi}\begin{bmatrix}1\\ -i\end{bmatrix} \tag{1}$$

这些简单的例子表明，更一般的光场叠加也很容易实现。为了得到偏振态叠加的普适图像，我们用 Poincaré 球来表征。该球球面上的任何一点（对于完全偏振态）均代表归一化 Stokes 矢量，而那些球内的点则代表部分偏振态。

所有这些表征都是把光场近似为垂直于传播方向振动的矢量场。这不但可以准确描述具有完美限制角谱的波束场，而且还能描述完美单色场的局部偏振。

在这一近似下，我们可以用一个统一的卷积（图 68.3）来描述，两偏振态的振幅比以及它们在波束表面不同点的位相差都可以体现。比如，如果两光束是圆偏振光，并且其振幅相等、相位随位置变化，则合成后的光束将占据该球的赤道位置；而具有相同相位的两光束则占据 Poincaré 球上的一个大圆或其中一部分。

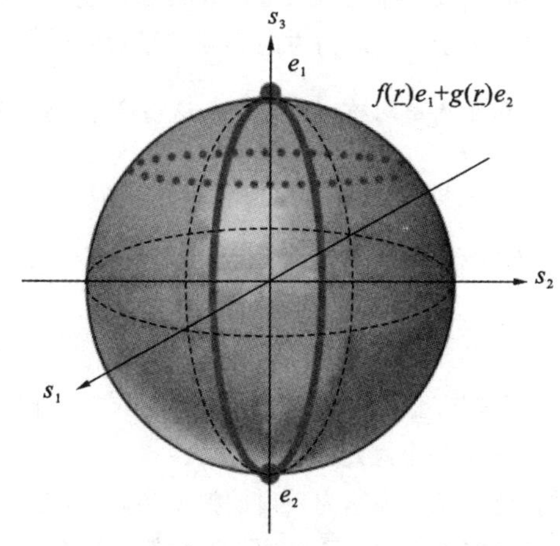

图 68.3　Poincaré 球表示由两个具有相对振幅和相位的偏振态叠加。用该球表征时，相位差决定经度，而相对振幅决定纬度

2. 应力工程

众所周知，在一个光学窗外周施加应力，会导致产生缓变的双折射，其功能形式取决于力的对称性。尽管用数值方法（如有限元法）可以求解这类普遍问题，找到解析解提供了联系光学窗、光机械与光学系统傅里叶变换的有效方法。当光学窗放置在光瞳平面，该光学窗将成为一个偏振切趾元件。

图 68.4 比较了有限元法模拟结果与采用 Yiannopoulos 理论得到的结果，其中亮的等高线是具有相同半波延迟的部分。

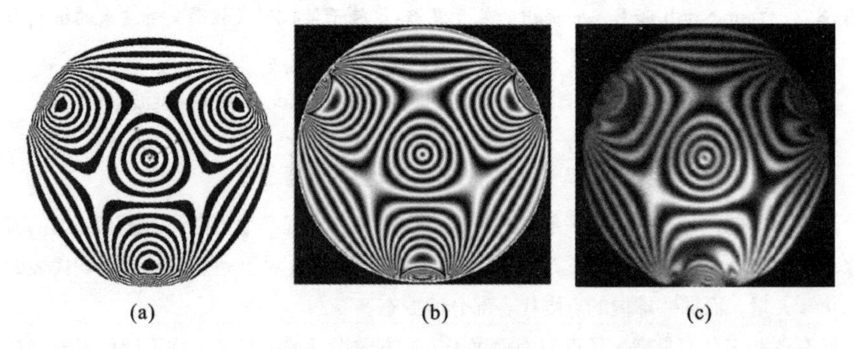

图 68.4　对于三方向受压的光学元件，有限元计算（a）、Yiannopoulos 解析解（b）和实验图像（c）显示的相同半波延迟等高线比较

为了进行比较，我们给出了一个光学窗的实验图像，用右旋圆偏光照射并用左旋圆偏分析仪进行分析。在中心处等距离的圆环表明，延迟的强度随着半径线性增大而与方位角无关。图 68.5 则进一步比较了施加力的区域数不同的 3 个光学窗，其 $m=3$，4 和 5。该图表明绝对延迟是半径的函数。显然，从圆环间距和延迟功能形状来看，在光学窗中心的双折射正比于 ρ^{m-2}。由于主要应力方向必须满足对称性，我们定义局部快轴具有方位角 $\theta=\left(1-\frac{m}{2}\right)\phi$。对于 3 重对称（$m=3$），这将产生空间变化的琼斯矩阵：

$$J=\cos\left(\frac{c\rho}{2}\right)\boldsymbol{I}+i\sin\left(\frac{c\rho}{2}\right)\boldsymbol{P}(-\phi) \tag{2}$$

其中 $\boldsymbol{I}$ 表示单位矩阵，$\boldsymbol{P}$ 代表伪旋转矩阵，

$$\boldsymbol{P}(\phi)=\begin{bmatrix}\cos\phi & \sin\phi\\ \sin\phi & -\cos\phi\end{bmatrix}$$

在每种情况下，光学窗的方位被选为一个接触点沿 x 轴。把光学窗旋转一个角度 ϕ_0，仅仅是在表达式 $\boldsymbol{P}$ 上加上一个固定的相位。

当用圆偏光照射时，透射光可表达为入射偏振的余弦调制，再叠加一个正弦调制的漩涡。因此，一个左旋圆偏光输入会产生如下透射偏振分布，

$$\hat{e}_{\text{out}}=\cos\left(\frac{c\rho}{2}\right)\hat{e}_{\text{L}}+i\sin\left(\frac{c\rho}{2}\right)\mathrm{e}^{-i\phi}\hat{e}_{\text{R}} \tag{3}$$

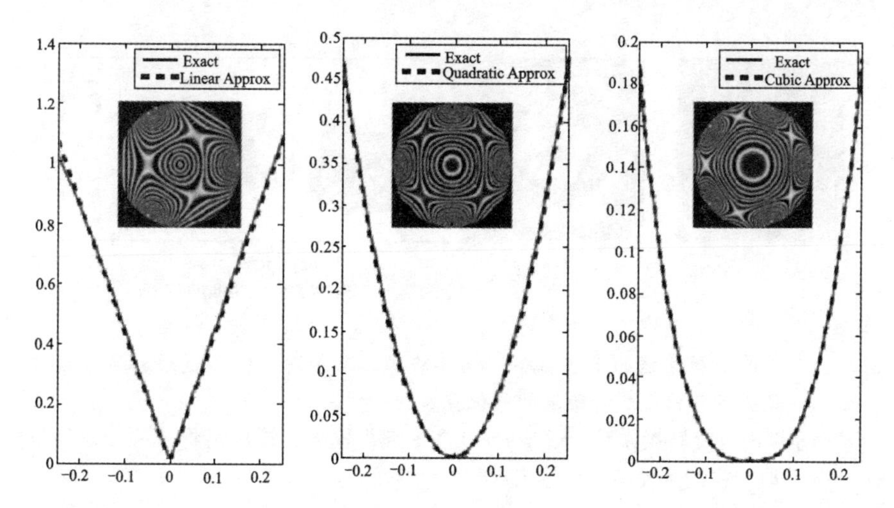

图 68.5 对 $m=3$，4 和 5，归一化延迟随半径的关系。图中小插图是基于 Iannopolis 解析模型画出的等相位延迟等高线

相位漩涡的存在可以用干涉实验验证，把光学窗放在 Twyman-Green 干涉仪的其中一个干涉臂中，如图 68.6 所示。图 68.7 是从透射光的涡旋部分得到的干涉谱，以及根据该谱用傅里叶分析恢复得到的相位、振幅图。

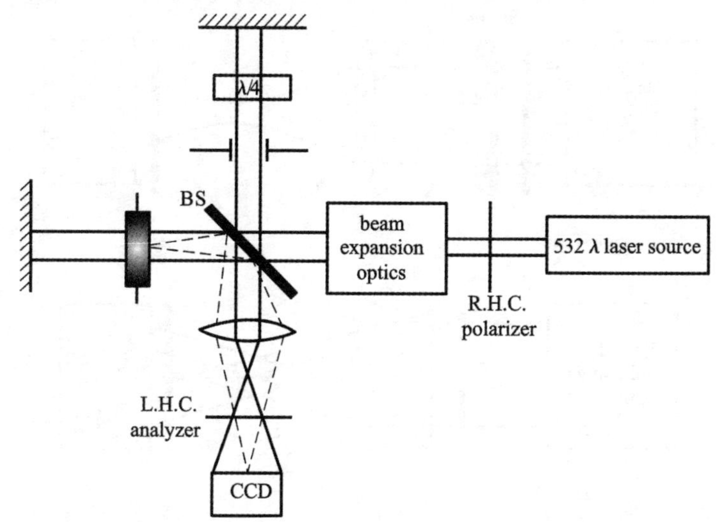

图 68.6 表征相位旋涡的 Twyman-Green 干涉仪结构

如果我们检查正好对应于一个半波延迟的圆形等高线，琼斯矩阵将有如下形式（忽略总相位）。当在改窗后插入一个方位角为 θ 的半波片，则该光学窗-半波片系统的琼斯矩阵为

$$\boldsymbol{J}=\begin{bmatrix}\cos 2\theta & \sin 2\theta\\ \sin 2\theta & -\cos 2\theta\end{bmatrix}\begin{bmatrix}\cos\phi & \sin\phi\\ \sin\phi & -\cos\phi\end{bmatrix}=\begin{bmatrix}\cos(\phi-2\theta) & \sin(\phi-2\theta)\\ -\sin(\phi-2\theta) & \cos(\phi-2\theta)\end{bmatrix}=R(\phi-2\theta)$$

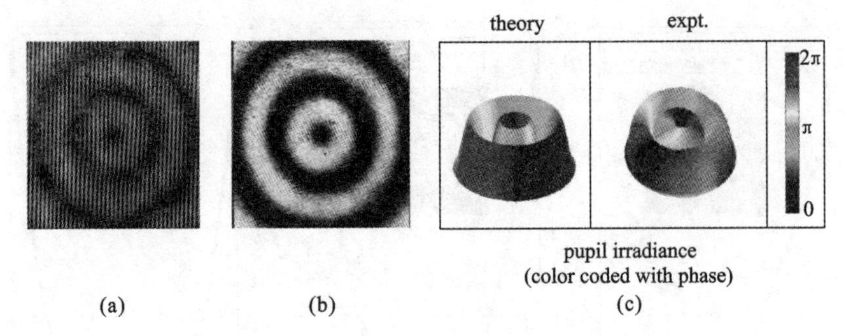

图 68.7 （a）相位旋涡的干涉图样；（b）旋涡的辐射图；（c）通过对干涉谱作傅里叶分析得到的旋涡的相位重建图

其中 R 表示顺时针旋转操作符。对于 $\theta=0$ 和 x 偏振输入，输出场将是一个角度偏振场；$\theta=\pi/4$ 时的将产生径向偏振输出。

3. 传播和聚焦

我们考虑两种有趣的情形：①当光学窗放置于一个低数值孔径光学系统的光瞳平面，此时傅里叶光学原理适用；②当具有多环的高应力光学窗被照射并在自由空间传播。两种情形如图 68.8 所示。

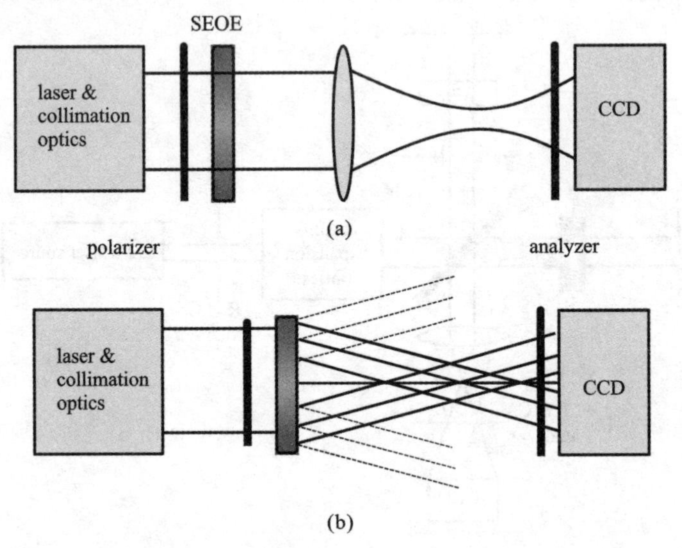

图 68.8 （a）检测在透镜的焦点区域应力窗切趾效应的装置图；（b）研究类贝塞尔波束透过高应力窗的装置图

假设光学窗的方位可以表示为归一化单位，使得 $\rho=1$ 对应于光学系统光瞳边缘。应力参数 c 表示光瞳边缘的相位延迟。因此，如果光瞳直径对应于第一暗环，则 $c=\pi$。若刚好穿过第一亮环中央，则 $c=2\pi$。依此类推，每个暗环半径对应于应力参数为 π 的奇数倍的一个光瞳。

如果光学窗被一个束腰与中心瓣近似匹配的圆偏振高斯光束照射，透射波近似为具有主要偏振的高斯中心波束与具有正交偏振的涡旋波束的卷积，类似于 LaGuerre-Gauss 波束。Beckley、Brown 和 Alonso 等在这方面作了深入研究，表明可以用一套解析传播定律来决定焦点附近区域的偏振态。特别有趣的是，焦点区域的任何截面拥有所有可能的偏振态，任何给定偏振态的物理位置与其在 Poincaré 球上对应位置之间可以通过立体投影来联系。

当孔径增大至 $c=2\pi$，焦点区域存在轴向分裂。Spilman 和 Brown 首先观测到这一现象，他们比较了轴向辐射与平方率模型预测结果，如图 68.9(c)所示。图 68.9(a)~(c)是圆偏振点源通过焦点的图像，具有两个轴向分离的焦点和一个在旁轴焦点处的同心区域。Spilman 和 Brown 提出了几个可以估计焦点分裂的模型，这里，我们提供与波带片概念一致的简单图像。

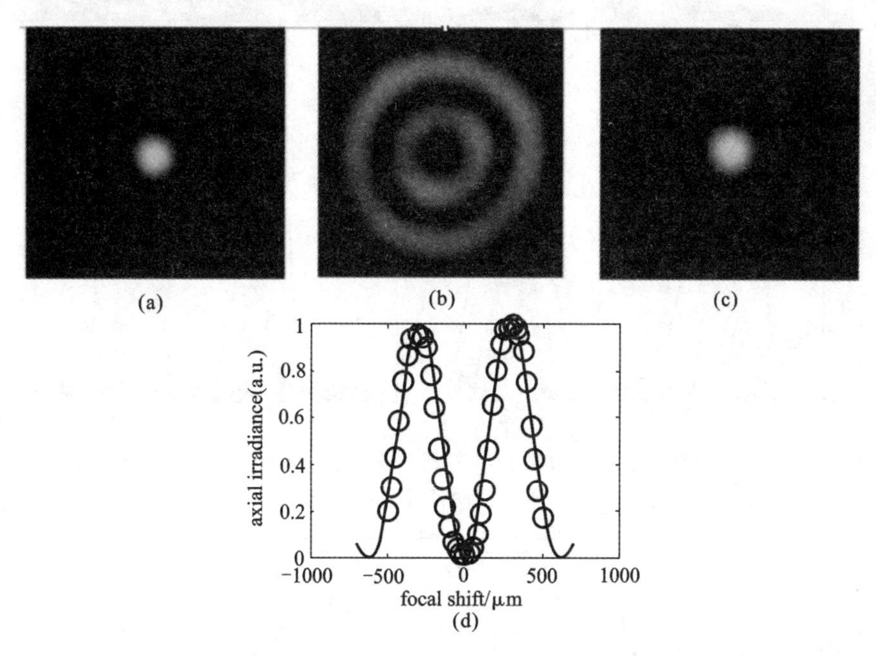

图 68.9 低数值孔径下三重应力导致的聚焦分裂。(a)~(c) 分别对应点扩展函数在内焦点、旁轴焦点和外焦点；(d) 测得的轴向辐射与基于平方率模型数值估算的比较

首先仅考虑主偏振，具有余弦切趾方式通过光学窗。这种切趾的最重要特征是外部环与中心瓣相位相反。因此，在旁轴焦点处内外区域贡献通常是同相位的，现在却相位相反，在接近旁轴焦点区域产生暗区。从任何方向离轴移动都会导致相干增强，从而产生旁轴相平面的圆环以及两个分离的轴焦点。

现在考虑圆偏振光穿过一块施加了高度应力的光学窗，而不具有任何透镜，此时 c 是 π 的很多倍。图 68.10 为一系列应力参数 c 的轴向辐射图。与之前一样，主入射偏振以 $\cos(c\rho/2)$ 的切趾形式透过，而正交偏振照常透过。Beckley 和 Brown 表明每种波都以类似切趾 Bessel 波的形式传播，在轴向区域表现为一个尖锐的中心瓣，比同等大小的高斯波束具有大得多的焦深，如图 68. 11 所示。

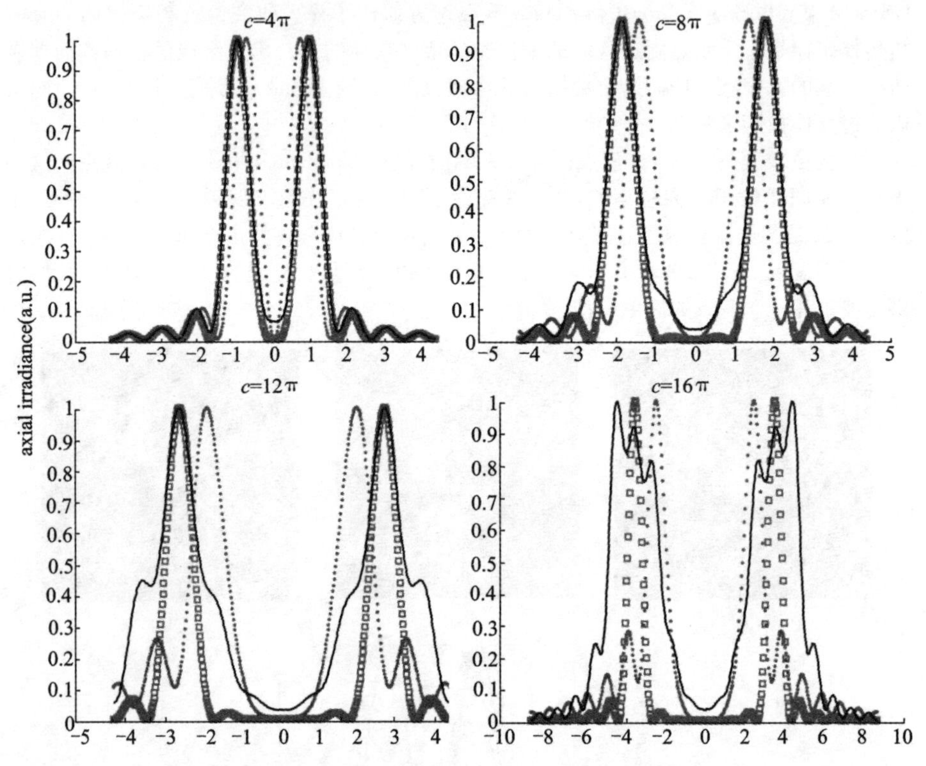

图 68. 10　一系列应力参数 c 的轴向辐射图。由于聚焦分裂与施加的应力成正比，最高应力情形具有扩展的横向尺度

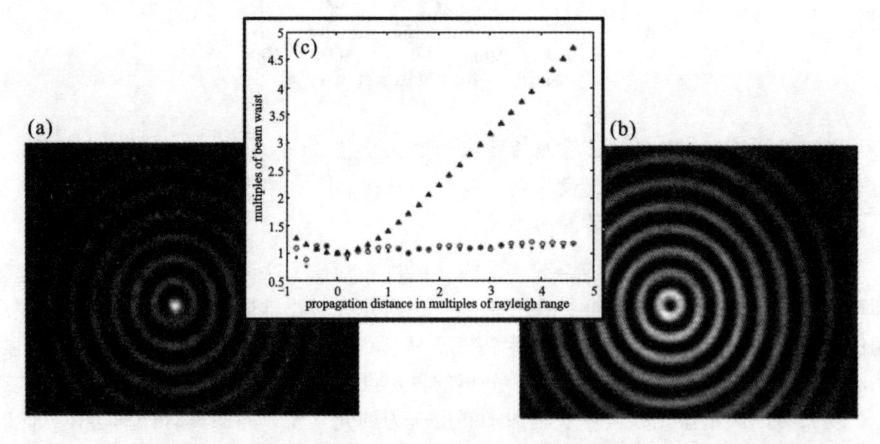

图 68. 11　涡旋（a）和非涡旋（b）类贝塞尔波束的辐射图；（c）在传播时测得的中央主瓣与同样尺寸高斯波束的对比

4. 星座测试偏振仪

现在讨论应力工程的光学元件在偏振仪中的应用，这一思路最初由 Beckley 和 Brown 提出，后由 Ramkhalawon、Beckley 和 Brown 修正。主要思路是用相位延迟的可达到的值和应力窗的方位来提供像的偏振分离，然后从中恢复出 Stokes 参数。这里我们集中讨论像平面偏振分析的特例，我们称为星座测试偏振仪。这一概念是基于偏振相关的点扩展函数；如果用均匀但未知偏振态的光照射应力窗，然后用分析仪分析，则点扩展函数的形状则具有与特定偏振态唯一对应的指纹效应。图 68.12 给出了一个应力窗经一系列偏振态照射后，再经左旋圆偏振分析仪的例子。

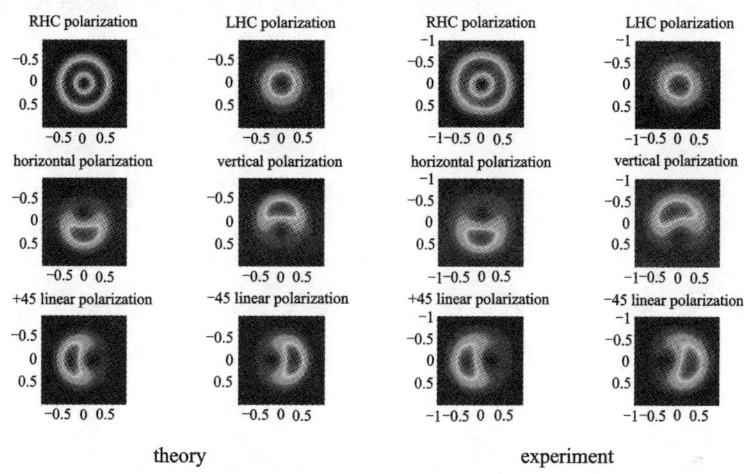

图 68.12　使用应力工程光学元件的偏振相关点扩散函数每种情况下的输入偏振态列在图像上方

这一系统的校准和测量过程在文献中有详细描述。表 68.1 给出了完全偏振波束的测量实例，列出了与商用偏振仪测量的差异。

误差列是指归一化的斯托克斯三维矢量与商用偏振仪（Thorlabs™）测量值之间差的绝对值。

表 68.1　根据参考文献［14］中的校准过程，使用星座测试偏振仪得到的具有代表性的斯托克斯测量值

input states	S_1	S_2	S_3	error（rad）	DoP
horizontal	0.9712	0.0094	0.0204	0.0232	0.9715
vertical	−0.9881	0.0037	0.0186	0.0192	0.9883
+45 linear	0.0100	0.9781	−0.0095	0.0141	0.9782
−45 linear	0.0051	−0.9758	0.0094	0.0109	0.9758
Right circular	0.0000	0.0000	1.0000	0	1.0000
Left circular	0.0000	0.0000	−1.0000	0	1.0000
Elliptical	−0.4056	0.7529	−0.5040	0.0319	0.9927

5. 总结

应力工程学是构建偏振切趾所需的静态、稳定元件的有效工具，包括用于聚焦整形和涡旋波束产生。我们还展示了这一概念在定量偏振仪中的应用，其中点扩展函数的单个像可以用于精确估计入射光 Stokes 参数。

本研究工作得到了美国国家自然科学基金（PHY-1068325）、半导体研究公司、罗切斯特精密光学以及 KLA-Tencor 公司的资助和支持。

（记录人：郜定山）

王智刚（Frank Z. Wang）教授，英国肯特大学计算机学院院长。肯特大学是英国顶级大学之一，其计算机学院是由女王伊丽莎白二世创办的。王教授的研究兴趣包括：忆阻器计算、云/网格计算、绿色计算、脑计算、数据存储及通信等。他在世界范围内多次应邀做主题演讲，并介绍其研究成果。2004年他被任命为剑桥-克兰菲尔德高性能计算网格计算中心（CCHPCF）主任，CCHPCF是剑桥与克兰菲尔德出资四千万英镑建立的一个合作性研究组织。王教授及其团队曾赢得ACM/IEEE超级计算的决赛奖。2005年被选为IEEE计算机协会英联合王国和爱尔兰共和国（UKRI）地区主席，他获得过英国计算机学会的会士荣誉，并且是爱尔兰科学基金（SFI）高端计算组专家和英国政府重点基金项目EPSRC e-Science评审专家组专家。

第69期

Memristor：a Revolutionary Technology

Keywords：memristor，circuit element，circuit theory，future computation

第 69 期

忆阻器：一种具有革命性意义的技术

王智刚

1. 忆阻器的历史

忆阻器之父蔡少棠于1971年第一次提出忆阻器的概念。他在研究电荷、电流、电压和磁通量四者之间的关系时，推断在电阻、电容和电感器之外，应该还存在一个代表电荷和磁通量之间关系的组件。借助该组件，电阻会随着通过电流量而改变；当电流停止时，该电阻仍旧会停留在当前值。2008年，来自惠普实验室的Stan Williams及其团队在《Nature》上发表了论文《The Memristor：Missing Circuit Element Found》，以实验的方式认定忆阻器是存在的。从原理上讲，忆阻器具备尺寸小、能耗低的优点，并能够高效地储存和处理信息，一个忆阻器的工作量相当于一枚CPU芯片中十几个晶体管共同产生的效用。自此，在忆阻器被提出37年之后，重新引起了忆感器方向上的研究热潮。

事实上，惠普实验室所制作的忆阻器与蔡少棠所预测的忆阻器还是存在一些差异。例如，蔡少棠预测的忆阻器是一种连接磁通量 Φ 和电荷 q 的元器件，而惠普制造的忆阻器既没有磁通量也没有电荷，它相当于一个化学过程。但在蔡少棠看来，惠普所制造的忆阻器在外部行为上表现为电压和电流二者之间关系，虽然没有 Φ 和 q，但是可以实现忆阻器应有的功能，还是应该视为忆阻器。

研究人员表示，忆阻器最有趣的特征是它可以记忆流经它的电荷数量。按照蔡少棠的初始想法——忆阻器的电阻取决于多少电荷经过了这个器件，即让电荷按某一方向流过，电阻会增加；如果让电荷以反方向流动，电阻就会减小。简单地讲，这种器件在任一时刻的电阻都为时间的函数——有多少电荷向前或向后经过了它。如果这一简单想法能被证实，将对计算及计算机科学产生深远而重大的影响。

2. 电路元件的三角形表

蔡少棠提出的四边形基本元件表如图69.1所示。

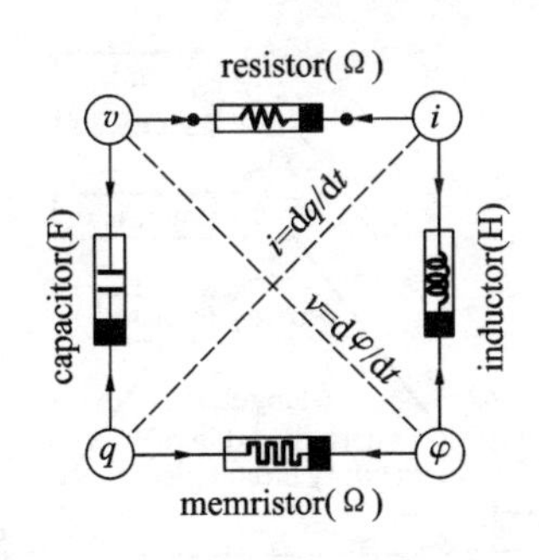

图 69.1　四种基本元件之间的关系图

由电阻、电容、电感、忆阻器四个基本元件组成的基本元件表帮助蔡少棠预测出了忆阻器。电容是连接电荷 q 和电压 v 的器件；电阻是连接电压 v 和电流 i 的器件；电感是连接电流 i 和磁通量 Φ。于是，在理论上存在这样一个器件连接磁通量 Φ 和电荷 q，即忆阻器。

这种预测方法和俄国化学家门捷列夫编制元素周期表有异曲同工之处。1869 年，门捷列夫按照相对原子质量对化学元素进行排列，将化学性质相似的元素放在同一纵行，编制出第一张元素周期表。元素周期表揭示了化学元素之间的内在联系，使其构成一个完整的体系，成为化学发展史上一个里程碑。

然而，本研究团队通过分析蔡少棠所提四边形基本元件表，发现该元件表存在以下几个不足：①单位，忆阻器和电阻的单位都是欧姆（Ω），两个基本元件的单位是一样的，假设忆阻器和电阻皆为基本元件，那么二者的单位应该是不一样的。②非线性性，传统的三个元件电阻、电容、电感都是线性元件，忆阻器是非线性元件。③两条对角线，在 v、i、q、Φ 四个基本量中，v 可以由 Φ 对时间求导得来，i 可以由 q 对时间求导得来。④负元件位置。

本研究团队将忆阻器和电阻进行统一，并与忆感器、忆容器建立一种新的三角形基本元件表，并且从数学上证明了其合理性——其内在数学关系支持这种新的分类。本研究团队相信，发现一个正确的电路元件表的重要性可媲美门捷列夫在化学领域发现元素周期表，二者都可以对现有元素进行分类并能预测新的元素。

相对于图 69.1 的四元件关系图，图 69.2 所示的三元件关系图只保留了 v、i、q、Φ 四个基本量中的 q 和 Φ，另外两个可以由 $i=\mathrm{d}q/\mathrm{d}t$，$v=\mathrm{d}\Phi/\mathrm{d}t$ 得到，并且取消了负元件。该研究成果发表于《Transactions on Circuits and Systems》，论文题目为《A Triangular Periodic Table of Elementary Circuit Elements》。

本研究团队不仅给出了其形式化验证过程，而且通过剖析不同元件之间的关系，为多种自然现象找到理论依据，进一步诠释了一些现象的内在原理。例如 1964 年诺贝尔奖生理学奖获得者 Alan Lloyd Hodgkin 和 Andrew Fielding Huxley 在研究鱿鱼的毫米级神经时，用一个等效电路表示鱿鱼的神经，而构成该等效电路的两个未知元件即为忆阻器。忆阻器的特性如图 69.3 所示。

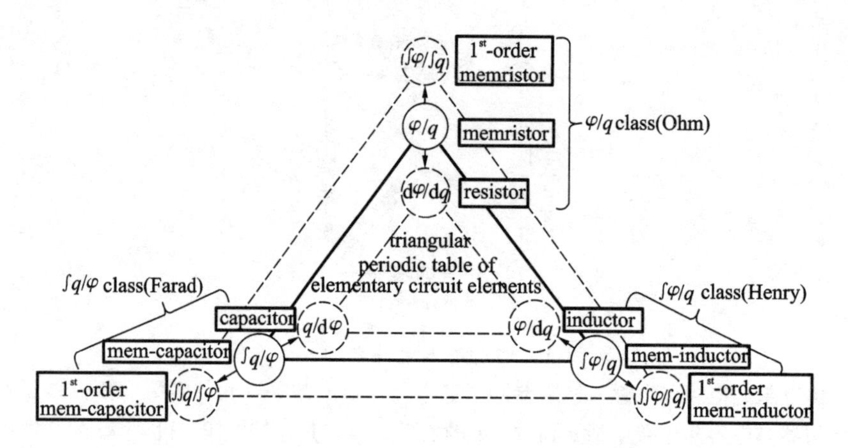

图 69.2　三个基本元件的关系图

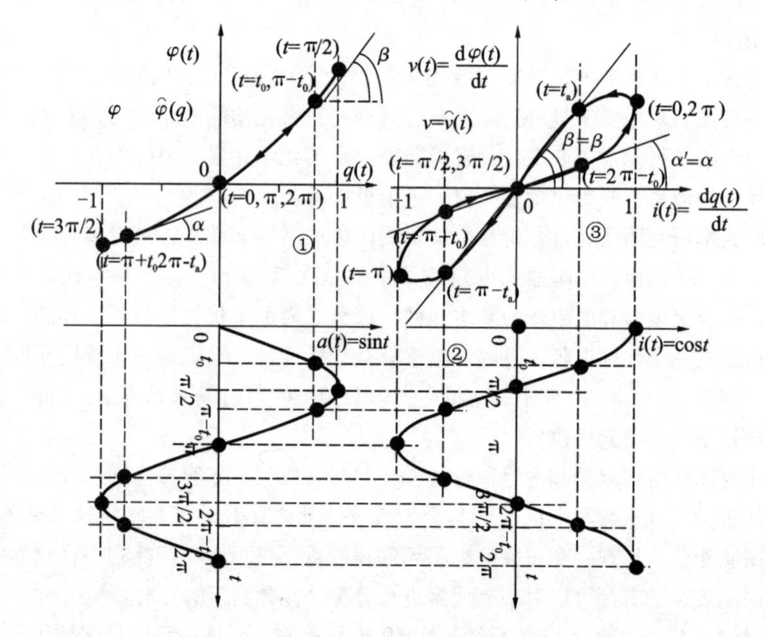

图 69.3　忆阻器特性

3. 电路理论的超对称性

超对称性的概念是指宇宙中任何一个粒子都存在其对应的粒子。存在负电子，则一定存在正电子；存在质子，则一定存在反质子。地球上不存在正电子，原因在于只要出现正电子就会被负电子中和，但是天文学家已经用天文望远镜在宇宙射线中发现了正电子。

同理，存在三角形基本元件表，则一定存在负元件组成的三角形基本元件表。本

研究团队的研究也验证了这一点。

4. 未来计算中的应用

图 69.4 给出了基于内在数学关系的布局图，任意一种布局对应元件的组织方式。有理由相信，忆阻器作为电路设计中的最后一极将带来一场革命。

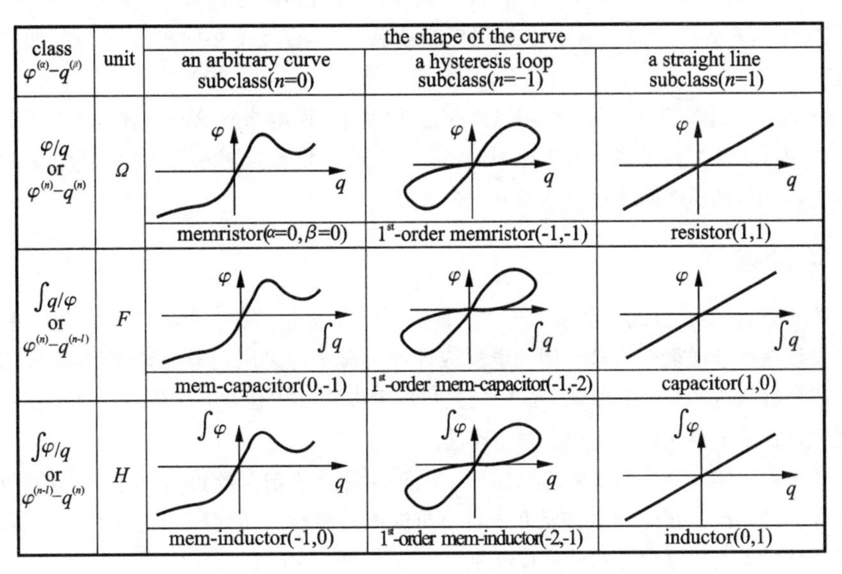

class $\varphi^{(\alpha)}-q^{(\beta)}$	unit	the shape of the curve		
		an arbitrary curve subclass(n=0)	a hysteresis loop subclass(n=−1)	a straight line subclass(n=1)
φ/q or $\varphi^{(n)}-q^{(n)}$	Ω	memristor(α=0, β=0)	1st-order memristor(-1,-1)	resistor(1,1)
$\int q/\varphi$ or $\varphi^{(n)}-q^{(n-1)}$	F	mem-capacitor(0,-1)	1st-order mem-capacitor(-1,-2)	capacitor(1,0)
$\int \varphi/q$ or $\varphi^{(n-1)}-q^{(n)}$	H	mem-inductor(-1,0)	1st-order mem-inductor(-2,-1)	inductor(0,1)

图 69.4　基于内在数学关系的布局图

4.1　用忆阻器制作下一代存储器

这种存储器非常简单，仅仅需要水平坐标 x 和垂直坐标 y，中间用导线连着忆阻器。只要给出一个 x 值和一个 y 值就可以定位到一个地址，在对应的 x 轴和 y 轴加一半的电压，只有两个同时满足，目标元件才可以正常工作，只得到一半电压的元件是不能正常工作的。

忆阻器存储器相对于晶体管存储器的优势在于其密度大、集成度高、结构简单，而且忆阻器不会挥发。本研究团队预测，有望利用忆阻器制造下一代计算机——神经网络计算机。

4.2　神经网络计算机模拟巴普洛夫条件反射实验

利用忆阻器制作一个简单的神经网络计算机电路，根据 Hebbian 定律：当神经元 A 的轴突离神经元 B 很近并参与了对 B 的重复持续兴奋时，这两个神经元或其中一个便会发生某些生长过程或代谢变化，使得 A 成为能让 B 兴奋的细胞之一，它的效能增强了。通过忆阻器状态转换就可以记录下巴普洛夫条件反射——当狗听到摇铃时，它就会流口水。

4.3 利用忆阻器制作等效电路模拟阿米巴虫实验

阿米巴虫在不同温度的水中游的速度不同。在阿米巴虫实验中，每隔一小时给水降温几分钟，阿米巴虫会停止游动，等水温回升它会继续游动。连续几小时的相同降温后不再给水降温，但是阿米巴虫在原先降温的那几分钟里依然不游动，再几个小时后，阿米巴虫发现“被骗了”，于是不会在那个时间段停止游动。但如果在下一个小时重新给水降温几分钟，阿米巴虫仍然会在接下来的几个小时的相同时间段停止游动。

针对阿米巴虫实验，利用忆阻器制作等效电路，该电路的核心元件是忆感器，输入量为温度，速度用电容上的电压来代替。该实验可以模拟阿米巴虫的行为，从这个实验可以间接地认为阿米巴虫内部有一个忆阻器。

5. 结论

约2500年前，古代哲学家老子在《道德经》中提出“三生万物”的概念，我们可以发现这种学说很有道理，例如电视或计算机显示都采用三原色光（红、绿、蓝）来形成各种颜色的光；有限元方法中，三角形可以拼接出任意几何形状。这也从一定程度上例证了电路元件三角形表的正确性。

如果说化学元素是物质的基础，那么电路元件就是数字器件（如手机、计算机、汽车等）的基础。正确的电路元件表将有可能改写教材，而忆阻器这种基础元器件，将可能从根本上颠覆现有的硅芯片产业。

（记录人：黄建忠）

庄林　武汉大学化学与分子科学学院教授，博士生导师。主要研究方向为燃料电池相关材料及电催化。庄林教授课题组的研究方向是洁净能源电化学转化，主要开展燃料电池相关基础研究。工作涵盖“计算-材料-催化-器件”4个方面：“计算”方面包括基于密度泛函计算的催化剂设计，介观尺度材料与过程的分子模拟；“材料”方面的研究包括新型纳米电催化剂(低铂与非铂)，碱性聚合物电解质，新型储能材料；“催化”方面主要是关键电化学反应的原位谱学研究（红外、质谱等），模型催化剂与分子电催化；“器件”研究是针对实际应用，发展完全不使用贵金属的燃料电池，以及新概念电化学能量转化与储存技术。经过十多年的积累，庄林教授课题组在两个方面形成突出的研究特色：①碱性聚合物电解质研究；②计算与实验相结合的电催化研究。

第70期

Fuel Cells：From Electrocatalysis to Key Materials

Keywords：fuel cell，density functional theory，molecular dynamics，catalyst，alkaline polymer electrolytes

燃料电池：从电催化到关键材料

庄　林

1. 引言

人类文明建立在不可再生的化石能源系统之上，面对资源枯竭和环境污染的现实，人类迫切需要建立一个可再生的、洁净的能源系统。例如，在特定的场所利用太阳能、风能、潮汐能等洁净能源集中发电，再将电转化为便于储运和分散利用的燃料；在需要的时间和地点这种可再生的燃料重新转化为电。此过程中，化学能与电能之间的相互转化须依靠一个简单、洁净的物质循环来实现，最理想的循环体系就是 $2H_2 + O_2 \Longrightarrow 2H_2O$ 这一简单的化学反应。通过燃料电池可将储存在 H_2 和 O_2 中的化学能直接转化为电能，而水电解则可将电能直接转化为化学能。

在过去的约二十年里，燃料电池技术发展迅速。现代燃料电池的特征是使用聚合物电解质代替传统的液体电解质，这一改变使燃料电池的体积和重量减小、系统简化，因而大幅提高了功率密度。使用聚合物电解质 Nafion 的质子交换膜燃料电池的电流密度可超过 1 A/cm^2，是目前功率密度最大的电化学能量转化器，非常适合用作车用动力。然而，质子交换膜燃料电池的造价是内燃机的十几倍，而且严重依赖铂催化剂。地球的铂资源非常稀缺，中国更加贫乏，即使把全球的铂资源全部用于燃料电池，也仅够装约 1 亿辆小轿车。

质子交换膜燃料电池依赖铂催化剂的根源在于其电解质 Nafion 是强酸，非贵金属催化剂无法在此介质中稳定工作。事实上，在负载频繁变动的车用工况下，即便是铂也无法长时间保持稳定，这是目前车用燃料电池工作寿命较短的重要原因。

简而言之，对铂催化剂的依赖使燃料电池的发展面临瓶颈。在过去的十年里，我们在以下三个层次上开展了旨在克服燃料电池铂依赖难题的催化与材料研究。

（1）Pt 催化剂。为了最大程度地利用有限的铂资源，研究通过助催化剂的协同效应进一步提高 Pt 催化效率；研究超细 Pt 纳米粒子的构效关系，揭示了铂催化剂的粒度下限。

（2）非铂催化剂。研究 Pd、Au 等资源较丰富的贵金属催化剂，通过晶格收缩效应、表面配体效应等方法可控调变催化活性，形成较系统的催化剂设计思想。

（3）非贵金属催化剂。为了从根本上摆脱对贵金属催化剂的依赖，倡导发展碱性聚合物电解质燃料电池；在碱性聚合物电解质与非贵金属催化剂研究上取得突破性进展，报道了第一个完全不使用贵金属催化剂的聚合物电解质燃料电池。

2. 纳米Pt催化剂的粒度下限

由于铂资源非常稀缺，如何最大程度地提高Pt的催化活性和利用率是燃料电池研究的一个重要课题。目前商品Pt催化剂的粒度为3~4 nm，Pt的比表面约80 m^2/g。不少燃料电池研究者认为，如果Pt催化剂的粒度可以进一步缩小至1 nm，Pt的比表面将高于200 m^2/g，则质子交换膜燃料电池的铂依赖难题可以得到极大的缓解。虽然对于氧还原等结构敏感反应，Pt催化剂应该存在最佳粒径，但对于氢氧化反应，以往的研究表明Pt催化剂似乎不存在粒度下限，即Pt的粒度越小，质量比活性越高。

我们采用高比表面碳载体制备了直径约1 nm的纳米Pt催化剂，通过高分辨透射电镜与X射线结构分析发现，这种超细Pt粒子处于异常的非晶体结构。通过分子动力学模拟表明，粒径缩小至1 nm时Pt晶体结构发生坍塌，无定形结构在室温下自发形成。我们继而采用DFT计算发现，1 nm Pt粒子的电子结构明显不同于正常的Pt金属，d能带宽度减小、Fermi能级态密度增大。如图70.1所示。这些电子特征预示着1 nm Pt粒子的表面反应性将明显强于正常的Pt粒子，可能不利于氢氧化反应。这一理论预判得到了实验的证实，1 nm Pt粒子的Co吸附增强，对氢氧化反应的催化活性明显下降。

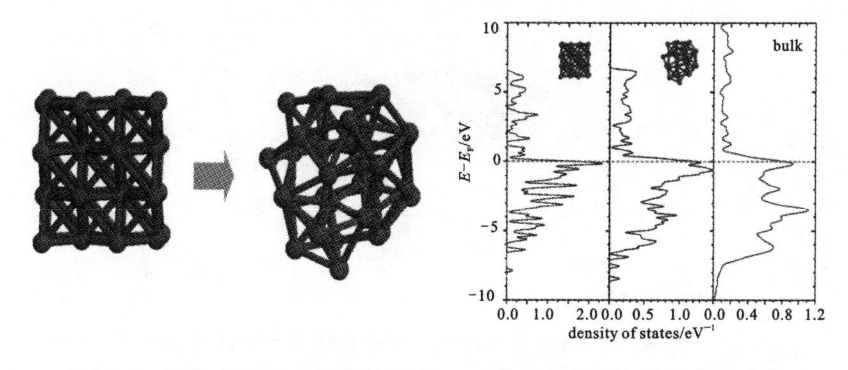

图70.1　Pt纳米粒子直径缩小至1 nm后晶体结构与电子结构的变化

这一个科学发现不同于通常的Pt粒度效应（particle size effect），它反映的不是Pt粒子表面晶面分布随粒径变化带来的催化活性改变，而是一种量子尺寸效应（quantum size effect），只有当粒度减小到1 nm时这种效应才会表现出来。此研究明确指出，1 nm是Pt催化氢氧化反应的粒度下限，通过缩小纳米Pt催化剂的粒径是无法使燃料电池的铂依赖问题得到缓解的。此发现发表在《美国化学会志》（*J. Am. Chem. Soc.*）后，被*Nature Nanotechnology*选作研究亮点进行评论，题目是《铂纳米粒子：知道你的极限》。评论指出，武汉大学庄林等结合实验与理论方法，探明了燃料电池Pt催化剂的粒度下限。

3. Pd 基代铂催化剂的理性设计

发展代铂催化剂一直是质子交换膜燃料电池研究的一个重要任务。虽然某些过渡金属大环化合物、碳化物、氮化物都曾是研究对象，但其催化活性远低于 Pt，且在酸性电解质中无法长期保持稳定。催化活性与 Pt 较接近的是 Ru 基和 Pd 基催化剂，它们均是铂族金属，地球储量较丰，在酸中较稳定。Pd 是性质最接近 Pt 的金属，然而对于氧还原等多数燃料电池反应，Pd 的催化性能远不如 Pt。近期的研究发现，Pd 与 Co 等过渡金属形成适当的合金后，催化性能可大幅提升。掌握这一现象背后的机理无疑对高活性 Pd 合金催化剂的设计具有重要的指导意义，此前关于这方面一直没有明确和统一的认识。

我们在实验与 DFT 计算相结合的氧还原 Pd 基催化剂研究中发现：氧原子在 Pd 合金表面的吸附能是催化剂活性的描述符（descriptor）；合金化引起两种作用相反的电子效应。引入较小原子导致的晶格收缩效应使表面氧吸附变弱，有利于氧还原反应；而表层合金元素（如 Co）引起的配体效应则作用相反。正是这两种作用相反的电子效应导致了实验观察到的催化活性与合金度的火山型关系。据此我们提出一种氧还原 Pd 合金催化剂的原则性设计思想，即理想的催化剂应具有收缩的 Pd 合金核加上纯 Pd 壳的结构，此结构可充分发挥有利的晶格收缩效应，同时避免不利的表面配体效应，如图 70.2 所示。

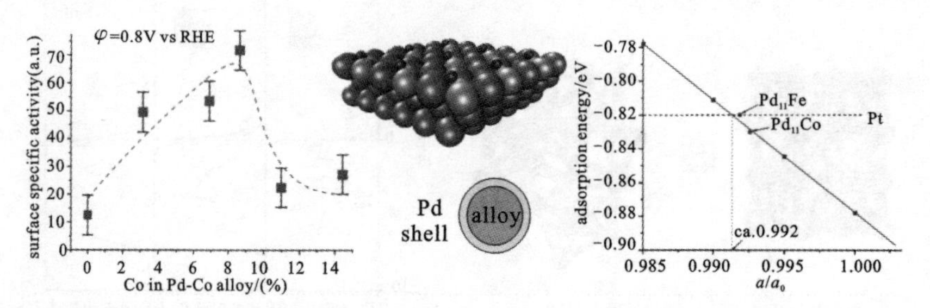

图 70.2　Pd 基氧还原催化剂的晶格收缩设计思想

此发现发表于德国《应用化学》（*Angew. Chem. Int. Ed.*）。我们对 Pd 晶格收缩 0.8% 即可获得与 Pt 相当的氧还原催化活性的预测得到了美国 Brookhaven 国家实验室 Adzic 研究组的实验证实。随后，我们的研究又进一步发现，纳米 Pd 催化剂的活性与其形貌密切相关，纯 Pd 纳米棒由于表面暴露高活性的｛110｝晶面，其氧还原催化活性比 Pd 纳米粒子高 10 倍，与 Pt 相当。此发现 2009 年发表于《美国化学会志》。

4. 非贵金属催化剂碱性聚合物电解质燃料电池

在挑战燃料电池铂依赖难题的研究中我们认识到，决定催化剂稳定性的一个本质

因素是电解质。以 Nafion 为代表的质子交换膜虽然与传统的硫酸溶液有很大的不同，但仍然属于强酸性电解质，而只有贵金属才具有较强的抗强酸腐蚀的能力。改变这一现状的根本性做法是发展基于碱性聚合物电解质的燃料电池，一方面在碱性介质中某些过渡金属和金属氧化物可作为燃料电池反应催化剂，另一方面采用碱性聚合物电解质可避免困扰传统碱性燃料电池的电解液泄漏问题。我们自 2001 年开始研究这种新型的燃料电池，当时国际上关注这一新体系的研究组非常少，我们将这种燃料电池命名为碱性聚合物电解质燃料电池（alkaline polymer electrolyte fuel cell，APEFC）。

发展 APEFC 首先必须有适合燃料电池使用的碱性聚合物电解质。这是一类特殊的具有阴离子交换功能的聚合物，阳离子（通常为季铵基团）固定在聚合物链上，阴离子 OH^- 游离在聚合物中的水相起离子传导功能。传统的聚苯乙烯型阴离子交换树脂的化学与热稳定性低，而且无法形成高强度的均相薄膜。我们经过多年的努力，先后合成了 3 类不同聚合物骨架的碱性聚电解质，发明了具有自主知识产权的高效催化剂与制备方法。目前我们的第 3 代碱性聚合物电解质季铵化聚砜（QAPS）具有高的离子电导率（室温纯水中 $\sigma > 10^{-2}$ S/cm），可溶于有机溶剂并浇铸成机械性能优良的薄膜（杨氏模量大于 1 GPa）。我们还在聚合物链上设计了自交联基团，使聚合物在成膜过程中发生自交联，因此具有极高的抗溶胀性（90 ℃水中膜溶胀率仅 3%）。这些特性可以满足燃料电池苛刻的使用要求，目前国际上尚无关于其他像 QAPS 这样电导率与膜性能兼优的碱性聚合物电解质的报道。

克服了碱性聚合物电解质的困难以后，我们遇到了国际同行尚未遇到的另一困难：氢电极纳米 Ni 催化剂非常活泼，极易被空气氧化失去催化活性。我们提出选择性降低 Ni 表面 d 能带反应性以提高其抗氧化性的思路。通过密度泛函理论（DFT）计算发现，H 与 O 在 Ni 表面吸附作用存在不同，H 主要与 Ni 表面的 sp 能带相互作用，而 O 则与 Ni 表面 d 能带存在强的成键。如果向 Ni 表面注入更多的 d 电子以降低其 d 能带反应性，则可能实现 Ni 表面选择性抗氧化。这一设想最终通过表面修饰非化学计量比过渡金属氧化物（如 CrO_x、TiO_x 等）得到实现。我们合成的 Ni-Cr 催化剂的表面氧结合能显著减弱，O_{ads}脱附峰温度比在纯 Ni 表面下降了 130 ℃；Ni-Cr 催化剂在室温下即可被 H_2 还原激活。这种抗氧化的 Ni 基催化剂可以直接用于制作 APEFC 的膜电极组件。

在碱性聚合物电解质与抗氧化非贵金属催化剂研究均取得突破以后，我们全部采用自行研制的材料，实现了完全不使用贵金属催化剂的碱性聚合物电解质燃料电池的原型电池。这一历时 8 年得到的研究成果是燃料电池研究的一个突破性进展，它不仅证明了聚合物电解质燃料电池完全可以摆脱对贵金属催化剂的依赖，而且开启了燃料电池研究的一个新阶段。在过去很长的时间里，燃料电池催化研究主要围绕 Pt 而开展；由于我们在 APEFC 研究上取得的突破，可以预见 Ni 及过渡金属氧化物等非贵金属催化剂的研究将得到关注并深入开展。同时，一些在酸性介质中不稳定的富氢燃料

（如硼氢化物等），将有望在 APEFC 中获得更好的应用。完全不使用贵金属催化剂的 APEFC 如图 70.3 所示。

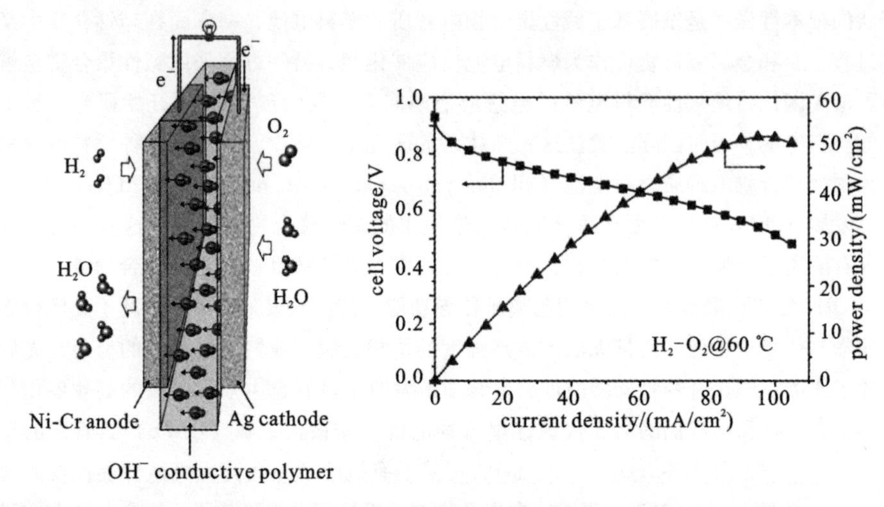

图 70.3　完全不使用贵金属催化剂的 APEFC

此发现发表在《美国国家科学院院刊》（*Proc. Natl. Acad. Sci. USA*）后，被 *Nature Chemistry* 选作研究亮点进行评论，题目是《燃料电池：高而不贵》。评论指出，武汉大学庄林等研制出第一个完全不使用贵金属催化剂的聚合物电解质燃料电池（详见第三方评论部分）。同时，*New Scientist*、*Chemistry World*、*Technology Review*、*Chemical Week*、*Fuel Cell Today*、*TCE Today*、*TG Daily*、路透社、财经网等十多家国内外科技杂志及媒体也对此进行了专题报道。

参考文献

[1] Jing Pan, Chen Chen, Lin Zhuang, et al. Designing Advanced Alkaline Polymer Electrolytes for Fuel Cell Applications[J]. *Accounts of Chemical Research*, 2012, 45, 473-481.

[2] Daoping Tang, Jing Pan, Shanfu Lu, et al. Alkaline polymer electrolyte fuel cells: principle, challenges, and recent progress[J]. *Science China Chemistry*, 2010, 53, 357-364.

[3] Jing Pan, Shanfu Lu, Yan Li, et al. High-Performance Alkaline Polymer Electrolyte for Fuel Cell Applications [J]. *Advanced Functional Materials*, 2010, 20, 312-319.

[4] Li Xiao, Lin Zhuang, Yi Liu, et al. Activating Pd by Morphology Tailoring for Oxygen Reduction [J]. *Journal of the American Chemical Society*, 2009, 131, 602-608.

[5] Shanfu Lu, Jing Pan, Aibin Huang, et al. Alkaline polymer electrolyte fuel cells completely free from noble metal catalysts[J]. *Proceedings of the National Academy of Sci-*

ences USA, 2008, 105, 20611-20614.

[6] Yubao Sun, Lin Zhuang, Juntao Lu, et al. Collapse in Crystalline Structure and Decline in Catalytic Activity of Pt Nanoparticles on Reducing Particle Size to 1 nm[J]. *Journal of the American Chemical Society*, 2007, 129, 15465-15467.

[7] Yange Suo, Lin Zhuang, Juntao Lu. First-Principles Considerations in the Design of Pd-Alloy Catalysts for Oxygen Reduction[J]. *Angewandte Chemie International Edition*, 2007, 46, 2862-2864.

仲冬平 现任美国俄亥俄州立大学特聘物理学教授、化学与生物化学教授，武汉光电国家实验室（筹）兼职教授、博士生导师，美国科学促进会会士、美国物理学会会士。1985 年毕业于华中科技大学激光物理专业，后赴美留学，在美国加州理工学院读博时师从 1999 年诺贝尔化学奖得主 Ahmed Hassan Zewail，并是 Zewail 实验室——加州理工学院物理生物学超高速科技中心的主要工作人员。1999 年，仲冬平从加州理工学院博士毕业并成为获得“加州理工学院最佳博士生奖”的首位中国留学生。2005 年，仲冬平获得美国著名的 Parkward Foundation Fellowship，该奖项每年只有 16 个人获得。2009 年，仲冬平获得年度华人物理学会“杰出青年研究奖”。2009 年当选美国物理学会会士（APS Fellow）。2012 年当选美国科学促进会会士。曾获得斯隆研究奖、德瑞福斯教师-学者奖、美国国家自然科学基金会杰出青年教授奖。他的研究领域包括生物分子相互作用和超快蛋白质动力学研究。

第71期

Four Dimensional Electron Diffraction and Microscopy：Opportunities and Challenges

Keywords：femtosecond dynamics，ultrafast electron diffraction，ultrafast electron microscopy，structural dynamics and complexity

第 71 期

四维超快电子衍射及显微成像：机遇与挑战

仲冬平

1. 引言

四维超快电子衍射及显微成像是当今超快领域中快速发展的一个方向，是涉及光子与电子的前沿科学。几十年前，科学家们对光子较为关注，从 20 世纪 70 年代的皮秒激光到 20 世纪 80 年代的飞秒激光的出现，乃至飞秒激光在化学领域中革命性的应用。20 世纪 90 年代后科学家又将目光再次聚焦在电子上，现如今则关注将光子与电子结合起来。所有科学的突飞猛进均得益于各种仪器的发明，如 X 射线（X-Ray）、核磁共振（NMR）、电子显微镜（EM）、激光（LASER）等。纵观科学史的发展，科学研究无非包括两个方面：发明新的工具；使用工具解决科学问题。

图 71.1 给出了飞秒化学的发展历史阶段及在该领域的几个里程碑。数据基于在 Web of Science、ISI Web of Knowledge 平台，以关键词“超快或飞秒”和“动力学或反应”搜索获得的结果。有关飞秒激光研究的论文发表数量从 20 世纪 80 年代的几十篇到 21 世纪初的 16 000 多篇，其中涉及了各个领域的基本分子过程，包括物理、化学、生物、材料，甚至药物研究等。大多数文章利用光谱对物质进行研究，通过光谱的信息推断物质的结构已不能满足目前科学研究的需求，某些情况也无法使用光谱进行测量，如物质的各种暗态特征。人们希望通过直接的观察来研究物质结构的超快变化（如电子、原子），也就是超快结构动力学，该研究起源于 20 世纪 90 年代初，起初几年的文章数仅有几十篇，即便是目前也只有几百篇，但该领域具有巨大的发展潜力。目前能够实现超快主要有以下几种手段：X 射线、电子、核磁、光学等。本文主要介绍最近发展较快的超快电子技术。

目前电子显微镜的空间-时间维度的发展如图 71.2 所示。横轴表示空间分辨率。纵轴描述了到目前为止可实现的时间分辨率以及预计在不久的将来可能的发展。垂直的点虚线将实空间成像的空间分辨率与衍射技术（可以达到 pm）获得的空间分辨率

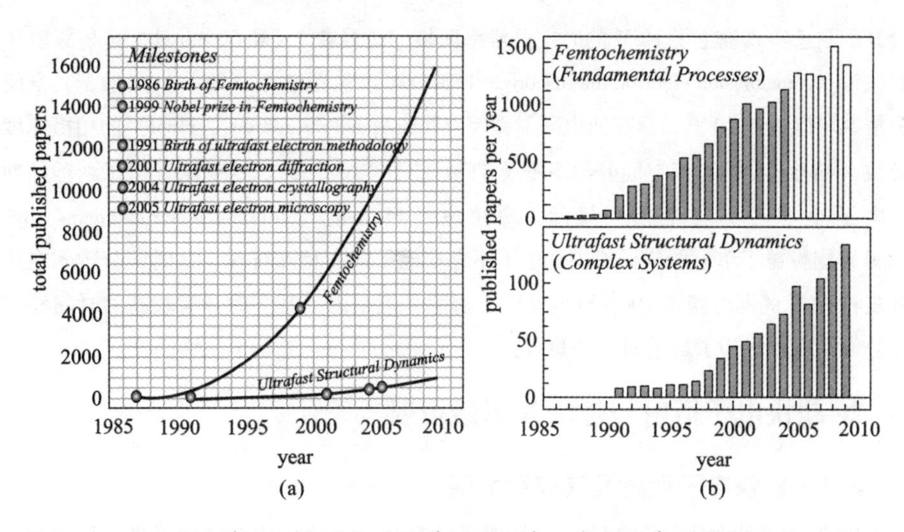

图71.1　自飞秒化学及四维结构动力学诞生以来，每年发表的论文总数（a）和每年出版率（b）的走势

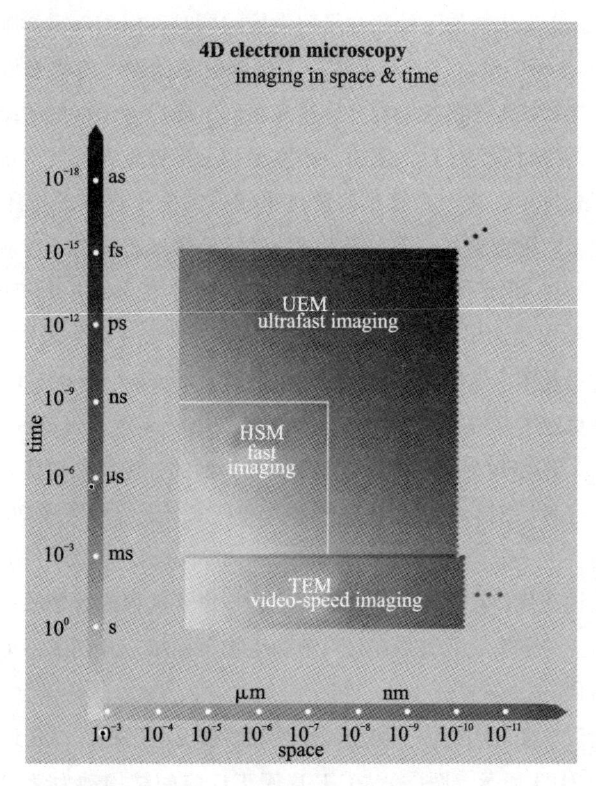

图71.2　电子显微镜可实现的时空分辨率

分开。白色实线确定了 HSM 的时空分辨率区域，边界在 1 s 和 50 nm 处。透射式电子显微镜（transmission electron microscopy，TEM）可以视频速率（毫秒）成像，其空间分辨率可以达到 10^{-10} m。高速电子显微镜（high-speed microscopy，HSM）的拍摄速度较快（纳秒-微秒），但空间分辨率不及 TEM（只有 10^{-7} m），这受限于电子纳秒脉冲的电子-电子（空间-电荷）排斥。超快电子显微镜（ultrafast electron microscopy，UEM）则得益于单电子成像原理，由于不存在电子间的相互排斥，其时间分辨率在达到皮秒-飞秒的同时获得 10^{-10} m 的空间分辨率，正是因为其同时具有较高的时间和空间分辨率所以成为了最近研究的热点。

2. 超快电子衍射与超快 X 射线衍射

2.1 超快电子衍射及其应用举例

1982 年，密歇根大学的 Mourou 教授通过改装一台超高速扫描摄影机，利用光与金属的相互作用，获得了具有时间分辨率（20 ps）的衍射图样，这是一个概念上的重大突破。20 世纪 90 年代初的飞秒化学飞速发展的同时，加州理工学院的泽维尔教授于 1991 年提出一个新的概念，并演示了一个概念验证试验，他将飞秒化学的方法与飞秒光脉冲产生的超快电子脉冲结合，直接观察到了通过电子衍射的结构动力学。这个绝妙的主意在开始时遇到了巨大阻力。研究最初面临着重大的技术挑战，如电子与电子之间存在库仑排斥，在一个较小的波包里较多的电子存在的排斥使得脉宽会变宽，即电子数越多，脉宽越宽。要实现飞秒的时间分辨率超快电子衍射，则需要将波包压缩到极小。经过 10 年的不懈努力，一系列的各种概念、方法和技术不断发展，2001 年超快电子衍射全面牢固地被确立为超快结构动力学的主要技术之一，这成为该领域一个真正的里程碑。这些突破为超快电子衍射（ultrafast electron diffraction，UED）领域的迅速发展奠定了基础。在 2004 年，新型超快电子晶体学（ultrafast electron crystallography，UEC）的出现为研究材料学中表面和界面的各种复杂的动力学提供了新方法。这些具有“飞秒”时间尺度超快电子概念和技术，最终导致了 2005 年一项革命性的突破——超快电子显微镜（ultrafast electron microscopy，UEM），这项技术直接可视化埃量级的结构变化，具有飞秒量级的时空分辨率。这种成像领域的变革，能够获得原子尺度的时空分辨率，尤其是在材料学和生物学领域，开创了一个复杂系统结构动力学的全新时代。

超快电子衍射早期应用的一个典型例子是观察暗反应过程。以光致 $C_2F_4I_2$ 的湮灭反应为例，如图 71.3 所示。图(a)是 $C_2F_4I_2$ 湮灭反应的结构动力学，在无碰撞的条件下测定了反应物、中间产物和生成物的结构。图(b)是基态的反交叉式构型混合

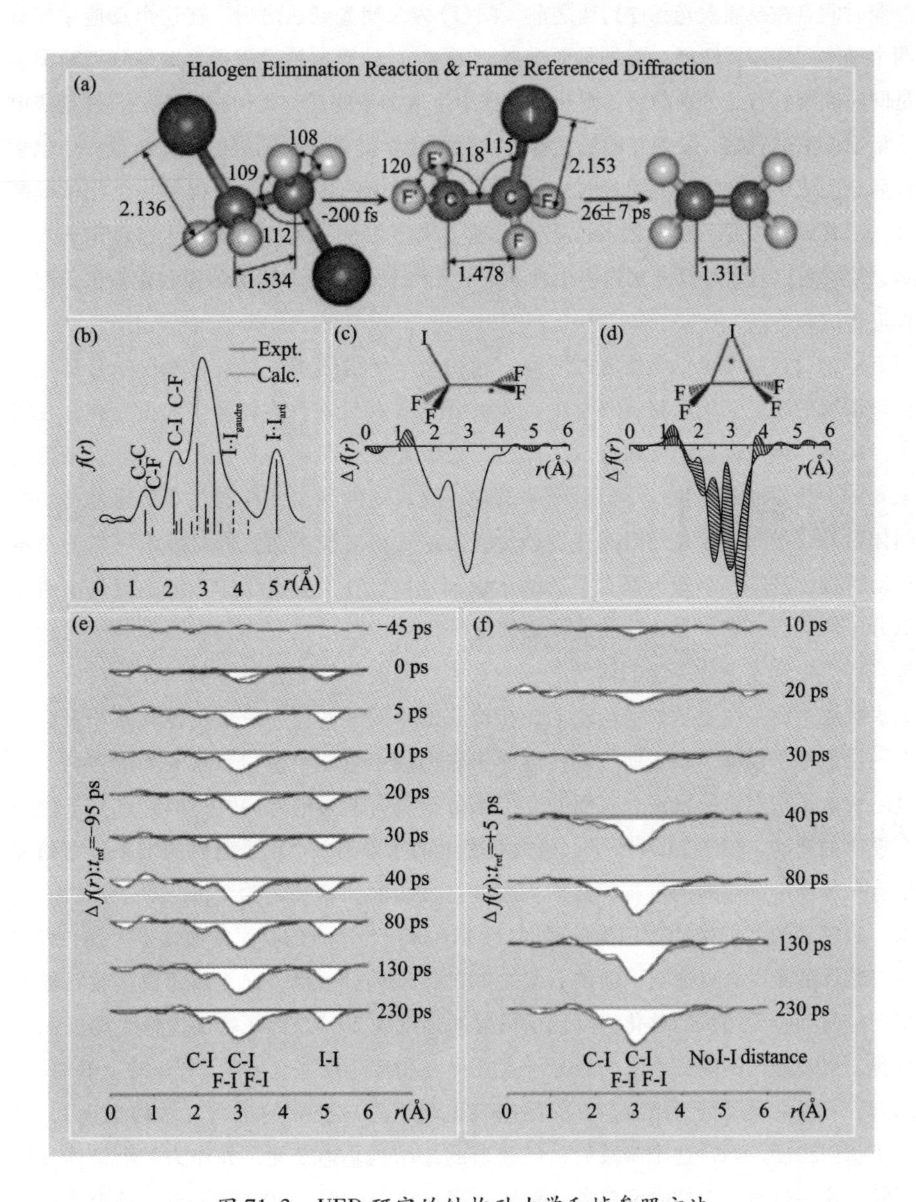

图 71.3　UED 研究的结构动力学和帧参照方法

性状反应物的 UED 图样，图中底部的竖直长条表示异构体原子核之间的距离，实线为反交叉式，点线为交叉式。从衍射理论计算与实验结果的一致性可以证明，实验测得的中间产物结构为图(c)所示的典型结构，而非图(d)所示的桥接结构，实验结果与理论计算的差异由图中的阴影部分标示。用帧参照方法测定 $C_2F_4I_2$ 湮灭反应的结构，图(e)和(f)所示为相对两个参照时间点的衍射随着时间的改变，图(e)的参照时间点在泵浦激光脉冲到达之前，图(f)为泵浦光到达之后。在这个反应中，有两个基本问题需要解释：首先是两个碘原子（I）的键离解过程中，键是分别断裂还是同时断裂；若是分别断裂，则断裂过程中生成的中间产物是何种结构。通过超快电子衍射方法的观察，发现在能量足够的情况下化学键是分别断裂的，在断裂一个化学键后会生成中间产物，能量经过一段时间在分子中的再分布会使得另一个化学键断裂。随着该技术的不断发展及成熟，出现了很多非常经典的试验，例如对光子入射苯，使得可以对苯环打开这样一个光学方法无法观察到的无辐射弛豫和能量再分配过程进行成像等。

基于对这些简单化学反应的研究，超快电子衍射逐步被引入材料科学乃至生物科学领域的研究。纳米材料科学中，金属-绝缘体相变在许多体系中大量存在，在特定情况下，绝缘体会向金属过渡，而这个过渡究竟是怎样一个过程，一直以来都是未知的。然而通过超快电子衍射图像发现，绝缘体向导体结构的过渡是通过一个中间体过渡，中间体存在的时间在皮秒量级。这种衍射技术使我们对纳米材料的基本运动特性、基本科学知识都有了新的认识和理解。在生物科学中，细胞膜是由磷脂双分子层构成，它作为调节和选择物质进出细胞的主要成分，其表面水分子的运动是当前生物学家十分关注的问题之一。那么，就有一个非常基本的问题：在亲水及疏水基底表面水究竟是如何运动的。在验证这个问题时，一般采用在硅原子表面镀上一层氯原子模拟亲水表面，或在硅原子表面镀上氢原子模拟疏水表面的方法。通过超快电子衍射试验发现，表面的几层水分子具有明显的趋向性，同时水分子进行有规律的运动。如图 71.4 所示，研究石墨上的水得到一个出乎意料的结果，石墨晶格首先经历一个收缩的过程，然后大幅度膨胀，时间常数约为 7 ps。对于石墨上的水，观察到的“旧结构”消失的时间（约 10 ps）与 7 ps 的时间常数几乎一致，表明原组装体的激发来自冰与下面的石墨之间的振动耦合。换言之，冰薄膜接收石墨的振动能量而经受超快的软化，降低了衍射的强度约 20% 。为了容纳这样大幅度的结构扰动以及起伏的基底，水的双分子层叠堆在相变中膨胀，有约 20 ps 的上升时间。随后，石墨的振动行为结束，界面的组装体可以形成更好的构造（结构退火），提高了衍射强度。到达这个阶段后，已变形的冰结构集体变化，并作为一个整体开始回复，这些过程发生的时间常数分别是（75 ± 5）ps 和（390 ± 35）ps。整个重构的过程可通过热扩散到基底得以重复。相应地，无论在水膜的冷却还是初始的膨胀中，水与石墨之间的能量交换都没有瓶颈。转变的时间跨度覆盖了从皮秒到纳秒的范围。这个过程与蛋白表面水分子运动的时间尺度是一致的，因此我们推测水分子在一些生物大分子中的运动是具有相似性的。

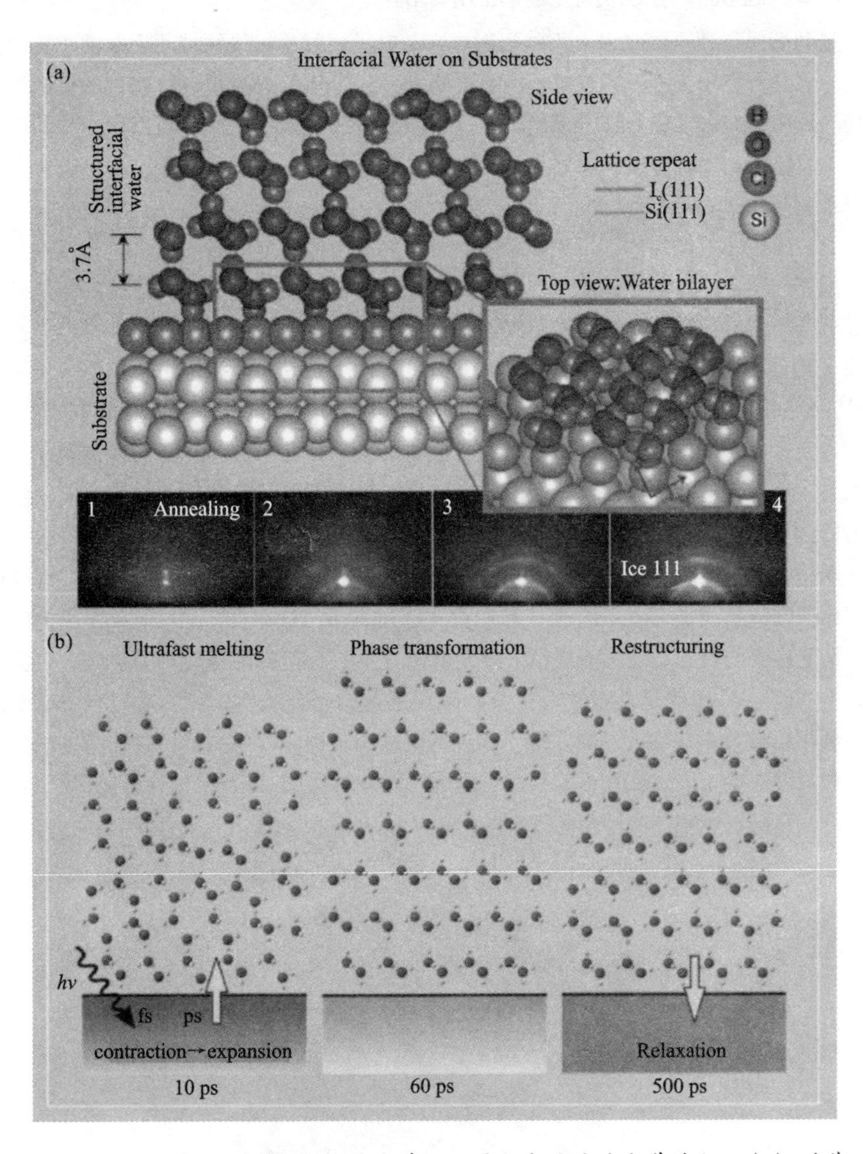

图 71.4　亲水界面上水的结构动力学和石墨上冰层的动力学过程。(a) 硅基底上的氯封端形成一个亲水层从而将双分子层的水定向。在被任意取向的水分子代替并生成岛状的微晶之前，有序的叠堆持续了 3 ~ 4 个双分子层（约 1 nm）而形成层状结构；(b) 石墨上冰层的动力学过程。箭头标示能量转移的方向

2.2 超快X射线衍射及其应用举例

提到衍射，必须要介绍X射线衍射，它与电子衍射是超快领域两个非常重要的方向，二者具有竞争关系。超快电子衍射不断发展，同时X射线也在往超快的方向迅速发展，许多研究者在进行该方面的工作。目前超快X射线衍射同样可以做结构的时间分辨，且已达到飞秒量级的水平。

现有超快X射线衍射（同步加速X射线源）可以做动力学研究。举一个经典的例子，对于肌动蛋白晶体，用激光激发，用超快X射线衍射的技术对其进行检测，获得时间序列图像，观察晶体被激发前后的变化，发现在一个大分子中，对局部的微扰会导致分子系统的运动。这是一个固相系统的研究结果。与此同时，研究者也尝试将超快X射线衍射动力学研究应用到液相系统，其应用难度主要是由于液相物质的不稳定性，例如布朗运动等。与利用X射线衍射研究固相不同的是，对于液相的研究，需要经过大量的模拟计算，将衍射图案与蛋白结构一一对照。将超快X射线衍射应用到液相是一个重大突破，这对蛋白质研究领域具有十分重要的意义，尤其是对无法结晶的蛋白。

而由自由电子激光器产生的X射线成为当今世界研究的一个热点。这种X射线的强度比通常的射线强 $10^7 \sim 10^9$ 倍，脉冲宽度达到20 fs，这在技术上又是一个巨大的突破。期望达到的目标是通过一次衍射曝光就能获得所有衍射图像，不需要经过多次衍射获得均值。图71.5是近来发表在 *Science* 杂志上的研究成果，科学家们有史以来第一次利用超强X射线激光获得了原子尺度的蛋白质结构图。他们利用这种新方法得到了一种能够决定布氏锥虫存亡的关键酶的蛋白晶体结构图。这一科研新进展预示着一种新的蛋白晶体研究技术即将到来。

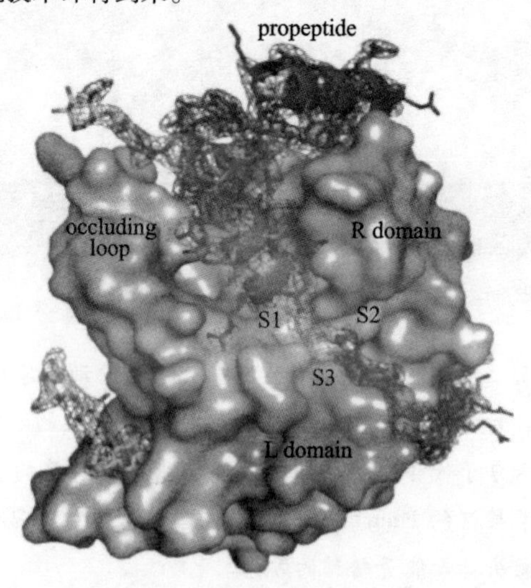

图71.5 布氏锥虫组织蛋白酶B表面结构图

2.3　超快电子衍射与超快X射线衍射的比较

超快电子衍射与超快X射线衍射在不同相中的时间分辨率存在差异。气相中电子衍射的时间分辨率可以达到1 ps；固相中由于信号较强，可以通过减少电子数缩短脉宽达到飞秒分辨率。液相和晶体中X射线动力学研究已经达到100 ps。但近年来发展的由自由电子激光产生的X射线已达到小于50 fs的时间脉冲。一些研究者打算借鉴高能量的X射线成像方法，可使用最近的新技术将电子数增加到$10^7\sim10^9$且时间分辨率可达到20 fs。从这里可以看出，与X射线一样，目前的电子衍射技术也可以达到约20 fs的超快成像。那么在电子显微镜中，利用电子衍射具有的优势有，操作简单、快速；电子束的散射截面比X射线光子的散射截面要大10^6，所以信号强度要比X射线强10^6；对样品的浓度和使用量要求都较小；特别是造价相对便宜且具有台式结构。这也是为什么大家更关注电子衍射的原因。

目前超快电子衍射有两个方向。一个是Zewail团队的DC UED，使用的电子能量很低，为30～100 keV，时间分辨率在300 fs左右，但所有的实验过程在下一个脉冲到来之前需要恢复到原始状态，即实验过程必须是一个可逆的过程，需要多次重复并平均后才能够得到准确的结构。另一个是德国、美国、中国、日本等在发展的RF MeV UED，电子数量约是前者的10^4倍，目前最好的时间分辨率可以达到20 fs，该方法的优点是仅需要一次照射就能够获得物体的衍射图样，但该装置的花费较大。

从化学在过去20年的重大发展可以知道，几乎所有的大分子激发态的运动都是通过一种非常奇妙的机理完成的。很多大分子经过光子照射后进入激发态后的四棱面都与底部相交，这个过程约在100 fs内完成，很多的光学手段甚至X射线也无法对其进行研究，只有通过电子衍射才能够观察到形形色色的分子变化过程。

3. 超快电子显微镜

随着超快电子衍射技术的不断发展，该技术被应用到电子显微镜中，由此出现了飞秒超快电子显微镜。在显微成像领域，除了X射线与电子衍射成像，光学成像技术也在不断进步，目前国际上最流行的三种超分辨技术是STED、FPALM和STORM。虽然最近的努力使得光学成像的分辨率突破了衍射极限（$\lambda/2$）并达到了几十纳米，但与直接成像且具备原子尺度时空分辨率的超快电子显微镜相比，时间和空间分辨率仍然较低。超快电子显微成像方法得益于单电子相干成像的发展，它最大限度地减少空间电荷效应，并使用波长约1 pm的德布罗意波，使得其在实空间成像的分辨率能够达到亚埃。目前，具有聚光束、近场和断层成像的4D UEM已经发展成了对实空间、衍射和电子能量损失谱的桌面成像方法。

与电子衍射的两个方向类似，超快电子显微镜也有两个方向。一种是加州理工大学使用电子数$10^0\sim10^3$的UEM，其时间分辨率约为100 fs，空间分辨率约为1 Å，但需要多次重复实验才能够获得物体的结构。另一种是美国劳伦斯国家实验室使用电子

数 $10^7 \sim 10^9$ 的 DTEM，其仅需一次照射即可以对物体进行成像，但其时间分辨率和空间分辨率仅有 10 ns 和几纳米。

图 71.6 所示为加州理工学院的 UEM 单电子轨道原理的概念图解。它主要是结合了飞秒激光器和经过改装的电子显微镜，记录实空间成像（real space：images）、衍射图样（fourier space：diffraction）、电子能量损失谱（energy space：electron-energy-loss spectra，EELS）。

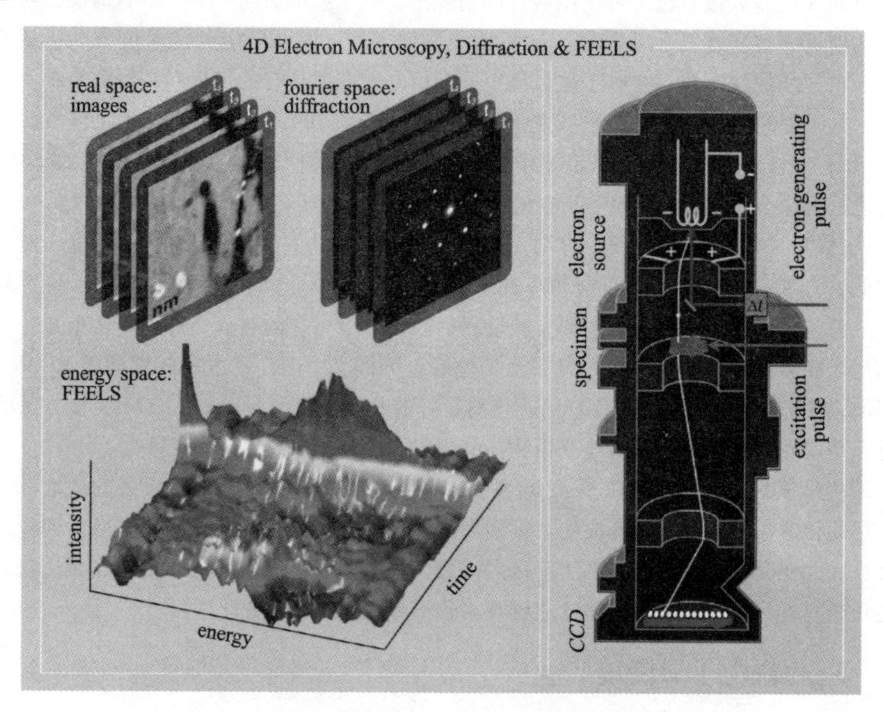

图 71.6　UEM 单电子轨道原理的概念图解

与高分辨的普通电镜相比，超快电镜能够对动态的过程进行成像。下面是几个超快电子显微镜的应用。纳米材料中通过光进行控制的纳米通道在开关时的变化过程是无法通过其他方法观察到的，只有通过成像才可以直接观察。直接成像纳米管，光激发纳米环的运动等。以石墨加温后变成钻石结构的变化为例。单层石墨烯的碳具有 sp2-混合的轨道，而石墨中 π-电子与分子的平面垂直。受强力压缩的石墨会变成钻石，钻石的电子密度图样是具有 sp3-混合轨道的共价键三维网络。因此，任何超短时间尺度上的结构扰动都会导致化学成键的改变，从而可被 UEM 观察。由此可以实现电子密度图之间的比较，如图 71.7(a)所示。图 71.7(b)是石墨的时间-能量-幅度 FEELS 图，显示了能谱的等离子体部分（到 35 eV），以及在负延时记录的 EEL 谱。通过参照负延时的 EEL 谱，图示以时间函数的形式反映出所有能量的差异。在石墨的研究中观察到一种共振行为，有较长的振荡周期，经过几十微秒后，复杂的变化（“混

沌”）演变成全局共振的行为（鼓振），如图71.7(c)所示，图中的曲线是归一化的图像互相关曲线，包括了5个不同的选择区域内图像的动力学过程。

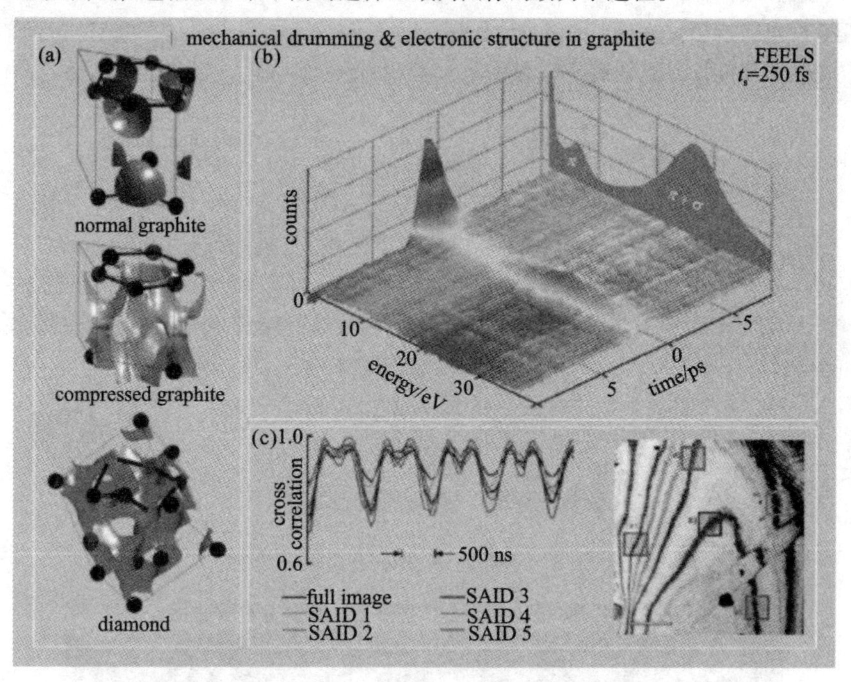

图71.7　石墨压缩变成钻石的过程。（a）计算得到的电子密度分布；（b）石墨的时间-能量-幅度FEELS（femtosecond-resolved electron-energy-loss spectra）图；（c）石墨成像的鼓振动力学，代表性时段内的图像互相关曲线

4. 总结与展望

超快电子显微镜的技术主要是从超快电子衍射技术的发展开始的，从逐步对气相、固相、晶体等材料进行衍射研究，最终实现对物体的直接成像。目前最被看好的是纳米材料和生物两大应用领域。虽然大家都知道如何制作纳米材料，但是直到今天还没有人能够真正了解纳米材料的形成机理和过程，因此能够超快成像的电子显微镜成为该领域研究唯一的希望。而生物体是一个更为复杂的系统，很多机理都无法通过目前的技术手段进行研究，超快电子显微镜技术的出现为生物学的研究提供了可靠的工具。

在生物科学领域中的应用是四维电子显微镜未来重要的发展方向。第一个例子是对蛋白质折叠与解折叠过程的研究。随机构型的蛋白质在一定的情况下是如何折叠的，是一个多世纪以来众多科学家们希望解决的问题，如果能够直接看见蛋白质的折叠过程（图71.8），而不需要通过光学测量来推断或进行大量模拟计算，这将会是一个非常重大的科学突破。第二个例子是对光受体与信号传导的研究。如一束光直接照射在光敏感蛋白上，使用超快电镜直接扫描获得蛋白质的变化过程。最后我们还可以使用超快电镜直接对这些大的生物体如病毒（图 71.9）的复杂动力学过程进行研究。这使得从多尺度学习复杂系统中生物动力学和功能成为可能。

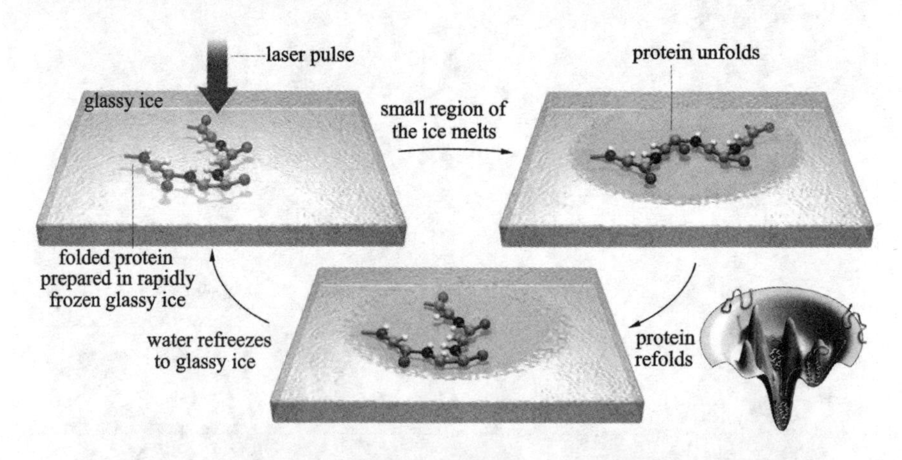

图 71.8　蛋白折叠-解折叠过程示意图

图 71.9　病毒的超快时间分辨率结构动力学示意图

（记录人：俞婷婷）

Martin Wegener 德国卡尔斯鲁厄理工学院（Karlsruhe Institute of Technology）应用物理系终身教授（AG Professor），德国科学院院士，美国光学学会会士，赫克托基金会（Hector Foundation）会士，美国亚利桑那光学中心兼职教授。1987 年博士毕业于法兰克福大学（Johann Wolfgang Goethe University）。1987—1989 年在美国贝尔实验室（AT&T Bell Laboratories）进行博士后研究。1990—1995 年在德国多特蒙德大学担任教授。1995—2001 年就职于德国卡尔斯鲁厄大学。2001 年至今就职于卡尔斯鲁厄理工学院并担任纳米结构中心负责人。

研究方向包括：光子晶体、光学超材料、超快光学、非线性光学、近场光学等多个领域。他在许多光学前沿方向做出了开创性的研究工作，在学术界享有很高知名度。1999 年以来，Wegener 博士在 *Science* 上发表 7 篇论文，在 *Nature* 系列杂志发表 6 篇论文，在 *Physical Review Letters* 上发表 11 篇论文，在 *Advanced Materials* 上发表 13 篇论文，出版专著 5 本。

第72期

Transformation Physics：from Fundamentals to Applications

Keywords：metamaterials，negative refractive index，transformation optics，transformation physics

第 72 期

变换物理学——原理与应用

Martin Wegener

1. 引言

光学与光子学的主要目标是实现对光的传播和光与物质相互作用的完全控制。在这中间，材料扮演了很重要的角色。在材料中，光的传播受到折射率的影响。折射率决定了材料中传播的光的相速度比真空中的光速慢多少。因此，实际上应该认为折射率为光的慢系数。微观上来说，在光频段通常的材料中，相速度是由光波中电场分量激励的电偶极子（由带负电的电子和正电的原子核组成）调控的。这些电偶极子就像通信工程中的天线一样再辐射出波。发射出的波会再激励出电偶极子，进而继续辐射出新的波，如此继续下去。因此，在材料中光的传播会和它在自由空间中的速度不一样，通常比自由空间中的慢。也就是说，折射率比单位 1 大。在这种情况下，折射率是电导率的开方。折射率大于 0 意味着相速度矢量和电磁波能量传播的矢量——坡印廷矢量是同方向的。具有这种特性的波被称之为前向波。

在光频下，磁偶极子不扮演任何角色。数学上的表示为，磁导率等于 1。这显然限制了光学的发展：只能直接影响电磁波的电场分量，而不能影响它的磁场分量。换句话说，光学中的一半未被利用，例如后向波（等效于折射率小于 0）。但被称为超材料（metamaterials）的人工材料在过去十年中改变了这一情况。

更广泛地说，我们可以有意地设计空间分布各向异性的磁超材料结构——广义的梯度折射率光学。这一领域被称为变换光学（transformation optics），它受到了爱因斯坦的广义相对论中的概念和数学的启发。

2. 变换光学

特意地制造各向异性的磁介质材料的结构将会是一个有趣的研究方向。变换光学是相应的方法。假设你在图 72.1 所示的橡胶薄片上画上笛卡尔网格。正对着橡胶薄片的观察者将会看到未失真的矩形网格。如果在平面内拉伸橡胶薄片或者甚至在第三个维度上使橡胶薄片变形（数学上，这可以通过坐标变换实现），观察者会看到失真

的线。这些线中的任意一条都代表着一条可能的光路。通过恰当地拉橡胶薄片，任何一条光路都可以被调整。例如，如果我们拿一个螺丝刀在橡胶薄片上钻一个洞，然后把这个洞开到可见的大小，如图72.1所示，则不会有网格线穿过这个洞。因此，光也不会进入这个洞，这样就制成了隐身罩。任何在这个洞中的人都不会被看到，而且他们也不能看到洞的外面。神奇的是，只通过在麦克斯韦方程组上进行数学运算，任何这种电磁波的变换的效果可以与普通的具有电导率和磁导率的张量的实部相等的特定空间分布完全一样。变换光学明确地和建设性地告诉我们如何从完整的麦克斯韦方程组的度规张量中得到电导率和磁导率相等的分布。

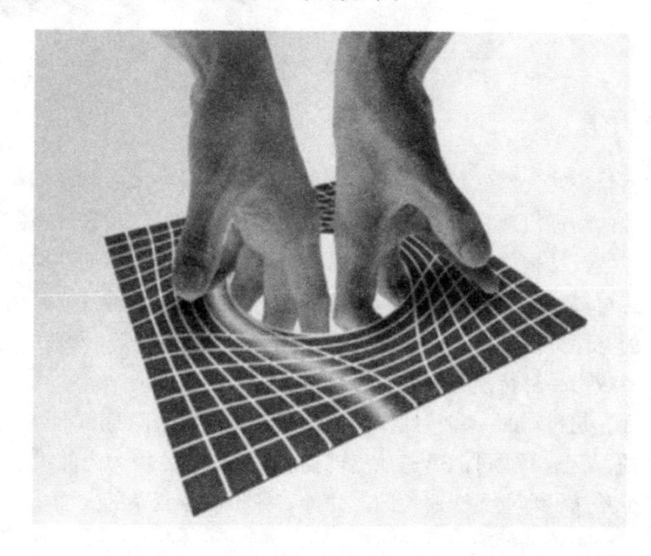

图72.1　变换光学使不均质化的磁介质材料中的光线连接曲面空间中的点

在实验上实现这种复杂的各向异性三维低损耗的磁介质结构目前还不太可能。通常，结构的边上会出现奇异点。然而，图72.2中所示的地毯罩这种简单和特殊的情况避免了奇异点，而且只需要各向同性的折射率，并近似地不需要磁响应。

图72.2中所示的地毯式隐身罩不是从一个点开始的（相比于图72.1），而是从假想的二维空间的边界开始的。实际中，这个边界对应于一个镜子。因此，物体可以藏在金属地毯状物的下面。为了使地毯状物上的隆起处消失（可以被认为是像差校正的实际例子），其上面需要放上渐变折射率材料。变换光学可以让我们设计这种渐变折射率的分布。超材料可以实现任意的折射率。相应地，在三维空间内的实验最近在通讯频段和可见光频段实现了。

然而，隐身罩只是变换光学这种有用的设计工具的一个高标准的例子。毕竟，隐身罩就在几年前还被认为是不可能的。现在，已经有很多研究人员在研究变换光学的实际应用了。

图 72.2　地毯式隐身罩变换示意图

3. 变换力学

目前，超材料领域大部分在讨论光学负折射率和隐身技术的相关问题，然而，设计这些材料特性的物理机理并不是狭隘的。更广泛地来说，这种设计思路为：首先合理地设计一个亚波长结构单元，该结构由已有材料制成，然后周期性地排列该结构单元使其形成人工材料。这种人工材料的特性不再由材料的化学特性而是由结构形状决定。因此，它的特性可以被控制、极端化，甚至被定性地预测。合理的设计是关键，这将使得超材料成为一种特别有用的合成材料。

在应用方面，超材料的一些特性，例如光的负相速度、隐身和不寻常的光学非线性，是吸引人的，但是不太可能迅速地出现在产品中。这是因为光的吸收（损耗）太高了，而且部分是从根本上无法避免的。此外，廉价制备复杂的大面积的三维光学超材料本身还是一个艰难的挑战。

那么，为什么不能超出光学而考虑其他材料领域？相应的波长和长度在微米到厘米范围，而不只是光学中的纳米范围。因此，制造的限制不再存在了，也就意味着更容易实现应用。此外，我们从电磁学中了解到非共振意味着低损耗。然而，在可见光波段只有不超过 3 种不吸收的介质。这些特性可以在力学和热力学中实现。

考虑到弹性固体中的机械波，它们有三个正交偏振态，一个纵波（像空气或水中的声波）和两个横波（像电磁波）。这种复杂的弹性行为在所谓的五模超材料（pentamode metamaterials）中变得简单了。其中，纵向的偏振态占主导，因为有效超材料的剪切模量比体积弹性模量小。五模超材料在几年前就被提出，但在最近才得以实现。在这些材料中，波的运动是标量，所以可以类比于光学。例如，光学隐身罩的弹性类似物变为可能。这些弹性结构在静态极限下也起作用，可以保护或隐藏在力学罩内的敏感物体。

具体来说，弹性压缩系数扮演了介电常数在电磁场中扮演的角色；同样地，质量密度扮演了磁导率的角色。目前已实现了低质量密度并且力学稳定性良好的力学超材料。理论上建立了负的质量密度和各向异性质量密度张量，实验上也证明了一维模型

系统。实验科学家们仍需要可行的蓝图去制造三维微结构而实现特定的各向异性质量密度张量。这方面的进展会大大增加其在弹性力学领域的可能性。

弹性固体可以被看作广义的无源的可逆的线性的万向接头。但是研究不一定要限制于线性力学领域。超材料单元可以被设计为破坏或消散力学震动能。我们同样可以研究有源力学超材料，将小型能量源、传感器、制动器和反馈环集成到单个单元中。非线性和有源力学超材料有很大潜力可供创新。

4. 变换热力学

第二组例子考虑到热力学材料诸如热传导和扩散的特性。大多数的光学超材料控制坡印廷矢量的传播，即单位时间和空间内的能量流动。热流密度在热力学中有相同的意思和单位。它同样遵循一个相对的连续方程，即使热力学中根本不存在波。Material contrast 在热传导中可以达到1 000，热学超材料的晶格常数可以比热扩散长度（光波长的相应量）小。因为热量是能量转换的最后一环，所以不会有损耗。最后，自由空间中的全方位宽带热学罩可以完美地工作了。物体可以实时地隔绝于周围的热流，并同时不影响热的流动，仿佛没有东西在那儿。

超材料隐身罩仍需要环绕在物体周围。如果它能与物体分开，那么它会更好并更有用。这种外部罩是可能的，并且已经在直流电传导中从实验上证明了，实验中使用了有源超材料的有效负电传导率。通过类比，外部热学罩需具有负的有效超材料导热系数。这时，热会从低温处向高温处传播。热力学第二定律限制在无源材料中出现这种现象，但不限制包含热源或散热系统的有源材料。数学上来说，负导热系数相当于电磁学中的负相速度。

然而，更多的机会会出现在空气传播的声学中。我们应该把超材料的应用想得更广一些。

参考文献

[1] C. M. Soukoulis, S. Linden, M. Wegener. Negative Refractive Index at Optical Wavelengths[J]. *Science*, 2007, 315(5808): 47-49.

[2] C. M. Soukoulis, M. Wegener. Past achievements and future challenges in the development of three-dimensional photonic metamaterials [J]. *Nature Photonics*, 2011, 5: 523-530.

[3] A. V. Kildishev, A. Boltasseva, V. M. Shalaev. Planar Photonics with Metasurfaces [J]. *Science*, 2013, 339(6125): 1989.

[4] J. B. Pendry, D. Schurig, D. R. Smith. Controlling Electromagnetic Fields [J]. *Science*, 2006, 312(5781): 1780-1782.

[5] U. Leonhardt. Optical Conformal Mapping[J]. Science, 2006, 312 (5781): 1777-1780.

[6] M. Kauranen, A. V. Zayats. Nonlinear plasmonics [J]. *Nature Photonics*, 2012, 6:

737-748.

[7] M. Kadic, T. Bückmann, R. Schittny et al.. Metamaterials beyond electromagnetism [J]. *Report on Progress in Physics*, 2013, 76(12): 126501.

[8] G. W. Milton, A. V. Cherkaev. Which Elasticity Tensors are Realizable ? [J]. *Journal of Engineering Materials and Technology*, 1995, 117: 483-493.

[9] M. Kadic, T. Bückmann, N. Stenger et al.. On the practicability of pentamode mechanical metamaterials[J]. *Applied Physics Letter*, 2012, 100: 191901.

[10] T. A. Schaedler, A. J. Jacobsen, A. Torrents et al.. Ultralight metallic microlattices [J]. *Science*, 2011, 334(6058): 962-965.

[11] G. W. Milton, M. Briane, J. R. Willis. On cloaking for elasticity and physical equations with a transformation invariant form[J]. *New Journal of Physics*, 2006, 8(10): 248.

[12] S. H. Lee, C. M. Park, Y. M. Seo et al.. Composite Acoustic Medium with Simultaneously Negative Density and Modulus [J]. *Physical Review Letter*, 2010, 104: 054301.

[13] R. Schittny, M. Kadic, S. Guenneau et al.. Experiments on Transformation Thermodynamics: Molding the Flow of Heat [J]. *Phyical Review Letter*, 2013, 110: 195901.

[14] F. Yang, Z. L. Mei, X. Y. Yang et al.. A Negative Conductivity Material Makes a dc Invisibility Cloak Hide an Object at a Distance[J]. *Advanced Functional Materials*, 2013, 23(35): 4306-4610.

[15] A. Ros, R. Eichhorn, J. Regtmeier et al.. Brownian motion: Absolute negative particle mobility[J]. *Nature*, 2005, 436: 928.

Jean-Louis Oudar 1971年毕业于巴黎综合理工学院（Ecole Polytechnique），1977年在巴黎大学获得物理学博士学位。博士毕业后进入法国国家电信研究院（CNET）从事凝聚态中的光学非线性现象研究，增强有机化合物中光学非线性，开发了非线性有机材料的分子工程生长工艺这一国际公认的前沿性工作。1979年作为访问科学家于加州大学伯克利分校物理部从事基于四波混频的非线性光谱学新技术研究。在法国国家电信研究院和法国电信研发中心进行了Ⅲ-Ⅴ族半导体微结构中的超快动态非线性效应、微腔量子光学，以及光学双稳态和光开关器件研发工作。2000年加入新成立的法国国家科学研究中心光子学与纳米结构实验室（CNRS-LPN），担任电信光电子器件研究团队（PHOTEL）的研究主任，承担多项法国及国际合作项目。主要从事纳米光子学器件-超快饱和吸收体在全光再生中的应用、微流系统中半导体光源、1.55 μm垂直腔表面发射激光器锁模产生超短窄脉冲等研究。

第73期

Vertical Cavity Short Pulse Source Operating at Telecommunication Wavelengths

Keywords：short pulse source，mode locking laser，semiconductor，fiber-optic communication

第 73 期

基于垂直腔的通信波段短脉冲源

Jean-Louis Oudar

1. 短脉冲源及其研究现状

1.1 短脉冲源的应用

短脉冲源因其脉冲宽度短、光谱含量丰富、峰值功率高等特点得到了广泛应用。目前短脉冲源主要应用于光通信、光学时钟分布、电光和全光采样、频率梳的产生、材料加工等领域。

光时分复用的实现是短脉冲源在光通信中的一个应用。短脉冲可以使多个频道的信号通过不同的时间延迟复用到一根光纤中，然后进行色散补偿，最后通过时分复用解复用器的反向延迟和短脉冲的时钟恢复来实现多频道的数据接收。在光通信方向的另一个应用领域是光学模数转换。首先，短脉冲源产生脉冲信号，然后经过光纤后因色散而发生脉冲展宽；接着通过高频调制使模拟信号转换为数字信号，最后进入波导阵列光栅 AWG 分光，可以看到出现多个信道中不同波长的数字信号。

1.2 被动锁模激光器的介绍

课题组利用被动锁模激光器来产生 1.55 μm 的紧凑短脉冲源。表征被动锁模激光器的重要特性是激光器的发射功率和功率效率、脉冲宽度、脉冲重复率的稳定性（低抖动对光学采样是非常重要的）。

锁模指对激光器腔内的一组多纵模的相位进行锁定，使纵模间的频率间隔严格相等。通常情况下，激光器产生的各个纵模的相位在时间轴上是不稳定的，这样就破坏了各纵模间的相干条件，所以激光输出的总光场是不同频率光场的无规则叠加，光场就随时间随机起伏。通过对各纵模的相位锁定，即可实现窄脉冲、高峰值功率的光脉冲。

被动锁模可利用可饱和吸收体实现。可饱和吸收体是一种非线性吸收介质，对激光器腔内激光的吸收是随腔内光场强度变化的。当光场较弱时对光的吸收很强，随着激光强度的增加，吸收减小，当达到一特定值时吸收饱和，此时不吸收光。从随机波

动开始，产生一连串的短脉冲，通过可饱和吸收体的对比放大实现锁模。

现在前沿的产生短脉冲源的激光器有四种。一是边发射激光器，激光器分为N区和P区两个部分，从垂直于PN结的方向发射。二是光纤激光器，它由放大光纤作为工作物质，全反镜和可饱和吸收体反射镜构成谐振腔，通过波分复用器耦合泵浦光实现光泵浦。三是固体激光器，它由二向色性反射镜、半导体可饱和吸收镜以及折叠镜、Er:Yd玻璃构成。四是课题组所研究的垂直外腔面发射激光器（vertical external cavity surface emitting laser，VECSEL）。

目前可实现的短脉冲源的重复率覆盖了1～1 000 GHz，平均输出功率覆盖1～10 000 mW。其中边发射激光器的可做到重复率覆盖1～1 000 GHz，平均输出功率覆盖1～100 mW；光纤激光器的可做到重复率覆盖10到数百吉赫兹，平均输出功率覆盖几到几百毫瓦；固体激光器的可做到重复率覆盖几吉赫兹到100 GHz，平均输出功率覆盖10～10 000 mW；VECSEL的可做到重复率覆盖1 GHz到数百吉赫兹，平均输出功率覆盖100～10 000 mW。

通常被动锁模腔由提供增益的输出镜和半导体可饱和反射镜组成，脉冲在腔内来回振荡实现锁模。腔内光强小时，可饱和吸收体吸收系数大，此时损耗大；当光强不断增大时，可饱和吸收体吸收系数小，此时损耗小；当损耗小于饱和增益时，激光器开始出光，腔内光强减小，可饱和吸收体的损耗又变大，当损耗再次大于增益时，激光器停止出光，由此输出一个脉冲。在脉冲的上升沿处，腔内光强小，可饱和吸收体的损耗大，在脉冲的下降沿处，腔内光强大，可饱和吸收体完全饱和，损耗可忽略不计。这里需要注意的是光孤子锁模存在的色散。对色散采取相应的措施，才能使光脉冲尽可能的短。

被动锁模VECSEL的第一个研究示例是2000年南安普敦大学所研发的波长在1 μm的VECSEL，2009年他们将脉冲宽度做到了60 fs，2010年他们又将重复率做到了175 GHz。还有一个示例是瑞士联邦理工学院研制的激光器，波长也是在1 μm。2007年他们研发了全晶片集成的混合半导体激光器（MIXSEL），2010年将功率规模做到了6.4 W。

1.55 μm被动锁模VECSEL的一些最新的研究成果有：$\Delta\tau = 6.5$ ps、$f_{rep} = 1.34$ GHz、$P_{av} \approx 13.5$ mW；$\Delta\tau = 3.2$ ps、$f_{rep} = 2.97$ GHz、$P_{av} \approx 120$ mW；$\Delta\tau = 1.7$ ps、$f_{rep} = 2$ GHz、$P_{av} \approx 20$ mW。相比1.0 μm的被动锁模VECSEL，研究成果少一些，脉冲宽度也没有那么短，重复率也有一定的限制。

LPN研究的是光泵浦四镜腔激光器，由输出镜、全反折叠镜、可饱和吸收镜（SESAM）以及1/2 VCSEL镜。显然最有创造力的是1/2 VCSEL镜，此镜处的光束束腰半径是可饱和吸收镜处的10倍。泵浦光通过透镜耦合到1/2 VCSEL镜上，在输出镜和SESAM间来回振荡，中间的全反折叠镜和1/2 VCSEL反射光线，四镜形成折叠腔。

2. 被动锁模 VECSEL 的研究进展

2.1 光泵浦 VECSEL：优化 VECSEL 芯片得到高功率的连续波发射

光泵浦的 VECSEL 可以实现大的发光表面，高功率、单横模圆对称光束。半导体的增益结构适用的波长范围为 400 nm ~ 2.5 μm，而光泵浦则可以实现大范围的均匀激发。对 1.55 μm 的 VECSEL 来讲，以 InP 为基质的半导体混合物较差的热效应是最主要的限制因素。因此，需要特别注意的是 VECSEL 芯片的损伤，我们需要采取相应的措施来避免各种损伤，特别是热损伤。

热管理的一种方式是在芯片上方放置导热性能好的散热器来实现腔内散热，散热器需要对泵浦光和激射光透明。金刚石是一种可以实现的散热器，实际上它的效果也是最好的，但是它是一种很昂贵的材料。另一种方式我们称之为向下散热法，这种方式的实现需要依靠良导热性的基质和 DBR 层。采用 VECSEL 顶部放置金刚石的腔内散热法得到了很多的应用，但这个方法存在着一些缺点，一方面它在锁模时会产生标准具效应，另一方面它和芯片的表面处理难以兼容。考虑到这些因素，课题组采用了第二种热管理方式：向下散热法。向下散热对光斑直径超过 400 μm 的泵浦光更有效。我们在 1/2 VCSEL 底部放置了恒温铜底座作为散热片。对于 DBR 层，实验观测了几种不同材料的，可以看到由 GaAs/AlGaAs-Au 混合构成的 DBR 层在 1550 nm 附近的反射率高，反射谱宽，同时更有助于有源层的散热，因此被课题组采用。基质是另一个重要的方面，同样通过实验观测不同材料基质对有源层散热的影响和自身的导热性，可以看到当泵浦光半径小于 50 μm 时，150 μm 厚的铜基质是一个很好的选择。

VECSEL 芯片制造按结构可分为：InP 相位匹配层，通过金属有机化合物化学气相沉淀（MOCVD）制作的由 8 个 InGaAlAs 应变量子阱形成的有源区，通过变性分子束外延生长的 17 对 GaAs/AlGaAs-Au 布拉格反射镜组，以及不同选择的基质。一个有关芯片质量的细节是有源层 GaAs 和相位匹配层 InP 交界处的变质结构。通过外延生长的界面很平整，交界面没有可见的错位，这样可以保证有源层的质量，对光的吸收损耗也很小。

我们需要芯片具有好的散热性能，因而传统的基质层需要做一些改变，成为一种新的基质层。芯片分为两个部分分开生长。一部分首先从 InP 基质开始生长，然后在基质上生长有源层，接着再生长混合镜组层，最后镀上金。另外一部分，在铜或者金刚石上生长主体基质 In，在 In 的上下表面镀金，然后把前一部分倒置过来，置于其上，使两个部分处于高温环境，镀金层间就会形成金属键，从而使两部分结合在一起。最后，通过湿法刻蚀移走顶部的 InP 基质。

实验分析了由制作的 VECSEL 芯片和输出镜构成的两镜腔、光泵浦激光器输出的连续波特性。在 0 ℃时，芯片具有最佳的特性，一定泵浦下，能输出功率在 500 mW 以上的连续波；同时在常温下，也能输出功率大于 300 mW 的连续波。

2.2　半导体可饱和吸收镜

半导体可饱和吸收镜（SESAM）结构上可分为有源区、DBR 层和 GaAs 基质。有源区即是可饱和吸收区，选择的材料是 InGaNAsSb 量子阱，可实现非常快的载流子弛豫速度。DBR 层是高反射层。因为镜的上表面也可以看作一个反射镜，所以镜表面和 DBR 反射层可看作一个微腔，这种微腔存在着微腔效应：吸收增益因子和群时延色散。

关于微腔效应，有谐振和非谐振两种情况。谐振情况下，腔的吸收增益因子-波长曲线是不平坦的，存在一个波峰；而非谐振情况下吸收增益因子-波长曲线则是平坦的。谐振和非谐振情况下的群色散时延曲线也有着较大差异。

为了利用微腔效应这种特性并对它加以控制，我们需要设计一种特殊的 SESAM 结构。在有源区的上方生长 12 层不同补偿的相位层，来控制群时延色散。每一层相位层的群时延色散特性通过依次移除每一层测出色散曲线来获得。12 层的 GaAs/$Al_{0.7}Ga_{0.3}As$ 将群时延色散控制在 $-2\,000\sim+500\ fs^2$。

我们采用泵浦探测方式来检测 SESAM 的特性。根据实验测得的曲线显示，泵浦光的延迟影响着调制深度因而影响载流子的弛豫速度，相对反射率随脉冲能量密度的增加而增加，色散管理不影响载流子恢复时间。

3. VECSEL 的激射特征

四镜腔激光器的总腔长为 75 mm，凹面镜（输出镜）的反射率在 99.5% 左右，各个镜面光斑半径可以通过调节镜距独立地调整。

不同的 SESAM 有着不同的光学特性：反射率和群时延色散，最终导致不同的锁模结果。我们通过优化 SESAM 方案，研制了第一台脉宽在转换极限附近的亚皮秒锁模 VECSEL。脉冲宽度在 900 fs，半高全宽为 3.25 nm，平均功率达到 10 mW，重复率为 2 GHz。

4. 总结

4.1　热处理方面优化 VECSEL 芯片使用向下散热

- 采用导热性好的 GaAs/AlGaAs-Au 混合镜组
- 采用导热性好的 CVD 金刚石基质
- 基质还可采用另一种低成本的铜（100 mW 的功率输出）

4.2　SESAM 的色散管理

- 镜表面选择生长刻蚀相位层和增透膜
- 通过色散管理来改变 SESAM 的非线性特性

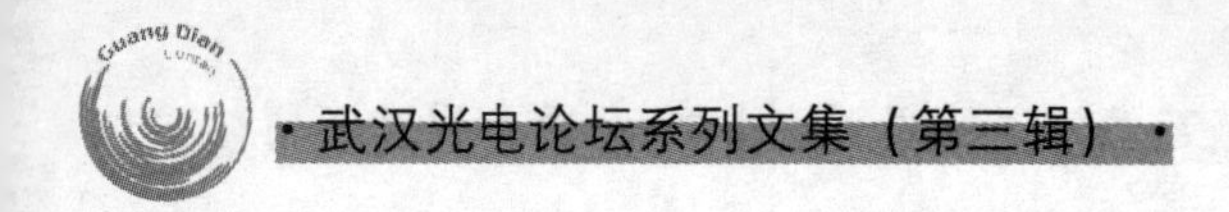

- 群时延色散和调制深度都是短脉冲产生的关键

4.3　1.56 μm 的亚皮秒锁模脉冲源

- 接近转换极限的脉冲，脉冲宽度在 900 fs 附近

（记录人：余宇　熊家璧）

Chita R. Das 宾夕法尼亚州立大学计算机科学和工程系教授。他主要的研究方向包括大规模计算、多核体系结构、性能评价、容错计算和云计算。他在片上互连网络和高速网络互连分析及设计方向做出了突出成绩，发表了 200 多篇论文，其中许多获得了最佳论文奖。他在许多专业委员会和期刊编委会任职，同时也是 IEEE 会士。

第74期

Architecting STT-RAM Caches for Enhanced Performance in CMPs

Keywords：multi-core memory，nonvolatile memory，ST T-RAM，cache

第 74 期

构建 STT-RAM 的缓存结构以提升片上多处理器的性能

Chita R. Das

1. 片上多处理器

1.1 多处理器

目前处理器的发展趋势是在单个芯片上集成越来越多的中央处理器（CPU）。主流处理器公司在不同类型的处理器设计中都采用多核或者众核方案，例如 AMD 公司的 Barcelona 有 4 个核，Intel Core i7 处理器有 8 个核，IBM 的 Cell BE 采用异构核 8 加 1 方案，而 POWER7 具有 8 个核，SUN 公司 Niagara Ⅱ 也有 8 个核，NVIDIA 的 Fermi 图形处理器有 448 个核，Intel 的 SCC 有 48 个核，Tilera Tile GX 有 100 个核。

对于一般的众核处理器，每个核一般具有私有的一级和二级缓存，而在片内共享三级公共缓存。同时所有处理器共享片内的多个内存控制器，所有内存控制器、众核和三级缓存都通过共享的高速片内互连网络进行通信。所有核共享片外的内存和存储系统。其结构如图 74.1 所示。

大数据等诸多应用迫切需要更强处理能力的计算机系统，这些应用需求来自于包括 Google、Facebook 和其他 Internet 内容提供商，也包括大规模的科学计算。

1.2 大数据存储需求

目前我们处于大数据时代的初期，大量数据来源于企业运营、IP 数据、社交媒体和物联传感器设备。当前人类社会每两天产生的数据量相当于 2003 年以前人类所有数据总和。而这种数据增长趋势还在不断发展。并且越来越多的数据是非结构化的不确定数据。这使得我们对于大数据的处理需要更多的计算、存储和传输能力。这一趋势更要求计算机从以处理器为中心的体系结构转变为以数据为中心的架构，因此需要重新设计内存系统，引进大容量存储级内存器件。

对于将来的科学技术和大数据应用而言，数据集的大小将达到 PB 级，在 2020 年

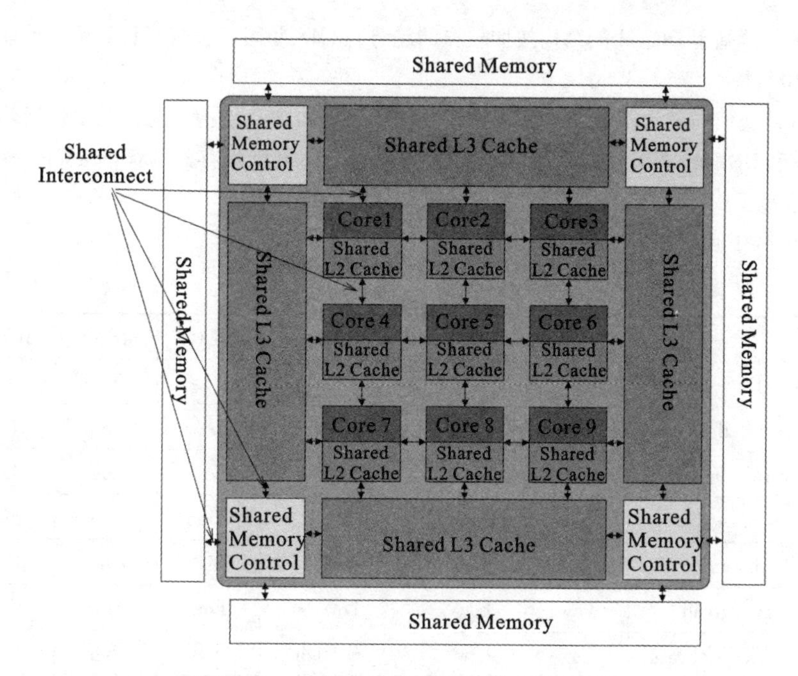

图 74.1　众核存储系统的共享资源视图

以后很有可能达到 EB 级。在另一个方面，小于 32 nm 制程的静态随机存储器（SRAM）存在较大的漏电电流，随着片上缓存的面积不断增加，目前达到50%的能耗。而动态随机存储器（DRAM）小于22 nm后，具有更小的扩展性。而从能耗角度，超大规模系统必须把能耗效率提高10倍。这几个方面使得内存呈现出巨大的瓶颈，导致严重的存储墙和能耗墙问题。

而在片上多处理器系统中存在严重的内存墙问题。处理器芯片和主板物理底座连接需要通过物理引脚进行连通，因此处理器和内存通信的带宽受限于引脚数目。不幸的是处理器芯片的物理面积是有限的，而引脚是金属针构成的，为了保证电气连接特性和硬度，其截面积不能无限减小，因此引脚数量很难增加。最近几年通过封装方式的改进，芯片引脚数量增加了4倍，但是多处理器的核数却增加了25倍，所以导致处理器和芯片外部的内存带宽存在越来越严重的内存墙问题。

2. 新型非易失存储

2.1　非易失性存储

非易失性内存的出现为解决片上多处理器的内存墙和能耗墙问题提供可行的方案。它能够提供更大的存储容量，STT-RAM 存储密度是 SRAM 的 4 倍，相变存储器（PCM）的存储密度则与其相同，而STT-RAM和PCM能够制造成多级单元的形式，能够进一步提供存储密度。而非易失性内存不存在漏电问题，并且在22 nm之后还具有扩展性。而基于 DRAM 的结构按照现在的趋势，2018 年时超大规模计算机系统能耗将达到 100 MW。

因此我们需要重新设计基于非易失性存储介质的内存结构，这些介质包括传统的 SRAM 和 DRAM、NOR 和 NAND 闪存、相变存储、磁性随机存储器（PRAM）、铁电随机存储器（MRAM）和忆阻随机存储器（RRAM）等。

表 74.1 列举了不同内存的优点和缺点。

表 74.1　不同内存的特征对比

	SRAM	DRAM	NAND flash	PRAM	MRAM	RRAM
Data Retention	No	No	Yes	Yes	Yes	Yes
Memory Cell Factor	High	Low	Low	Low	Low	Low
Read Time	Low	Low	High	Low	Low	Low
Write/Erase Time	Low	Low	High	High	High	High
Endurance	High	High	Low	High	High	High
Energy（Read）	Low	Low	Low	Low	Low	Low
Energy（Write/Erase）	Low	Low	Very High	High	High	High
Power（Standby）	High	High	None	None	None	None
Vulnerability to SER	High	High	Low	Low	Low	Low

从表 74.1 可以发现，这些新型非易失性内存具有非易失性、高存储密度、低漏电和低 SER vulnerability 的特性，而缺点是具有较长写延迟和写功耗。而相变内存、阻性内存、STT-RAM 都有取代现有 DRAM 和 SRAM 的巨大潜力。其中 STT-RAM 具有 SRAM 的性能，DRAM 的存储密度和闪存的非易失性，使用三维堆叠技术之后，STT-RAM 能够和传统 CMOS 电路集成。因此 STT-RAM 对于片上缓存分级存储结构具有很大的吸引力，尤其对于最后一级缓存。

但是 STT-RAM 也具有较长写延迟和很高的写功耗。前期工作已经提出在电路层和系统结构层解决上述方面的问题。

2.2　STT-RAM

STT-RAM 通过磁阻效应利用不同电阻给信息编码。其结构如图 74.2 所示，最上面的黄色区域是铁磁层构成自由层，中间是氧化镁材料组成的磁通道接面，而最下面是铁磁层构成的固定层。固定层具有不变的磁方向，可作为参考层。而自由层的磁方向可以改变，和参考层磁方向相反就产生高电阻代表信息位“1”，同向则具有低电阻代表信息位“0”。

针对一个存储单元的具体读写操作如图 74.3 所示。读操作时，在 SL 和 WL 之间加上小的电压，传感器测量通过 MTL 的电流，根据电阻大小确定信息位；写操作时，

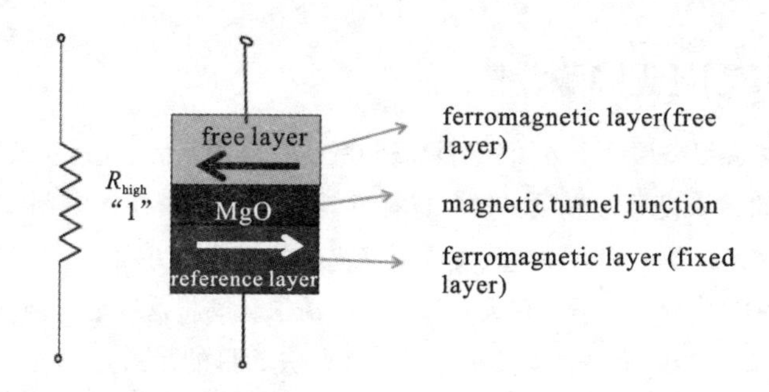

图 74.2　STT-RAM 的存储原理

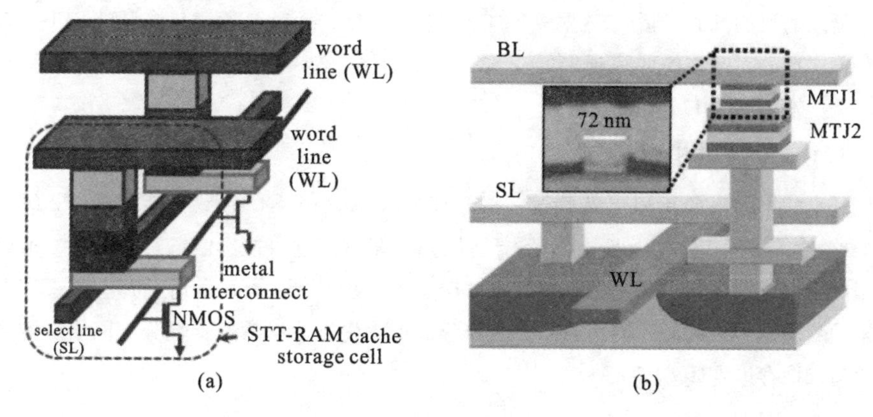

图 74.3　STT-RAM 的读写原理。(a) 单层存储单元；(b) 多层存储单元

激活 NMOS 管，通过施加一个强电压来改变自由层磁场方向。正是这个原因导致写操作相对于读操作具有较大的延迟和功耗。

如果叠加两个 MTJ，就可以构造多级 STT-RAM，它具有 4 个电阻级别，因此具有更大的存储容量。但是这样会导致读写过程更加复杂，对于写而言需要先写 MTJ2 然后再写 MTJ1；对于读操作而言，需要多级传感放大器。

如表 74.2 所示，相比于 SRAM，在相同芯片面积的情况下，STT-RAM 具有 4 倍的容量，而读能耗增加 80%，读延迟增加 10%，但是写能耗增加了 4.6 倍，写延迟则增加了 11 倍。因此需要优化 STT-RAM 的写性能。

表 74.2　SRAM 和 STT-RAM 读写特性对比

	Area /mm²	Read Energy /nJ	Write Energy /nJ	Leakage Power at 80 ℃/mW	Read Latency /ns	Write Latency /ns	Read @3 GHz /cycles	Write @3 GHz /cycles
1 MB SRAM	3.03	0.168	0.168	444.6	0.702	0.702	3	3
4 MB STT-RAM	3.39	0.278	0.765	190.5	0.880	10.67	3	33

3. STT-RAM 写延迟隐藏背景

目前主要从网络和设备层两个方面分别隐藏和减少写延迟。前者的核心思想是通过为繁忙缓存片上的请求设置优先级，然后选择性地分配网络资源给空闲 STT-RAM 缓存行以响应缓存请求。第一个方面重点设计一个优化的网络级方案，这个方案基于调度的思想，对于 STT 内存行，若出现大量写繁忙的请求，则将这些请求调度到其他处于空闲的行中，以此减少写繁忙带来的延迟。该方法的目的是通过调度的方法将 STT 内存写延迟隐藏起来。而采用的第二种方法是通过调整数据保存的时间以达到减少写延迟的目的。通过适当放松 STT 内存的非易失性，也就是通过适当调整 STT 内存中数据保存的时间来换取写延迟的改善。本文主要介绍一种网络隐藏 STT-RAM 写延迟方法，发表在 2011 年的 ISCA 上。

3.1　设计思想

基本的思路来源于以下的观察：STT-RAM 显示路由不仅导致性能降级（2 级和 3 级缓存的低利用率），而且导致无法预料的 R1 阻塞，这可能影响通过它的流。取代使用网络发送次序请求到写繁忙 STT-RAM 芯片，网络应该能发送请求到空闲缓存芯片来隐藏写延迟。因此，网络通过提升部分请求优先级，然后选择性分配网络资源到缓存请求取存取空闲 STT-RAM。

3.2　片上网络

片上网络系统结构提供一个包交换、可扩展的互连机制去连接处理器节点，片上共享缓存单元和片上内存控制器。片上路由器和连线构成可扩展的通信骨干。通常 NoC 路由器有 P 个输入和 P 个输出通道或者端口。对于2D 交叉网络 P 为5，一个来自于主要方向，另一个来自于本地节点。路由的主要部件有路由计算单位（RC）、虚拟通道仲裁单元（VA）、交换仲裁（SA）和一个交叉开关去连接输入和输出端口。RC 单元负责根据包地址确定下一个路由。VA 单元在多个存取同一 VC 的请求包之间仲裁，以确定胜利者。SA 单元在所有存取交叉开关矩阵的 VCs 仲裁哪个包取得许可。获得授权的包能够通过交叉开关矩阵，并且放置在输出连接上。最新的虫洞交换 NoC 能够在这些部件上构造 2 ~4 个流水段，是典型的在网络上使用维度排序路由。

在两仲裁阶段时，路由必须在多个包之间选择一个包作为通常输出 VC 或者交叉开关输出端口，它对于选择传输包扮演重要角色。现在的路由使用简单的实现机制，使用本地仲裁策略，例如轮转，去决定下一个被调度的包。我们提出修改这些本地和结构化地显示仲裁器去设置包的优先权，从而隐藏较长的 STT-RAM 的写延迟。

3.3　3D 堆叠技术

3D 集成技术是一种垂直堆叠多个活动硅层或者晶圆片，层间通过硅间通道

(through-silicon vias，TSVs）进行通信的技术。在多个2D系统结构中，堆叠缓存和内存直接在2D多核芯片上构建，这种结构是流行的，因为它在核层和内存层可提供快速和高内存带宽。本文中，我们使用3D堆叠放置STT-RAM构成的行在一层多处理器配置上。

4. STT-RAM可知的片上网络设计

4.1　例子

为了展现STT-RAM可知的路由仲裁的重要性，我们给出一个例子。如图74.4所示，网络包含4个路由器和2×2的网格，路由器R0连接处理器核C，另外三个路由器（R1～R3）连接STT-RAM缓存行。考虑到R0随时收到多个从C来的写请求，R0使用RR策略的最终仲裁次序是在转发请求到R2和R3之间路由多个请求到R1。由于写STT-RAM有很长的路由延迟，在第一个写与R1相连的STT-RAM模块期间，次序写在STT-RAM的模块接口之上被排队。这种STT-RAM显示仲裁不仅导致性能下降（因为行连接到R2和R3仍然空闲），而且导致无法想象的在R1上的网络拥塞（这可能影响其他通过R1的数据流）。相反，使用STT-RAM可知的仲裁，R0能够为发送到STT-RAM模块（R2和R3）上的请求分级，优先于发送到R1的请求。这种策略能够分清写请求导致连接到R1的模块繁忙场景。这种情况能够提高性能，依赖于①提升空闲块请求优先级，②迁移缓存请求到繁忙STT-RAM模块，从模块接口到网络路由缓存。这种优先策略对于STT-RAM结构有明显的好处（对于可能的长行存取可能有好处），但是对于传统SRAM没有优势。

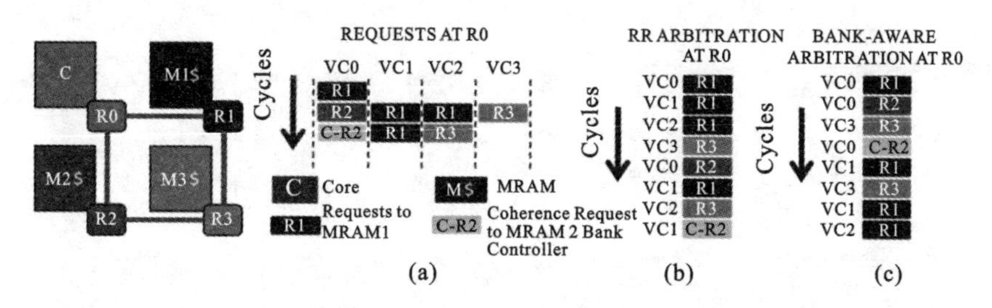

图74.4　一个2×2片上网格拓扑。(a) 在上载R0的请求序列例子；(b) 简单的轮转仲裁；(c) STT-RAM可知的仲裁

由于STT-RAM的写延迟大约为33个时钟周期，是路由器延迟的11倍。我们提升到板块的请求优先权，也就是降低最近转发的写请求。关键的直觉是接受写请求的行将忙于服务多人，更多发送到此行上的请求必须排队。因此，不是所有的请求都是同样关键的。另外，这种重排序和选择性优先策略能够用于优先发送包到内存控制器和保证一致性的流量。例如，如果所有在特定路由器的缓存请求包的目的地址是一个已为繁忙状态的缓存行，一致性包和到内存控制器的包能够被提升优先级，从而提高性能。

下一步需要解决两个关键问题，第一是包需要延迟多长时间，第二是包被重排序的位置，例如离它的目标地址多远。在理想情况下，一个包到达繁忙芯片必须等待前一个包被服务完，然后这个包应该马上到达该片。因此延迟包的网络和排队时间应该和前一个包服务时间相互重叠，从而避免性能的下降。对于检测到STT-RAM芯片忙持续时间的能力是一个关键。如果在目的地较远的路由器中提升请求优先级和重排序，估计网络拥塞延迟和目的缓存芯片的运行时间就是十分困难的。相反，如果让接近目的地的路由器重排序，那么这个路由并没有太多的请求需要路由，仅仅被迫发送请求多繁忙的缓存芯片。在一个敏感性分析之后，我们选择在离目的缓存芯片两跳的位置进行请求延迟。这种设置有两个理由，首先两跳位置评估目的缓存芯片的运行时间是相对容易的；其次，这可以提升一致性，增加内存控制器目标流量，并能够增加离目的两跳以外包的优先级。

决定我们重排序和优化策略的两个因素是：①怎样在时间周期内分离两个连续访问一个缓存行的请求；②不同缓存行可缓存的请求数量暗示了重排序计划的潜力。

4.2 缓存存取请求的分布

对于不同应用，我们分析了连续访问STT-RAM行的分布和缓存在缓存层同一路由器上的请求包的平均数量。在本次分析中，行的一层有64个核，另一层有64个STT-RAM。图74.5显示了分析的结果，纵轴代表在一个写请求访问某个行之后，这个行上所有访问的百分比，横轴代表响应延迟。图表以33个周期间隔绘制，每个图的中上部数字代表离目标STT-RAM芯片两跳的缓存中路由器所包含的平均请求数量。最左边的一栏显示在写请求之后，0 < latency < 16的访问百分比，最右边一栏表示超过165周期的全部访问百分比。

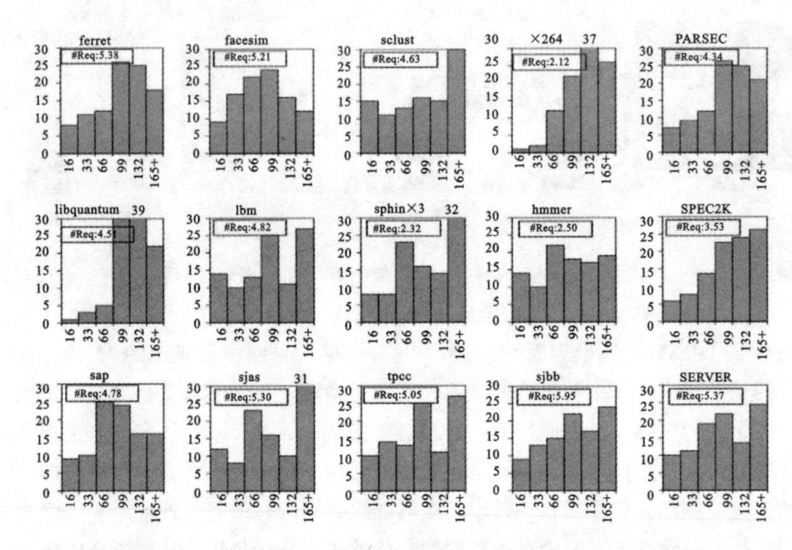

图74.5 在不同应用程序下，跟随写存取之后对于STT-RAM芯片的后续存取分布

对ferret来说，在一个写请求之后，8%的访问发生在16周期内，10%的访问发生在33周期内。考虑到在STT-RAM上，写服务的时间持续33周期，所有这些后续请求在得到服务之前都不可避免地要在路由器网络接口或者行控制器上排队。在一个写请求到缓存行之后，请求至少要间隔33个周期才能够被直接提供服务。图一样展示出了有些应用是突发性的。然而，通过对所有应用的分析发现，平均17%的请求（对于写密集和突发性应用上升到27%）总是被排序到一个写操作之后。我们发现，在一个路由器上，写请求包之后通常有3个请求。正是这些可以被延迟的请求包隐藏了STT-RAMS上写操作的长延迟。

4.3　优先级设置

为了将请求优先放置到空闲行上，同时延迟请求到忙碌的行，一个路由器应该能够知道在其附近哪些行是空闲的，哪些行是忙碌的。实现这个的一种方式是有一个全局网络，给每一个路由器周期性地传递这些信息。这种方法可行，但是对于资源和能源来说都是相当昂贵的。一个替代方法是通过特定路由器路由所有数据包，定位到一个特殊的缓存行上。在一个典型的3D网络中，在核层次的每一个路由器都与缓存层的一个路由器相连接。当使用一个确定的路由算法的时候（比如*z-x-y*或者*x-y-z*）进行路由时，由于路径的多样性，每一个缓存可能接受来自多个核不同路由器的请求。例如，图74.6阐述了内核层在缓存层的顶层，core0连接router0，core1连接router1，依次类推。如果core0想要发送一个请求给缓存的64号节点，请求包必须被垂直往下路由。如果core63想要发送一个请求给缓存的0号节点，使用*z-x-y*路由算法，请求包被垂直路由到路由器127，随后通过*x*方向，从路由器127路由到120，然后*y*方向路由到路由器0。

我们介绍一种新方法来在网络中提供这样一个序列化的点：①划分缓存层为各个逻辑区域；②在3D-NOC中，限制路径多样性。

为了减少路径多样性，分区缓存层：分区缓存层的64个缓存行变成4个逻辑区域来阐述本方法。图74.6显示了逻辑分区和4个TSB，其连接core层的一个路由器到缓存层的一个路由器。使用*x-y*的路由算法连同这些TSB，序列化数据包到每个区域的路由器上。因此，一个数据包从核层路由到缓存层首先使用*x-y*的路由算法到核层一个特殊的路由器，接着TSB在垂直方向上遍历到缓存区域的一个路由器上。最终，在缓存层的数据包再通过*x-y*的路由算法到目的缓存行。例如，在图74.7中，路由器91管理到缓存层75、82和89的行，路由器90管理到缓存层74、81、88的行。这样在缓存层的所有包都可以用*x-y*的路由算法，使用4TSB和将缓存层分为逻辑区域的方法帮助每一个父路由器去估计离它两跳的路由器的忙碌时间。在每个区域最角落的三个节点依赖于网络的中心（例如区域0的节点83、90和91），被TSB区域节点管理。

图74.6展示了3D Noc的设计。在这个设计中，所有的交流都来源于核层到缓存层，通过4个高密度TSB（256b），而缓存层到核层地交流能够使用64个128b的TSB。图74.7展示了core7，46和48分别与缓存行89，82，75交流产生的路径。对于所有这些请求，因为目的缓存的节点在区域0，它们最先使用*x-y*的算法路由到同一层

的节点 27，跟着由纵向 TSB 转化，最终被缓存在次级路由器 91。路由器 91 现在能看到所有的请求，它能估计这些缓存行中哪些是忙碌的、哪些是空闲的，而且能够选择性地优化这些请求。下一部分将描述每一个父路由器怎样估计它的子节点的忙碌持续时间，使得它能在子节点忙碌的时候延迟请求包子节点。

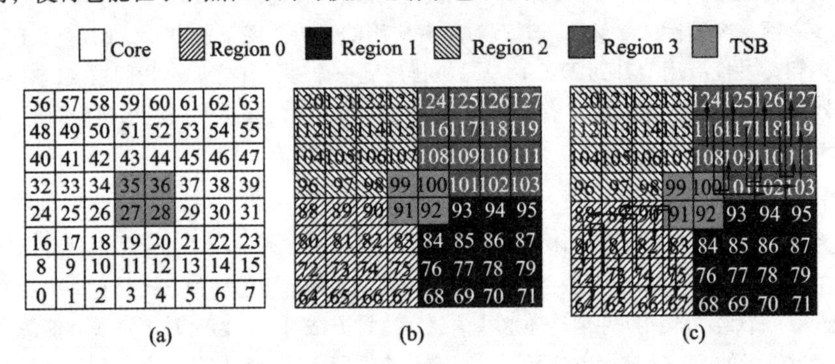

图 74.6　3D 片上多处理器的两层。(a) 核层；(b) 缓存层；(c) 缓存层显示父节点的子节点

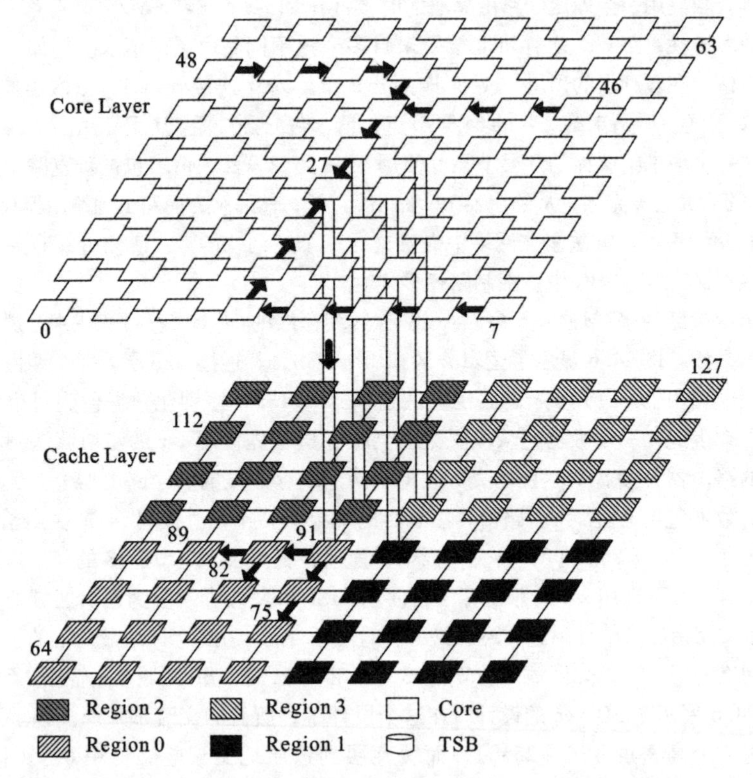

图 74.7　核在顶层，STT-RAM 芯片在底层的 3D 结构。粗线显示请求从核到缓存芯片的路由令牌

4.4　繁忙时间估计

当交流是从核层到缓存层时，通过只允许4 TSB被使用和在缓存区域只使用*x-y*路由算法来限制路径多样性，这可以帮助每一个父节点估计它的子节点的忙碌持续时间。这是因为，每一个子节点只能接受来自父节点的请求。同时，一个父节点应该延迟一个请求到它的子节点，当它的子节点正在服务别的请求的时候。一个包的延迟包括父路由器到它两跳距离的目的地的延迟、连接遍历的延迟和由于拥塞造成的延迟。因为距目的地两跳距离，所以有一个中间路由器的2cycle的延迟和2cycle的连接遍历的延迟。唯一未知的组件是中间和目的节点之间的拥塞延迟。每个父节点应该延迟一个请求由4cycle + 估计的拥塞cycle + 在STT-RAM上的写服务时间(= 33cycle)组成。延迟被用计数器记录，同时busy-bits用于维护每一个子节点，去判断一个缓存行是否忙碌。我们使用三种启发方式对拥塞进行估计。

(1) 简单方案 (SS)：父节点延迟将一个请求包发到忙碌的缓存行上，忽略拥塞，延迟时间是33cycle。很清晰地看出，在这种计划中，因为拥塞是不被模拟的，当在目的地bank上的拥塞量是巨大时，一个包是不足够延迟的，数据包到达它的目的地只能被排队。

(2) 区域拥塞感知 (RCA) 方案：这个方案是基于Grot等的方案。在RCA方案中，用来自邻节点的信息去估计拥塞。每一个网络接口都有一个聚合模块，聚合模块的输入来自于下游路由器和本地路由器的拥塞估计。为了估计本地拥塞，我们权衡本地和相邻拥塞信息。RCA方案要求使用额外的wire去传播拥塞估算，在每个节点之间，我们使用8b的额外wire。虽然有额外的wire花费，但RCA提供了最好的估算。

(3) 基于窗口 (WB) 方案：对于经过的从子节点到父节点的拥塞信息，本方案不需要任何回线开销。在这个方案中，对于每N个包，父节点用一个B-bit的时间戳标记，同时打开一个B-bit的计数器。子节点在接收到标记的包时，发送一个带有接收到包的时间戳的ACK给父节点。B-bit的计数器每个cycle更新，直到ACK包被父节点从子节点那里接收。在接收到ACK包之后，父节点估计拥塞时间为现在时间和被接收到的时间差值的一半。在我们的计划中，选择$N = 100$，$B = 8$。拥塞可能随着项目的不同而不同，分析显示，每100个包更新拥塞信息更可靠地提供了精确拥塞估计。在WB计划中的开销包含在每个路由器上B-bit的计数器和ACK信息的交流。

5. 总结

新兴的存储技术，如STT-RAM、PCRAM、RESISTIVE RAM等，正在被开发成为现有片上缓存或者主存的针对于未来的多核架构的潜力替代品。这是由于这些存储技术具有很多有吸引力的特征：高密度、低泄露和非易失。然而在新兴存储中，与写操作有关的延迟和能源开销已经成为主要障碍。之前的工作提出各种电路和架构层次的

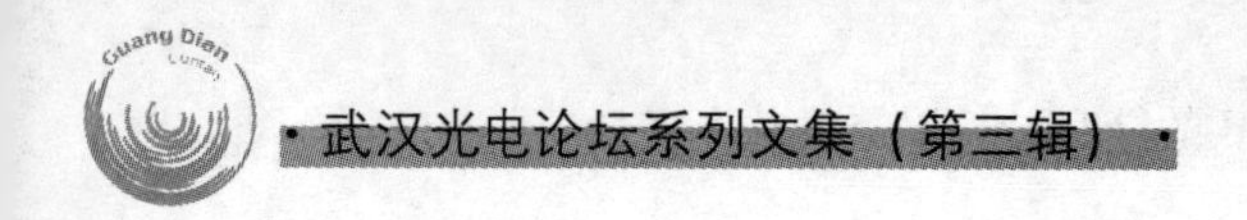

解决方案来缓解写开销。本文在3D多核的环境下研究STT-RAM的集成，同时在片上互连级别提出解决方案——在STT-RAM技术的cache架构上，绕开写开销问题。

参考文献

[1] Asit K. Mishra，Xiangyu Dong，Guangyu Sun，et al. Architecting On-Chip Interconnects for Stacked 3D STT-RAM Caches in CMPs[J]. *ACM Sigarch*（*Computer Architecture*）: *Computer Architecture News*，2011，39(3)：69-80.

朱福荣 香港浸会大学物理系教授。于1983年和1986年，在复旦大学物理系分别获得学士和硕士学位。1993年获得澳大利亚查尔斯达尔文大学（Charles Darwin University）物理系博士学位。于1993年至1995年，在日本京都大学电气与电子工程系从事博士后研究，1995年至1997年，于澳大利亚莫道克大学（Murdoch University）物理系任研究员，从事等离子体化学气相沉积硅薄膜器件的研究工作。1999年，加入新加坡材料研究院。从2005年起担任研究院有机电致发光二极管和有机太阳能电池研发部门主管。2009年被香港浸会大学物理系聘为教授，于同年9月辞别新加坡材料研究院加入香港浸会大学物理系。目前主要研究方向包括：①有机光电器件物理、表面和界面物理；②有机电致发光二极管的显示及白光照明；③高效有机太阳能电池；④有机薄膜晶体管和传感器的应用。

第75期

Semitransparent Organic Solar Cells

Keywords: organic solar cells, semitransparent, optical admittance, transmittance, interface

第 75 期

半透明有机太阳能电池

朱福荣

1. 前言

由于对环境没有损害，直接将太阳能转换成为电能的太阳能电池在利用可再生能源和电力生产方面具有很大的竞争优势。然而，发电所需要的成本是目前光伏技术所面临的挑战之一。晶体硅太阳能电池每年转换电能约 3 GW，全球收入可达几十亿美元，但这仅仅是世界上电能生产很小的一部分（小于1%）。虽然晶体硅太阳能电池在目前市场上占有绝对优势，但是，基于其他光伏材料的太阳能电池（如砷化镓和碲化镉）也正在出现，有望在提高器件效率的同时降低制备成本。

由于具有低成本、柔性、易大面积制备等优点，而且在房屋建设中可以制备成半透明和不同颜色的器件，有机太阳能技术引起了人们的广泛兴趣，成为利用太阳能的可靠选择。科学工作者们利用聚合物和有机半导体材料制备出一系列光电器件：有机发光二极管、有机薄膜晶体管、有机存储器件、有机光探测器件和有机太阳能电池。除了具有质轻、低成本、柔性等优点外，这些有机和聚合物半导体材料还拥有宽吸收谱，覆盖整个可见部分和紫外、近红外区域。

利用光电材料高吸收系数的特性（约 10^5 cm^{-1}）可制备出高效吸收入射光和快速反应的有机薄膜。有机太阳能电池还处于发展阶段，特别是器件结构的设计和性能的优化，开发高效和稳定的太阳能电池是该领域下一阶段的重要研究方向。

2. 有机太阳能电池的基本光伏过程

传统的有机太阳能电池是在前端透明电极和反射对电极之间夹着电子给体和受体或者其共混层，这些给体（P 型）和受体（N 型）可以是小分子、共轭聚合物或这两种的组合，由升华和溶液法制备。有机光伏材料，如 P 型酞化青染料和 N 型二萘嵌苯以及其衍生物，是广泛应用于有机太阳能电池领域的小分子材料。

P 型和 N 型有机半导体材料共混后就会形成给体-受体的纳米形貌。通过调节材料的能级，可以促进有机薄膜中给体-受体界面处的电荷转移。在光照下，有机光伏材

料，如有机太阳能电池中的电子给体（共轭聚合物和小分子），拥有来源于碳 p 轨道杂化的非定域化的 π 电子，这些 π 电子可以被太阳光谱中可见和近可见部分的光从最高分子占有轨道（HOMO）激发到最低未占分子轨道（LUMO），从而在分子的 HOMO 上出现空穴，形成电子-空穴对（激子），而 LUMO 和 HOMO 轨道的能级间隙决定有机太阳能电池薄膜的光吸收。

有机太阳能电池的光伏性能从本质上受到以下几个物理参数的影响：①光伏材料的吸收效率；②激子扩散长度；③给体-受体界面处激子分离的比例；④阳极/有机和有机/阴极界面处电荷收集效率。研究发现，有机材料中的激子可以在给体-受体界面有效分离。由于给体和受体能级的对齐，被束缚激子的分离从能量角度来说是可以发生的。这些分离的时域是几百飞秒，远小于其他任何竞争过程，所以激子分离（或者从给体到受体的电荷转移）效率可以达到 100% 。因此，器件效率主要由以下两个因素决定：激子到达给体-受体界面的扩散过程和自由电荷到达相应电极上的传输过程。激子扩散效率可以通过增加给体-受体紧密接触来提高，方法包括共混、层积和共蒸等。因此，通过控制形貌结构来形成增强激子扩散、电荷传输和阳极/有机、有机/阴极界面处电荷收集效率的通道是提高有机太阳能电池光伏性能的关键。

有机材料中最初的光激发不能直接产生自由载流子，而是形成被库伦作用束缚的电子-空穴对（即激子）其束缚能在 200 ~ 500 meV，大约是传统无机半导体（如晶体硅）的 10 倍，其在常温下光激发后可以直接产生自由载流子，而在纯共轭聚合物中大约只有 10% 的光生激子分离形成自由载流子。因此，为了促进激子的分离，有机半导体材料需要外加电场在给体-受体界面形成局域电场，而给体-受体界面处陡峭的势能差可以形成强的局域电场。有机材料中激子的扩散长度是很重要的物理参数，因为它不仅会限制给体-受体异质结的厚度，也会影响器件的光电转换效率。在有机太阳能电池中的体异质结内，给体-受体相分离尺寸应与激子的扩散长度相当。否则，激子将会在到达给体-受体界面前通过辐射或者无辐射跃迁湮灭。有机光伏材料中的激子扩散长度一般在 10 ~ 20 nm。

众所周知，富勒烯以及其衍生物是极强的电子受体，所以激子可以在给体/富勒烯界面有效分离形成自由载流子。超快光物理研究发现，在此类共混层内光诱导电荷转移发生在 45 fs 时域内，远快于其他弛豫过程，例如光致发光（约 1 ns），但是从富勒烯到聚合物的电子回传是极慢的。因此，聚合物/富勒烯界面处激子分离过程的量子效率接近 100% 。然而，体异质结内分离的电荷在低温下是亚稳态的，需要在它们复合之前转移远离给体-受体界面。

有机太阳能电池中的光生载流子需要在湮灭之前有效地传输到相应的电极上，而它们必须借助于外界驱动力传输。给体 HOMO 能级和受体 LUMO 能级之间的差值会导致在分子界面处出现化学电势梯度，形成内部电场，有助于自由电荷的迁移，同时也会影响有机太阳能电池的开路电压。基于金属/绝缘体/金属理论，收集电子的低功函阴极和收集空穴的高功函阳极的非对称接触会在短路条件下形成外部电场，增强电荷传输。为了优化有机太阳能电池的光伏性能和寿命，我们需要理解并掌握不同工作条件下电荷传输特性和损耗机制。我们还不能清楚地理解电荷传输/复合和器件性能参数（寿命、效率）之间的内在联系，也没有系统的相关报道。更好地理解相关材料的电荷陷阱特性是提高有机太阳能电池光伏性能的关键。

除了新材料的设计，详细理解有机太阳能电池中电荷或能量转移过程和光生激子的物理机制是提高器件光伏性能的另一重要研究方向。利用泵浦-探测技术的稳态光诱导吸收（PA）可以用来研究高分子薄膜中的激发态，与纯薄膜和溶液中单重态/三重态激子、极化子对和双极化子对相关的光诱导吸收和受激发射已经被广泛研究过。科学工作者利用有机太阳能电池的激子动力学能够更好地理解弛豫过程和电荷分离的动力学：它们先在给体-受体界面处形成弱束缚的电荷转移态（CT），然后分离成自由载流子。利用随时间改变的瞬态光诱导吸收技术可以研究弛豫动力学过程，理解有机太阳能电池中光生载流子复合动力学。实验发现，聚合物/富勒烯界面处电荷分离和复合动力学过程在弛豫时域内（从飞秒到纳秒和微妙）是非常复杂的。光诱导吸收表明，很大部分电荷转移态（CT）在完全分离成自由载流子前会在给体-受体界面处发生复合。热退火和新合成途径等方法可以改变体异质结的形貌，进而影响弛豫动力学过程和自由载流子的产生。例如，在热退火器件中，瞬态光诱导吸收的信号衰减更慢，同时自由载流子的光诱导吸收信号更大。通过退火，电荷分离的增加有助于提高器件的光伏性能。因此，稳态和瞬态光诱导吸收是研究光生激子分离、弛豫和复合动力学过程的重要实验手段。

3. 光学导纳分析

传统的有机太阳能电池由前端透明阳极、光伏活性层和反射阴极组成，活性层为不同光电特性材料的多层薄膜系统，其功能是吸收光子并将它们转换成电子和空穴，如 glass/ITO/活性层/cathode。假设有机太阳能电池有 m 层，有效的光导纳被定义为 $y_{\mathrm{eff}}=C/B$，通过解如下特征矩阵方程可以得出 B 和 C：

$$\begin{pmatrix} B \\ C \end{pmatrix} = \left[\prod_{j=1}^{m} \begin{pmatrix} \cos\delta_j & (i\sin\delta_j)/y_j \\ iy_j\sin\delta_j & \cos\delta_j \end{pmatrix} \right] \begin{pmatrix} I \\ y_{m+1} \end{pmatrix} \tag{1}$$

式中，y_j 和 y_{m+1} 分别为第 j 层和玻璃基板的光学导纳，$\boldsymbol{I}$ 是单位矩阵，δ_j 是角相位，

$$\delta_j = \frac{2\pi N_j d_j \cos\theta}{\lambda} \tag{2}$$

其中，d_j 为 m 层结构中第 j 层的实际厚度，N_j 是相应的复折射率：$N_j=n_j(\lambda)-ik_j(\lambda)$，$n_j(\lambda)$ 和 $k_j(\lambda)$ 分别是 N_j 的实部和虚部。式(1)中考虑了多层结构中的反射效应，从 m 层薄膜系统中计算得 y_{eff} 值，总反射率 $R(\lambda)$ 可以表示为波长的函数，

$$R(\lambda) = \left| \frac{N_0 - y_{\mathrm{eff}}}{N_0 + y_{\mathrm{eff}}} \right|^2 \tag{3}$$

N_0为空气折射率，所以反射率只依赖于入射光的波长；假设垂直入射，全部的透射率$T(\lambda)$可以写成波长的函数，

$$T(\lambda) = [1 - R(\lambda)] \prod_{j=1}^{m} \psi_j \tag{4}$$

ψ_j为第j层和$j-1$层边界处 Poynting 矢量的平均数值的比值，

$$\psi_j = \frac{\mathrm{Re}(Y_{j+1})}{\mathrm{Re}(Y_j) \left| \cos\delta_j + \frac{Y_{j+1}\sin\delta_j}{N_j} \right|^2} \tag{5}$$

其中，$\mathrm{Re}(Y_{j+1})$和$\mathrm{Re}(Y_j)$分别为第$j+1$层和j层有效导纳的实部，该m层系统全部吸收率$A(\lambda)$可以写成波长的函数，

$$A(\lambda) = 1 - T(\lambda) - R(\lambda) \tag{6}$$

相似地，该m层有机太阳能电池中的第i层净吸光度A_i（λ）为

$$A_i(\lambda) = [1 - R(\lambda)][1 - \psi_i(\lambda)] \prod_{j=1}^{i-1} \psi_j(\lambda) \tag{7}$$

利用 AM1.5G 光谱下的太阳辐射通量$F(\lambda)$($\mathrm{Wm^{-2}\cdot\mu m^{-1}}$)，有机太阳能电池中单层的完全吸光率$\bar{A}_i$和$m$层系统的整体吸光率$\bar{A}$分别为

$$\bar{A}_i = \frac{\int A_i(\lambda)F(\lambda)\mathrm{d}\lambda}{\int F(\lambda)\mathrm{d}\lambda} \tag{8}$$

$$\bar{A} = \frac{\int A(\lambda)F(\lambda)\mathrm{d}\lambda}{\int F(\lambda)\mathrm{d}\lambda} \tag{9}$$

相似地，AM1.5G 光谱下有机太阳能电池整体的反射率$\bar{R}$和透射率$\bar{T}$分别为

$$\bar{R} = \frac{\int R(\lambda)F(\lambda)\mathrm{d}\lambda}{\int F(\lambda)\mathrm{d}\lambda} \tag{10}$$

$$\bar{T} = \frac{\int T(\lambda)F(\lambda)\mathrm{d}\lambda}{\int F(\lambda)\mathrm{d}\lambda} \tag{11}$$

因此，我们可以计算出有机太阳能电池整个器件和单层的吸光率、透射率和反射率，进而分析和优化器件的光学特性。光学导纳分析可以用来研究半透明有机太阳能电池中的光场分布和光吸收，同时实现器件性能和可见光透射的最优化。

4. 半透明有机太阳能电池的光学增强

现在，我们来讨论同时实现半透明有机太阳能电池器件性能和可见光透射的最优化，如 glass/ITO/PEDOT:PSS/polymer blend/interlayer/upper ITO cathode。为了克服横向

限制电流和促进电荷收集，半透明有机太阳能电池中的顶层阴极要求更高，优化其厚度能够增强可见光的透射。半透明有机太阳能电池的整体光吸收率 $\bar{A}$ 和透射率 $\bar{T}$ 可以在器件制备前进行分析和优化：实现活性层（如 P3HT:PCBM）光吸收和顶层电极处的光透射的最优化，这需要利用材料的分散折射率和消光系数。研究发现，半透明有机太阳能电池中由 Ca(10 nm)/Ag(10 nm)/ITO 组成的顶层阴极要优于薄的透明金属电极。由于金属高折射率，半透明有机太阳能电池的双层金属电极（如 Ca/Ag）会导致在金属/空气界面处存在很大的内部反射，而顶层 ITO 阴极增加半透明有机太阳能电池中的整体光透射。另外，顶层 ITO 作为惰性层可以保护半透明有机太阳能电池中的活性层免受周围环境的侵害（如水氧）。

计算可以得出半透明有机太阳能电池中（如 glass/ITO/P3HT:PCBM(25 ~ 300 nm)/Ca(10 nm)/Ag(10 nm)/ITO)，整体光吸收率和透射率随 P3HT:PCBM 薄膜厚度改变而变化,如图 75.1 所示，其中，金属银薄膜有助于提高横向电极导电和在 ITO 沉积过程中保护钙电极和聚合物共混层。从图中可以看出，当 P3HT:PCBM 薄膜厚度从25 nm 增加到 300 nm 时，半透明有机太阳能电池的透射率从 50% 降到了 25%。半透明有机太阳能电池 P3HT:PCBM 薄膜的最优厚度是75 nm，此时器件在光吸收相对较大同时还能保证一定的可见光透射率：34% 的吸收率和 42% 的可见光透射率。

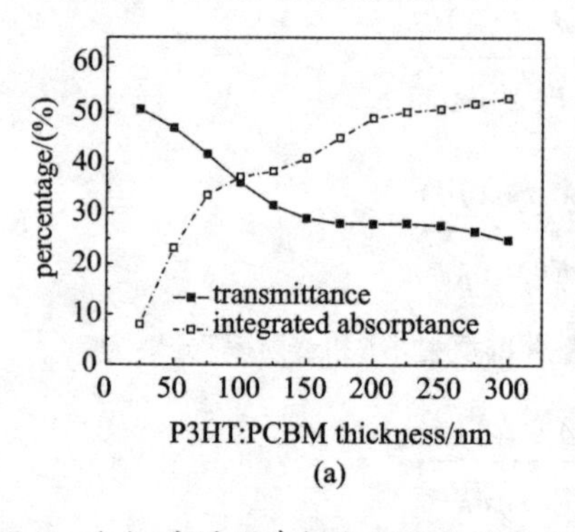

图 75.1 （a）半透明有机太阳能电池光伏活性层整体的透射率和吸收率随薄膜厚度的改变而变化，器件结构：glass/ITO/PEDOT:PSS/P3HT:PCBM/Ca/Ag/ITO；（b）半透明有机太阳能电池的实物图

在实际应用中，半透明有机太阳能电池中的透明阴极是最优化的界面层/ITO，而不是很薄的透明金属电极，因为后者会导致在金属/空气界面很大的内部反射，降低可见光的透射率，而顶层透明阴极引入 ITO 后，不仅能够匹配金属与空气之间的折射率差值，增加光的透射率，而且还可以保护有机太阳能电池的活性层。

半透明有机太阳能电池中顶层 ITO 电极的厚度会影响整体的透射率和 P3HT:PCBM 薄膜的吸收率,如图 75.2 所示。基于 glass/ITO/PEDOT:PSS(40 nm) /P3HT:PCBM (75 nm)/Ca(10 nm)/Ag(10 nm)/ITO 结构的半透明有机太阳能电池，顶层 ITO 厚度为 50 nm 时可得到最大的透射率，而 75 nm P3HT:PCBM 薄膜厚度的最大光吸收需要

80 nm 厚的顶层 ITO，所以同时具有恰当的光吸收和光透射所需要的顶层 ITO 厚度如图 75.2 阴影部分所示。因此，当顶层 ITO 厚度为 60 nm 时，光透射率和吸收率分别为 42% 和 34% 。

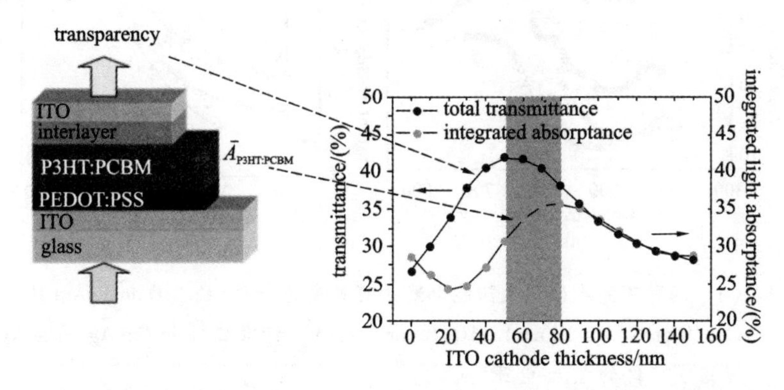

图 75.2　顶层透明电极 ITO 的厚度对 P3HT:PCBM 薄膜吸收率和器件可见光透射率的影响，器件结构：glass/ITO/PEDOT:PSS/P3HT:PCB)/Ca/Ag/ITO

如图 75.3(a)所示，Ca(10 nm)/Ag(10 nm)和 Ca(10 nm)/Ag(10 nm)/ITO(60 nm)两种不同阴极结构的半透明有机太阳能电池的光透射率 $T(\lambda)$ 随波长的改变而变化，后者具有更大的可见光透射率。在 Ca(10 nm)/Ag(10 nm)阴极结构的半透明有机太阳能电池金属/空气界面处存在大量的内部光反射，导致很低的光透射率。研究发现，在同一器件中，实验测量的光透射率与仿真得到的结果有一定的偏差，这是由于在仿真时完美的薄膜平整度假设，而实际测量中有机薄膜有一定的表面粗糙度。综述所述，ITO 阴极结构和厚度的优化对于高效半透明有机太阳能电池的设计与制备有着重要的指导意义，可以同时实现提高器件性能和可见光透射率的最优化。

基于顶层透明阴极和器件设计的理念，制备出不同结构和厚度顶层阴极的半透明有机太阳能电池，电流-电压特性如图 75.3(b)所示。

从图 75.3(b)中可以看出，标准有机太阳能电池具有更大的短路电流：8.22 mA/cm^2。Ca(10 nm)/Ag(10)阴极的半透明有机太阳能电池的填充因子最小，限制了其光电转换效率；在正向偏压区域内，薄金属阴极的半透明有机太阳能电池光电流密度增加幅度更小，这表明其有更大的串联电阻。Ca(10 nm)/Ag(10 nm)/ITO(60 nm)阴极的半透明有机太阳能电池的开路电压要大于纯金属阴极的：有机/钙/银有较差的界面接触，聚合物共混薄膜表明 20 nm 厚度的钙/银堆叠不连续。

半透明有机太阳能电池的发展还处于初级阶段，特别是器件结构和性能的优化与设计。通过新材料开发（增加近红外区域吸收的新有机光活性材料）和高效的透明阴极设计，半透明有机太阳能技术可以得到发展。与吸收可见和近红外光的传统太阳能电池不同，半透明有机太阳能电池只能吸收紫外和近红外光，而允许可见光透射。在

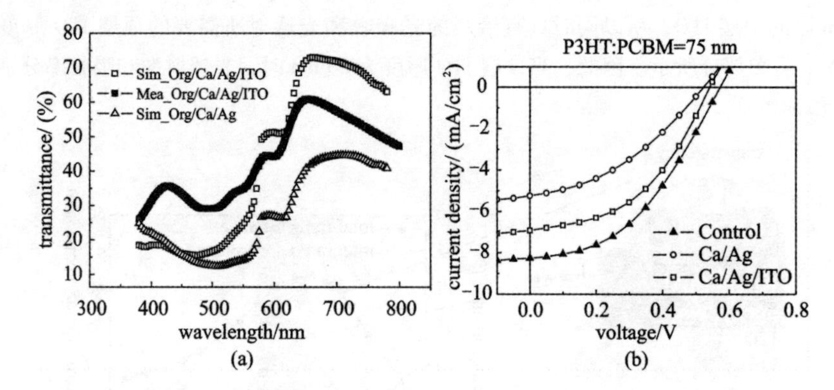

图 75.3 （a）两种不同半透明太阳能电池的可见光透射谱（Ca(10 nm)/Ag(10 nm)和Ca(10 nm)/Ag(10 nm)/ITO(60 nm)）；(b) 标准器件和 Ca/Ag、Ca/Ag/ITO 半透明器件的电流-电压特性

不久的将来，低成本的半透明有机太阳能电池可以应用于家庭、办公室和汽车的窗户上，开发透明面的新功能，增加玻璃的透射率，同时非透射光可以用来产生能量。

5. 总结

通过设计不同能级的光活性材料、优化材料参数和新的器件制备工艺，有机太阳能电池取得了实质性的进展，因其具备柔性、半透明、质轻、低成本等优点，成为发展清洁能源的可靠选择。而且，柔性和半透明特性有助于有机太阳能电池应用于弯曲和非规则的平面内，这是传统的晶体硅太阳能电池所不能实现的。有机太阳能电池技术的光伏应用可以降低温室效应，进而保护我们的生活环境。

（记录人：陈冰冰）

参考文献

[1] D. S. Ginley, M. A. Green, R. T. Collins. Solar energy conversion toward 1 terawatt [J]. *MRS Bulletin*, 2008, 33(4): 355-364.

[2] A. Slaoui, R. T. Collins. Advanced inorganic materials for photovoltaics [J]. *MRS Bulletin*, 2007, 32(3): 211-218.

[3] C. W. Tang, S. A. VanSlyke. Organic electroluminescent diodes [J]. *Applied Physical Letters*, 1987, 51(12): 913.

[4] J. H. Burroughs, D. D. C. Bradley, A. R. Brown, et al. Light-emitting diodes based on conjugated polymers [J]. *Nature*, 1990, 347: 539-541.

[5] Y. Q. Li, L. W. Tan, X. T. Hao, et al. Flexible top-emitting electroluminescent devices on polyethylene terephthalate substrates [J]. *Applied Physical Letters*, 2005, 86(15): 153508.

[6] Z. Bao, A. Dodabalapur, A. J. Lovinger. Soluble and processable regioregular poly (3-hexylthiophene) for thin film field-effect transistor applications with high mobility [J]. *Applied Physical Letters*, 1996, 69(26): 4108.

[7] S. Moller, C. Perlov, W. Jackson, et al. Apolymer/semiconductor write-once read-many-times memory [J]. *Nature*, 2003, 426: 166-169.

[8] P. Peumans, A. Yakimov, S. R. Forrest. Small molecular weight organic thin-film photodetectors and solar cells [J]. *Journal of Applied Physics*, 2003, 93(7): 3693.

[9] C. W. Tang. Two-layer organic photovoltaic cell [J]. *Applied Physical Letters*, 1986, 48(2): 183.

[10] A. Shah, P. Torres, R. Tscharner, et al. Photovoltaic technology: the case for thin-film solar cells [J]. *Science*, 1999, 285(5428): 692-698.

[11] G. Yu, J. Gao, F. Wudl, et al. Polymer photovoltaic cells: enhanced efficiencies via a network of internal donor-acceptor heterojunctions [J]. *Science*, 1995, 270 (5423): 1789-1791.

[12] J. J. M. Halls, C. A. Walsh, N. C. Greenham, et al. Efficient photodiodes from interpenetrating polymer networks [J]. *Nature*, 1995, 376: 498-500.

[13] T. Tsuzuki, Y. Shirota, D. Meissner. The effect of fullerene doping on photoelectric conversion using titanyl phthalocyanine and a perylene pigment [J]. *Solar Energy Mater. & Solar Cells*, 2000, 61(1): 1-8.

[14] F. Zhang, M. Svensson, O. Inganas. Soluble polythiophenes with pendant fullerene groups as double cable materials for photodiodes [J]. *Advanced Materials*, 2001, 13 (24): 1871-1874.

[15] T. Kietzke, D. Neher, U. Scherf. Novel approaches to polymer blends based on polymer nanoparticles [J]. *Nature Materials*, 2003, 2(6): 408-412.

[16] R. N. Marks, J. J. M. Halls, D. D. C. Bradley, et al. The photovoltaic response in poly (p-phenylene vinylene) thin-film devices [J]. *Journal of Physics: Condensed Mater*, 1994, 6(7): 1379.

[17] S. Barth, H. Bässler, H. Rost, et al. Intrinsic photoconduction in PPV-type conjugated polymers [J]. *Physical Review Letters*, 1997, 79(22): 4445.

[18] P. B. Miranda, D. Moses, A. J. Heeger. Ultrafast photogeneration of charged polarons in conjugated polymers [J]. *Physical Review B*, 2001, 64(2): 081201.

[19] C. J. Brabec, G. Zerza, G. Cerullo, et al. Tracing photoinduced electron transfer process in conjugated polymer/fullerene bulk heterojunctions in real time [J]. *Chemical Physics Letters*, 2001, 340(3-4): 232-236.

[20] W. R. Salaneck, R. H. Friend, J. L. Bredas. Electronic structure of conjugated polymers: consequences of electron lattice coupling [J]. *Physics Report*, 1999, 319: 231-251.

[21] Z. Vardeny, J. Tauc. Method for direct determination of the effective correlation energy of defects in semiconductors: optical modulation spectroscopy of dangling bonds [J]. *Physical Review Letters*, 1985, 54(16): 1844.

[22] Z. Vardeny, E. Ehrenfreund, O. Brafman, et al. Photogeneration of confined soliton pairs (bipolarons) in polythiophene [J]. *Physical Review Letters*, 1986, 56(6): 671.

[23] R. Österbacka, C. P. An, X. M. Jiang, et al. Two-dimensional electronic excitations in self-assembled conjugated polymer nanocrystals[J]. *Science*, 2000, 287(5454): 839-842.

[24] X. M. Jiang, R. Österbacka, O. Korovyanko, et al. Spectroscopic studies of photoexcitations in regioregular and regiorandom polythiophene films [J]. *Advanced Functional Materials*, 2002, 12(9): 587-597.

[25] S. De, T. Pascher, M. Maiti, et al. Geminate charge recombination in alternating polyfluorene copolymer/fullerene blends [J]. *Journal of American Chemistry Society*, 2007, 129(27): 8466-8472.

[26] T. Clarke, A. Ballantyne, F. Jamieson, et al. Transient absorption spectroscopy of charge photogeneration yields and lifetimes in a low bandgap polymer/fullerene film [J]. *Chemical Communications*, 2008, 1: 89-91.

[27] I. W. Hwang, D. Moses, A. J. Heeger. Photoinduced carrier generation in P3HT/PCBM bulk heterojunction materials [J]. *Journal of Physical Chemistry C*, 2008, 112(11): 4350-4354.

[28] I. W. Hwang, C. Soci, D. Moses, et al. Photoconductivity of a low - bandgap conjugated polymer [J]. *Advanced Functional Materials*, 2007, 17(4): 632-636.

[29] T. M. Clarke, A. M. Ballantyne, J. Nelson. Free energy control of charge photogeneration in polythiophene/fullerene solar cells: the influence of thermal annealing on P3HT/PCBM blends [J]. *Advanced Functional Materials*, 2008, 18(24): 4029-4035.

[30] N. S. Sariciftci, L. Smilowitz, A. J. Heeger, et al. Photoinduced electron transfer from a conducting polymer to buckminsterfullerene [J]. *Science*, 1992, 258(5087): 1474-1476.

[31] J. Peet, J. Y. Kim, N. E. Coates, et al. Efficiency enhancement in low-bandgap polymer solar cells by processing with alkane dithiols [J]. *Nature Materials*, 2007, 6: 497-500.

[32] X. Z. Wang, H. L. Tam, K. S. Yong, et al. High performance optoelectronic device based on semitransparent organic photovoltaic cell integrated with organic light-emitting diode [J]. *Organic Electronics*, 2011, 12(8): 1429-1433.

Jules Jaffe 教授，加州大学圣迭戈分校 Scripps 海洋研究所海洋物理实验室的海洋学家。其研究方向广泛覆盖了利用新技术观测海洋现象和研发各种装置通过逆向技术对这些现象进行解释的各个方面。其研究主要集中在海洋生物学领域，也包括部分生物医学方面的应用。在海洋生物学领域，Jaffe 发明的几种声学探测系统首次实现了对浮游生物的现场行为观察。此外通过自助航行器上搭载的荧光成像探测器绘制出的小尺度浮游植物分布特性，史无前例地揭示了海洋生物群落的特性。其实验室目前的研究项目是关注利用衍射全息成像术通过光学方法分析微生物特性，同时利用声学方法分析浮游动物的外形和尺寸。另一项研究集中在研制一种全新的、装备了各种传感器、具备利用声学方法组网互联的小型自助航行器，该航行器能够用于深入了解沿海环流和幼虫输运问题。这些研究工作得到了美国国家科学基金会、美国海军研究局、加利福尼亚海洋基金、美国陆军乳腺癌研究基金会、西维尔学院和凯克基金会的资助。

第76期

In Situ Underwater Microscopy：A Transformative Technology for Observing Small Organisms in the Sea

Keywords：tomography，acoustic-opitic detection，3D microscope，autonomouss platform

第76期

现场测量水下显微镜：一种海洋微生物观测的革新性技术

Jules Jaffe

1. 现有海洋观测技术的发展及局限

多年以来，人类掌握了很多现代技术和手段探索认识海洋。一方面，飞机、船舶、卫星、浮标和潜艇等适用于不同应用的载具平台不断的被开发出来；另一方面，叶绿素荧光分析、光谱分析和体散射分析等多种先进方法陆续被提出。人们现在已经初步具备了大尺度、长时间、多角度、多层次的对海洋的宏观观测能力。近年来，随着人类海洋活动的频繁，人与海洋之间的相互影响日益加深，海洋环境和海洋生物、微生物活动情况成为世界关注的重点，各种针对海洋微环境的技术日益涌现。但是，受制于海洋环境的多样性和特殊性，传统的实验室型探测手段越来越难以满足全面而精确的测量要求。

在载具方面，卫星遥感和机载探测技术适用于大范围海洋监控，难以反映微生物个体特性。载人船舶测量工作量繁重、测量点少、测量时间短，一般用于定点采样，难以满足长时间多点感测的要求。无人探测器诸如浮标或锚型、沉底型探测器虽可实现长时间自动化探测，但位置无法自主移动，受洋流影响较大，且无法连续监测不同深度的目标信息。更为重要的是，这些传统的海洋探测方法一方面无法复制海洋生物原有的生存环境，另一方面，也会干扰海洋生物的行为模式。这为新型海洋探测载具研究带来了机遇与挑战。

在探测方法方面，体样品型叶绿素荧光法和体散射函数分析法是两种常用的高精度分析方法。但是，海洋微生物环境非常复杂，成千上万中不同大小不同种类的微生物和非生命颗粒混合悬浮，这些检测体积样品的方法存在很大局限性。传统荧光光学探测方法主要使用蓝绿激光作为激发光（典型值532 nm）以获得较长波长的荧光发射（典型值680～685 nm），这种方法光转换效率较低（约2%），并且具有一些固有缺陷。同时，这种方法难以准确推断微粒种类，因为较多的小颗粒的荧光发射与较少的大颗粒的荧光发射强度类似。体散射函数分析法虽然在实验室环境中可以甄别各种粒

子的大小形状，但由于海洋散射环境是各向异性而非各向同性的，因此通过单一方向上对散射光强度进行匹配或者分析很容易误判粒子真实大小。

为了解决这些问题，Jules Jaffe 教授一方面带领团队创造性地开发出了一种小型水下自主式航行器，装备各种水下传感器，可在不同区域、不同深度对水体参数及浮游生物参数进行测量。该探测器可以大规模部署，并利用声学方法水下自动组成探测网络，从而实现对大片海域不同深度下的实时、精确、动态测量。

另一方面，Jules Jaffe 教授开发出了多种革新性技术，包括层析式叶绿素荧光分析、体散射函数分析、声-光联合探测、水下微生物 3D 动态成像等，极大地改善了该领域原先探测手段的缺点，将水下微生物成像技术引入 3D 时代。

2. 革新性海洋探测技术

2.1　水下层析式叶绿素荧光成像技术

取样式叶绿素荧光测量应用于实验室浮游植物探测已有多年。取样过程不仅烦琐耗时，而且无法反映水下微生物的实际分布情况。

Jules Jaffe 教授团队开发了一种利用面光源的连续成像设备，成功对不同深度的水体进行了连续层析荧光成像。该装置将面激光光源固定在坚固结构的 XOY 平面上，激光出射面与 XOY 平面平行。高性能 CCD 相机固定在 XOY 平面正上方，光轴方向平行于 Z 轴。整个结构固定在大型可调式下沉设备的底部。通过控制下沉速度、方向和连续快门间隔，整个系统得到了水体不同深度下的高分辨率叶绿素荧光图像（分辨率 100 μm）。该系统激发光光源波长 532 nm，荧光发光光谱约 680 nm，成像深度范围 10 ~ 60 m，图像深度间隔 1 ~ 8 cm，采样频率 2 Hz。结果表明，海洋微生物在梯度方向上存在着巨大区别，大小、密度、形态均有显著不同。通过分析不同深度的层析成像结果，Jules Jaffe 教授得到了叶绿素荧光总光强的梯度分布。该梯度分布只有一个位于 25 ~ 30 m 处的单峰。通过统计不同深度下微生物总量的分布曲线，Jules Jaffe 教授观察到 26 ~ 27 m 处和 43 ~ 44 m 处两个峰值。第二个峰值在荧光总强度分布上并未体现。通过对比海水密度梯度曲线，可以发现该峰值出现在 43 ~ 44 m 处的海水密度跃层附近，显得颇为神秘。

2.2　声光同步式海洋微生物测量技术

在广袤的大海中，微生物在探测器前的出现的时间和位置是随机的，这给精确测量带来了难题。传统的海洋微生物测量方式一般有两种，一种是用网兜长时间捕捞，将海洋生物捞起至海面，进行光学研究，这种方法往往难以得到健康的活体，尤其是生活在大深度海洋之中的生物；第二种方法是利用声学方法，通过对大范围的水体进行监控，得到可能出现的微生物的声音回波信号，对微生物的大小、形态、运动轨迹等进行反演。由于微生物体积较小（几百微米到若干毫米），而声学探测系统探测范围较大，因此此类大范围声学探测器的精度相对较低，只能得到大致的体积大小和距离，难以判别轮廓、形态和结构。

Jules Jaffe 教授团队创造性地结合了光学探测和生物学探测的优点，开发出了 Zoops-O 系列声光同步式微生物测量技术。该装置最新型号 Zoops-O2，由两对光发射-接收单元和一个声学传感器组成。两对光发射-接收单元都放置于 *XOY* 平面内，彼此光路相交于平面中心，相交区域大小约 1 cm。声学传感器安放于 *XOY* 平面外，指向两对光学探测单元相交区域。当有浮游生物经过此探测区域时，声学探测器即传回目标回波信号，此时两对光学成像装置分别从两个正交的方向拍摄目标，得到目标立体影像。将从立体影像判别出的目标大小、种类，与声学传感器得到的回波信号相映衬，还可以得到该种微生物的声学轮廓、形态和内部结构参数。从而顺利实现实时、精确、自动的海洋微生物测量。

2.3　现场 3D 海洋微生物显微成像技术及小型集成自主式探测器

海洋中的小型微生物（1～100 μm）种类繁复多样，认知其食物链关系对研究海洋微生物活动方式有重要意义。现有微生物显微技术仅仅能够分辨微生物的形态、种类，在取样过程中，微生物脱离了原有的生存环境，因此难以认识微生物的行为方式。

Jules Jaffe 教授团队成功研发出了世界上第一款水下现场式 3D 海洋微生物显微镜，成功记录下了海洋微生物的行为方式。该系统由 2 台长工作距离、高清晰度、高帧速的相机完成同步拍摄。样品通过一根平行于 *Z* 轴的圆管流过系统，两台摄像机在 *XOY* 平面上，成一定角度对 *XOY* 平面原点处进行拍摄，光路相交区域仅仅 1 mm 左右，再将拍摄结果进行 3D 拟合，在 3D 电视或者荧幕上展现出实时、生动的海洋微生物活动情况。

在实验室环境下人工捕捉的海洋微生物，由于失去了其原始生存环境（温度、压力、盐度和含氧量等），行为方式和生存状态已经发生了很大改变。为了还原最真实的海洋生物行为状态，Jules Jaffe 教授团队将 3D 显微成像技术、叶绿素荧光探测技术与小型化自主航行式平台集成在一起，成功研发出了世界上第一款水下现场式自航测量仪。该仪器可实现水下任意位置，任意深度的光学成像探测和叶绿素荧光探测，并可通过声学系统完成大量探测器的水下自组网，对大面积、多深度范围内的海洋进行不间断高精度测量。探测器为圆柱形，直径约 10 cm，高度约 30 cm，可由水面或机载平台大规模布设。

3. 结论

（1）进一步发展了水下叶绿素荧光成像技术，完成了大深度范围内的微粒荧光探测，绘制了微粒荧光、密度梯度分布图并发现了特定深度下的一个神秘峰值。

（2）研制了第一种声光同步式海洋微生物探测器，对海洋大型的微生物进行了声、光信号的联合分析。

（3）研制了世界上第一种水下现场式3D海洋微生物显微镜和第一款水下现场式自航测量仪。实现了大面积、多深度范围内的海洋进行不间断的高精度测量。

（记录人：夏珉）

沈波 男，1963年7月生，江苏扬州人，北京大学物理学院教授、博士生导师、长江学者、国家杰出青年基金获得者、国家973计划项目首席科学家、国家863计划“半导体照明”重点专项总体专家组成员。1985年毕业于南京大学物理系，获学士学位；1988年毕业于中国科技大学物理系，获硕士学位；1995年毕业于日本东北大学材料科学研究所（IMR），获博士学位。曾任日本东京大学产业技术研究所（IIS）客座研究员，东京大学先端科技研究中心（RCAST）、千叶大学电子学与光子学研究中心客座教授，日本产业技术综合研究所（AIST）JSPS访问教授。1995年迄今一直从事Ⅲ族氮化物（又称GaN基）宽禁带半导体材料、物理和器件研究，在AlGaN/GaN异质结构MOCVD外延生长和缺陷控制，强极化、高能带阶跃氮化物半导体体系中载流子输运规律，GaN基功率电子器件和紫外光电探测器件研制等方面取得在国内外同行中有一定影响的重要进展；近年来带领其课题组在AlInN/GaN晶格匹配异质结构MOCVD外延生长和物性研究，AlGaN基量子阱子带结构材料和器件，InGaN基材料MBE外延生长和p型掺杂等方面取得一系列进展，在国际同行中产生了一定影响。先后主持和作为核心成员参加国家973计划项目，国家863计划项目，国家自然科学基金重大、重点项目，教育部、北京市重点项目，以及军口项目等20多项科研课题，发表SCI收录论文160多篇，论文被引用次数超过1400次，先后在国际学术会议上做邀请报告10多次，获国际学术会议“最佳论文奖”2次和全国学术会议“优秀论文奖”4次，获得/申请国家发明专利18件，多次担任国际学术会议程序委员会、组织委员会委员和分会主席，担任国内多个国家重点实验室、科学院重点实验室和国防重点实验室的学术委员会委员，先后获国家自然科学奖二等奖、江苏省科技进步一等奖和教育部科技进步一等奖。

第77期

New Hotpoints of GaN-Based Wide Bandgap Semiconductors: from Solid State Lighting to Power Electronic Devices

Keywords：GaN，LED，solid state lighting，power electronic devices

第 77 期

GaN 基半导体新热点：从半导体照明到功率电子器件

沈 波

1. 引言

以 GaN、InN、AlN 及其三元或四元合金组成的Ⅲ族氮化物宽禁带半导体材料具有全组分带隙可调（0.63～6.2 eV）、全组分直接带隙、强极化、耐高温、抗辐照、可实现低维量子结构等特性，而且是唯一一种波长覆盖了紫外到红外波段的半导体材料体系，因此得到了广泛的关注和研究。经过不懈的努力，基于低 In 组分的 InGaN/GaN 基量子阱材料制备出了蓝绿光 LED，并成功实现了产业化，在固态照明和平板显示等应用领域正深刻地改变着人们的生活方式。另外，基于低 Al 组分的 AlGaN/GaN 异质结材料制备的高功率电子迁移率晶体管器件（HEMT）在 X 波段雷达以及民用通信方面有着重大应用，正在深刻地影响着国家安全形势和世界战略格局。

2. GaN 基 LED 和半导体照明

1989 年，日本 Nichia 公司中村修二研制出世界上第一只 GaN 基蓝光 LED，1991 年开始商业化生产。1994 年，该公司通过蓝光激发黄光荧光粉的方法，推出了世界上第一只白光 LED，并提出了半导体照明的概念，开始了从传统的照明方式向着更高效的照明方式的革新。此后，围绕如何获得更高发光效率和输出功率的 LED 进行了大量的研究，并取得了显著的成果。2012 年 4 月，大功率 LED 获得新的实验室记录，Cree 公司采用了 SiC 衬底技术，光效达到 254 lm/W，色温 4408 K。在国内，白光封装接近国际先进水平，LED 产业化光效达到 130 lm/W。随着 LED 发光效率等特性的不断提高，其在照明、背光、特种显示方面有着更广泛的应用，并带动了从上游的材料生长和芯片制作、中游封装及模组、下游照明系统及显示的一个庞大的产业链，进而推动了照明及显示技术革命性变化，如图 77.1 所示。

图77.1 LED半导体照明的主要应用领域和产业链

近年来，国内外LED半导体照明产业发展很快。2011年，全球GaN基LED市场销售为125亿美元，较2010年的113亿美元增长9.8%，其中照明市场从12亿美元增长到18亿美元，增长率为44%，预计2015年全球高亮LED市场规模可达到153亿美元。高功率照明和超高功率照明的市场不断扩大，市场前景比较好。在国内，LED照明市场也是稳步发展，从2010年的460亿美元发展到2012年的645亿美元。

虽然LED产业较为成功，但还存在一些问题和挑战，成为科学界和产业界关注的重点：①大注入条件下LED光效骤降（Droop效应）；②光抽取效率；③光效上蓝光一枝独秀；④微纳米LED；⑤Si衬底上GaN基LED。从目前LED发展状况来看，其发展呈现以下趋势：从光效驱动转向成本驱动、品质驱动，从蓝光芯片转向绿光和UV芯片，从传统照明转向智能照明，从光学照明转向超越照明。图77.2所示为LED在一些智能照明中的应用。

图77.2 LED半导体智能照明

3. GaN 基电子器件的物理基础

常规应用中的 GaN 基Ⅲ氮化物是六方纤锌矿结构，沿着 *c* 面（001）方向不具有对称中心，因此在该方向具有自发极化，其自发极化系数为 -0.029 C/cm^2（GaN）和 -0.081 C/cm^2（AlN），所以在 *c* 面生长的 AlGaN/GaN 异质结界面存在着强大的极化电场。另外，在 AlGaN 材料体系中，导带带阶大，在 AlN/GaN 中达到了 2.8 eV，使得界面存在很深的量子阱，对电子束缚强。强的极化效应及大的导带带阶使得 AlGaN/GaN 异质结中存在着高密度的二维电子气（面密度可高达 10^{13} cm^{-2}），从而使 AlGaN/GaN 成为制备高功率 HEMT 器件的理想材料之一。图 77.3 显示了 GaN 在制备高功率 HEMT 方面比 Si 和 GaAs 具有明显的优势。由于这一特性，GaN 基 HEMT 在微波功率器件和电力电子器件中有着广泛的应用。

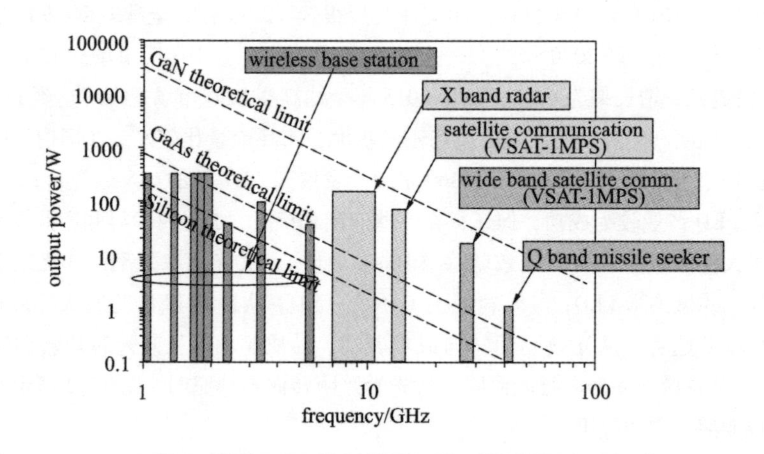

图 77.3　三代半导体材料 HEMT 理论极限功率

4. GaN 基微波功率器件

1993 年，Khan 等成功制备出第一个 AlGaN/GaN 异质结构 HEMT 器件，此后许多学者对此进行了研究，相继研究了电流坍塌效应、钝化层的作用以及场板的作用，从而使得 GaN 基 HEMT 器件的功率密度逐步提升，并最终达到了 41.4 W/mm。该进展推动了 HEMT 在民用通信和军事雷达上的应用，也使得 GaN 基 HEMT 器件的产业化变为现实。图 77.4 所示为国际上 HEMT 器件产业化比较成功的几个公司，它们主要还是来自美国、韩国和日本。随着市场的推动，GaN 基 HEMT 向着微波功放及超高速器件方向发展。

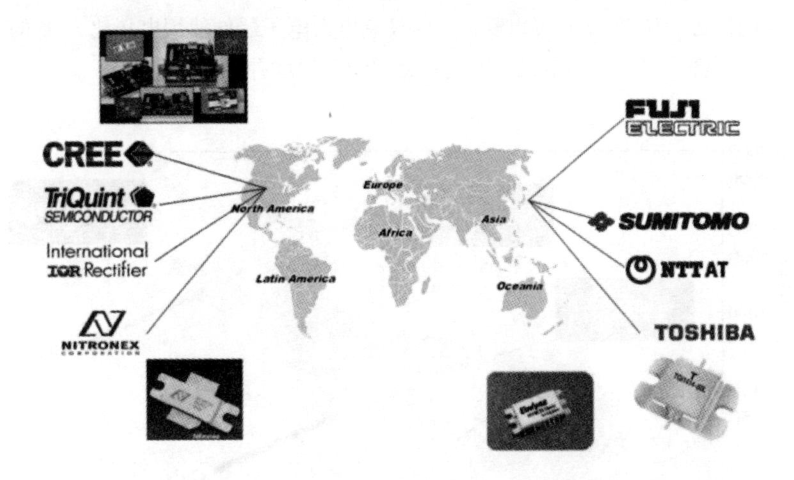

图77.4　GaN基HEMT产业化比较成功的几个公司

5. GaN基电力电子器件

电力电子器件在光伏发电、开关电源、电动汽车、电力机车等方面有着广泛的应用。如图77.5所示，自1904年第一个晶体管问世以来，电力电子器件实现了从真空电力电子器件到固态电力电子器件的转变。此后，随着外延技术的进步，基于Si材料的固态电力电子器件发展到基于第三代宽禁带半导体材料的固态电力电子器件。

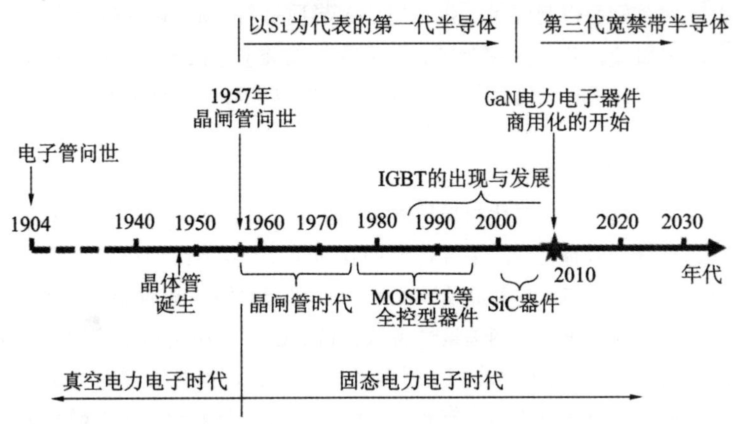

图77.5　电力电子器件发展历程

GaN基Ⅲ族氮化物材料具有禁带宽、饱和迁移率高、二维电子气密度高、临界电场大等优点，因此基于GaN基材料制备的电力电子器件具有耐高温性能好、开关速度快、通态电阻低、高耐压特性好等特点。所以基于GaN基材料制备的电力电子器件对冷却系统要求低、电容电感小、能量损耗小、输出功率高，因此GaN基电力电子器件具有一定的优势。从图 77.6 可以看出，GaN 基电力电子器件使用电压比 Si 基的要高，属于中耐压器件，在工业用电机、电气铁路驱动等领域有着重要应用。

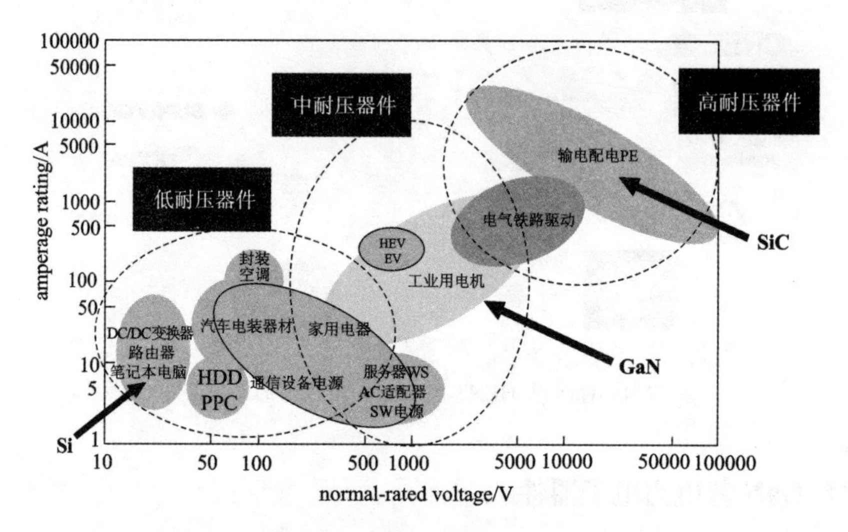

图 77.6　电力电子器件性能比较

目前，美国 International Rectifier（IR）公司报道的 GaN 基电力电子器件，其体积为 Si 基电力电子器件的 1/4，但是在 30 A 下，效率提高了 4.5%。从目前来看，GaN 基电力电子器件仍然存在以下关键科学和技术问题：①大尺寸 Si 基 GaN 异质材料外延生长中的翘曲及龟裂控制规律；②Si 基 GaN 异质材料中缺陷导致的耐压和高场输运性质退化和解决路径；③与 Si 半导体技术兼容的关键工艺技术；④高阈值电压、常关型（normally-off）功能的实现。因此，GaN 基电力电子器件还有很大的研究空间。

6. 结语

由于一系列优越特性，氮化物半导体是研制半导体照明芯片和功率电子器件的最佳材料体系，具有不可替代性。半导体照明在过去 10 多年已形成庞大的高新技术产业，目前正由光效驱动向成本和品质驱动转变，智能照明、超越照明发展迅速。GaN 基微波功率器件也取得了一系列关键性突破，目前已在军用雷达上应用，不久也将在 4G～5G 移动通信基站上大规模应用，目前的工作主要是提升器件的可靠性和高频特性。GaN 基电力电子器件是当前研发热点，市场巨大，未来产业有可能与半导体照明并驾齐驱。但目前市场刚启动，有一系列关键科学和技术问题有待攻克，生产成本也须大幅降低。

7. 致谢

本文研究得到了国家 973 计划项目（NO. 2012CB619300）的大力支持。

Osamu Wada（和田修） 教授，IEEE、OSA、IEICE、JSAP 会士。1969年在日本 Himeji 技术研究所获得学士学位，1971 年在日本神户大学获得硕士学位，1980 年在英国谢菲尔德大学获得博士学位。1971—1996 年期间，在日本富士通（Fujitsu）实验室工作，主要从事Ⅲ-Ⅴ半导体材料和器件的研究，包括 LED、激光器、探测器以及用于电信和光互联系统的光子集成电路（OEICS）。1996—2001 年，在日本筑波市的 FESTA 实验室进行 NEDO/ME 项目的研究，主要内容是关于飞秒超快全光开关的发展。2001—2010 年，任日本神户大学工程研究生院教授，同时担任纳米材料和超快光子器件小组的组长。目前，还担任日本科学振兴会（JSPS）北京办事处的主任职务。

Semiconductor Nanostructure-Based Photonic Devices for Ultrafast，Power-Efficient Systems

Keywords：semiconductor，nanostructure，optical switch，quantum dot

第 78 期

用于超快、高效系统的半导体纳米结构光子器件

Osamu Wada

1. 光子器件的性能要求

20 世纪 80 年代初期，半导体激光器的发明使得通信容量达到 40 ~ 80 Mb/s。随着时分复用技术的发展，传输容量以指数增长达到 10 Gb/s。之后随着波分复用技术的引入，传输容量进一步提高到 1 Tb/s 甚至更高，然而单信道传输容量的提高依然非常重要。超高速光子器件的重要性可以通过以下两个例子来说明：

（1）日本的“京”超级计算机，采用富士通维纳斯 SPARC64 Ⅷfx CPU，每秒能进行 11 千万亿次浮点运算；

（2）谷歌公司的路由器，能进行高速的数据交换来维持谷歌的网络。

计算机的运行速度在数十年间提高了数千倍，为人们的生活提供了巨大的方便，然而呈指数增长的运行速度背后是能量的巨大消耗。中国的天河 2 号超级计算机每秒能进行 33.86 千万亿次浮点运算，但其消耗的功率也达到了惊人的 17.8 MW。

高速的路由器极大地提高了通信容量，但同样也消耗了巨大的能量。根据预测，在 2020 年，仅路由器消耗的能量就将达到全日本 2005 年产生的总能量。为了减少能量消耗可以降低工作电压，但这仍然不能解决根本问题。所以采用更低能耗的新型光子器件就显得十分重要。

目前降低系统能耗的办法主要有以下几种：

（1）减少光电光交换节点，采用全光交换；

（2）降低器件能耗，如使用低偏压和低功率的器件；

（3）使用复用技术，如时分复用、波分复用；

（4）进行单片集成，降低芯片成本，减少冷却设备。

光开关在光节点中非常重要，而全光开关不仅可以提高通信速度还能降低能耗。

和田修教授介绍了一种半导体光放大器集成对称马赫-曾德型全光开关。将半导体光放大器集成在马赫-曾德干涉仪的两臂上，通过对两臂施加超短控制光脉冲，利用半导体光放大器的非线性效应，实现接近矩形的开关窗口。开关速度不受限于载流子寿

命，最快能达到皮秒量级。这种光开关已被应用于672 Gbps到10.5 Gb/s的全光解复用中。

2. 半导体纳米结构光子器件的研究进展

2.1　量子点概念的提出

半导体激光器从双异质结到量子阱再到量子点结构，阈值电流逐渐降低。量子点半导体激光器有很高的温度稳定性，很低的能耗，能进行高速调制，并且频率啁啾小。故量子点成为了人们研究的重点。

1）自组装量子点的生长和表征

采用S-K生长模式在GaAs上生长InAs，在材料的生长过程中，利用反射高能电子衍射（RHEED）图形从线到点的转变来确定从二维生长到三维成岛生长的转变，从测试结果中可以看出，这种转变发生在InAs覆盖度略小于1.6 ML。

利用高角环形暗场-扫描透射电子显微镜可以观察量子点的表面结构。

2）高温量子点激光器

高温量子点激光器最高能在200～220 ℃下稳定持续激射，常用于非常恶劣的环境中。除此之外，其线宽非常小（不到1 MHz），可用于传感。

2.2　量子点半导体光放大器QD-SOA

1）QD-SOA特点及应用

由于量子点对载流子在纳米量级上有三维限制，使得QD-SOA有高的增益饱和功率、好的温度稳定性以及低噪声。另外，由于目前晶体生长工艺造成量子点材料非均匀谱线加宽的缘故，QD-SOA有很宽的工作带宽。目前已经得到了带宽大于110 nm，增益大于20 dB，噪声系数小于7 dB，增益饱和输出功率大于20 dBm的基于InP的QD-SOA。

对于传统的体材料和量子阱材料，由于存在载流子加热效应，其响应速度通常不高。而量子点材料由于在空间上互相分离，不存在载流子加热效应，响应速度快，输出眼图更好。

利用QD-SOA中的交叉增益调制XGM，能够进行波长转换。和田修教授介绍了40 Gb/s的1305～1311 nm的波长转换系统。根据预测，QD-SOA能用于比特率为160 Gb/s的波长转换系统中。

2）QD-SOA的偏振控制

QD-SOA有许多优点，但也有一个很大的缺陷，即偏振敏感。传统的S-K模式生长出来的量子点形状扁平，存在压应变，导致TE模式占主导地位的偏振各向异性，即TE模式的增益大于TM模式，影响器件性能。目前QD-SOA的偏振控制主要有以下两种方法：

（1）偏振分集。将输入信号分为两路偏振互相垂直的信号，利用两个QD-SOA互相呈90°摆放分别对两个偏振态进行处理，合并偏振态后输出。

（2）通过改变QD-SOA的形状和应变控制来消除偏振敏感性。实验表明，当只有一层量子点材料时，TE模增益大于TM模，但有很多层时则相反，故当层数合适时，两者增益近似相等，消除了偏振敏感性。另外，改变边界应变也能改变两种偏振的增益差。

目前已经报道了工作波长为1550 nm，增益大于8 dB，且TE、TM模式增益差小于0.5 dB的QD-SOA。

2.3 垂直腔结构的量子点光开关

首先，和田修教授介绍了一种以前发明的基于量子点的全光开关。在二维光子晶体上制作马赫-曾德干涉仪，并将量子点材料集成在两臂上。这种结构的开关速度为27 ps，不够快，并且器件尺寸比较大。

1）结构及特点

垂直腔结构的量子点光开关应运而生。其结构主要包含一个DBR谐振腔和腔中的量子点层。通过将量子点材料的吸收峰对准位于DBR腔的光子带隙中的谐振波长，可以对该处的反射率进行调制，达到光开光的作用。这种垂直腔结构的量子点全光开关能耗低、响应速度快、体积小、便于集成。

2）提高性能的方法

（1）实验表明，增加底部DBR的周期数能提高光开关的性能，通常选取20~30周期。和田修教授介绍了利用分子束外延技术生长的拥有10/25和16/30周期的GaAs/AlAs腔的垂直腔量子点光开关。其中量子点部分由9个量子点层构成。

（2）相比基态处吸收峰对准谐振波长，若将激发态处的吸收峰对准谐振波长，器件的响应速度会更快。原因是激发态的电子能量弛豫时间更短。目前10/25周期的垂直腔量子点全光开关的响应时间已经可以达到20~30 ps。

（3）实验发现，当入射光斜入射时，工作波长随着入射角的增大而减小，而开关时间随着波长的减小而减小。和田修教授介绍了一种开关时间为20 ps的斜入射结构，其包含16/30周期的DBR腔，9层量子点材料。饱和能量密度为2.5 fJ·$(\mu m^2)^{-1}$，差分反射率约为10%。

3）其他应用

（1）相位变化检测。根据克莱默-克朗尼格关系，在谐振波长处折射率改变量为零。通过斜入射泵浦光，改变谐振波长，使得垂直入射的探测光与谐振波长失谐（20°的倾斜角对应5 nm的失谐），从而可以产生相移。将这种结构用于马赫-曾德干涉仪中，可以用来检测小到0.5°左右的相位变化。当泵浦能量密度为0.22 fJ·$(\mu m^2)^{-1}$时，相位变化为18°对应的折射率改变率为0.3%。而180°的相移对应的能量密度为7 fJ·$(\mu m^2)^{-1}$。

（2）相位开关。实验表明，当泵浦能量密度为7 fJ·$(\mu m^2)^{-1}$时，相位变化的弛

豫时间为20 ps，可用来做相位开关。

2.4 光子晶体微腔开关

由于微腔的空间限制，非线性效应得到增强。而纳米尺寸的结构导致超高速的载流子扩散。对应消光比为3 dB和10 dB的能耗分别为0.42 fJ、0.66 fJ。其中后者的开关速度为35 ps。

2.5 开关时间和能耗的对比

光子晶体微腔和垂直腔量子点光开关的开关时间为20~30 ps，相对较慢，但是能耗低。而集成SOA的MZI等器件开光速度很快，但功耗相对更高。应根据实际情况选取合适的器件。

3. 结论

（1）光开关器件的性能要求为高效率、高速度，且容易制造。

（2）QD-SOA工作带宽大于110 nm，在1.55 μm处，工作速率大于40 Gb/s。

（3）控制应变可以消除QDs的偏振敏感性。

（4）垂直腔量子点光开关能耗极低，激发态器件的响应速度约为20 ps，可用来做强度和相位开关。

（5）不同的半导体纳米结构光器件有不同的特性，应根据需求选择。

（记录人：余宇　吴文昊）

黄佐实（Josh Huang） 美国冷泉港实验室 Charles and Marie Robertson 神经生物学教授和复旦大学脑科院研究院客座教授，国家千人计划获得者。他在 Brandeis University 获得细胞与分子生物学博士学位，在麻省理工学院进行博士后工作。他的长期研究目标是理解调控大脑皮层的神经网络结构和功能的基本机制。他的研究组首次系统性建立遗传工程小鼠特异标记 GABA 能神经元亚型，为深入研究抑制性神经环路的发育及其在脑各种功能中的作用奠定了坚实基础。另外，他还发现了一种特殊类型中间神经元枝状吊灯细胞的发育来源，并在抑制性神经环路活性依赖性调控机制方面作出了重要贡献。他是生物医学科学 Pew Scholar Award、神经生物学 McKnight Scholar Award 的获得者，NARSAD-Brain 和行为学研究基金会的特聘研究员，Simons 自闭症研究计划基金会的 Simon 研究员。

Genetic and Optic Dissection of Cortical Circuits

Keywords：neural circuits，genetic dissection，cell type specificity，fluorescent labelling

第 79 期

基于遗传学和光学技术的皮层环路解析

黄佐实

1. 引言

哺乳动物大脑皮层由一系列相互联系的脑区组成，包含多种环路模块，由此产生了广泛的精神活动。理解皮层结构信息的主要障碍包括神经细胞类型的多样化、局部和整体连接的高度复杂性、环路活动的动态变化。神经细胞的表观特征和命运决定由基因组决定。随着我们关于基因表达和发育遗传法则知识的增多，目前可系统性地靶定细胞类型及追踪神经干细胞世系，使得对皮层环路进行遗传学解析成为可能。战略性地构建一定数目的小鼠驱动品系有利于编制细胞类型遗传信息谱，构建皮层细胞图谱，建立现代实验工具。将细胞分辨率和全脑尺度的光电成像技术相结合，可在细胞分辨率和细胞类型水平对海量信息处理机制进行系统性研究。

2. 探索神经环路的细胞组成

神经系统可能是自然界最复杂的系统之一，人们对它的研究已经持续了几百年。100 多年前，Golgi 和 Cajal 分别发明和发展了经典的 Golgi 染色法，实现了对神经元胞体和突起的特异标记；20 世纪 60 年代，神经生物学家实现了在脑区和核团的水平上研究神经系统的功能；20 世纪 80 年代，实现了单细胞形态重建和电生理记录。发展到目前为止，神经生物学已经成为了生物、光学、计算机等学科相互交叉的综合科学。

研究神经环路的关键问题是理解神经环路的组成、功能及其进化发育过程，而理解这些过程的关键是了解神经环路的细胞构成，研究清楚特定脑区存在哪些特定类型的神经元，这类神经元在该脑区的数目、定位、形态、输入/输出构成以及相应的生理功能。要研究这些问题，首先要通过一定的手段标记这些细胞，一个好的标记方法应该具有细胞类型特异性，能够完整标记神经元并在神经元的各个部位都有良好的标记，标记的稀疏程度可控，可跨突触。为了获取全面的环路信息，在实现标记的基础上，还需要有高分辨率的成像系统进行全脑范围的、高分辨率的成像以及对获取的数据进行三维重建及计算机模拟。

3. 利用转基因技术和病毒标记特定类型神经细胞

细胞类型的特异性是由基因决定的。同时，基因也决定了神经细胞的发育、迁徙和定位，也决定了神经细胞固有的细胞和分子特异性，因此神经细胞的分类应从遗传学分析入手，以基因作为解析神经系统的“微型解剖刀”，通过特定的基因靶定标记特定类型的细胞。

神经细胞的遗传学分类应以以下几点为目标：①获得以基因作为分类标准的细胞类型信息谱；②发展现代的方法工具研究特定细胞的结构、连接和功能；③鉴别并描述特定类型神经细胞的前体细胞及发源地，追踪这类细胞的发育、迁徙轨迹；④理解细胞类型特异性和多样性的遗传学基础；⑤系统地构建大脑皮层细胞类型图谱。

目前神经生物学领域应用最多的标记是荧光蛋白标记，如 GFP、YFP、RFP（tdTomato、mCherry、dsRed）等。这种标记通过转基因技术将荧光蛋白的基因片段转入小鼠的基因组内，从而可以获得各类荧光蛋白标记的转基因小鼠。再借助其他一些基因技术，即可实现对特定类型神经元的标记。

Cre-loxP 系统的出现使得特异性标记特定类型的神经元成为可能。Cre 重组酶是细菌噬菌体 P1 的 I 型拓扑异构酶，催化 loxP 位点间的 DNA 发生位点特异性重组，从而造成 DNA 的缺失、易位等现象。本酶无需能量辅助因子，Cre-介导的重组很快在底物与反应产物之间达到平衡。这些特性使得 Cre 重组酶在基因工程操作中得到多方面的应用。

通过建立特定类型神经元中表达 Cre 重组酶的转基因小鼠品系，并将其与含 loxP 位点、报告基因的转基因小鼠品系杂交，得到的 F1 代可以在特定类型的神经元中同时表达 Cre 重组酶和 loxP 位点，从而可以在空间上控制荧光蛋白的表达。借助 Cre-ER 小鼠品系，可以在发育过程中不同时间点上控制特定类型的细胞表达荧光蛋白。如图 79.1 所示，Cre 酶与雌激素受体突变体融合表达，融合蛋白翻译完成后定位于细胞质，只有当配体 tamoxifen 进入细胞与受体结合，Cre 酶才会转移到细胞核中，进入细胞核的 Cre 酶与 loxP 位点接触发挥重组作用。Nkx2.1 是一种在中间神经元特异性表达的蛋白，可调控中间神经元前体细胞的分化。通过加 tamoxifen 诱导该重组系统即可在时间控制 RFP 在 Nkx2.1 阳性细胞中表达。

在大脑皮层的众多神经元中，GABA 能的中间神经元是其中的重要组成部分。中间神经元可以调节神经系统兴奋性的平衡，与兴奋性神经元之间形成突触连接，共同构成神经系统的基本功能单位。

中间神经元及其前体细胞拥有众多的亚型，其特异性表达的基因有 Nkx2.1、Er81、Dlx1.5、Lhx6、Gad、CR、SOM、CCK、nNOS、VIP、CST、CRH、PV 等。表达不同基因的中间神经元拥有其独特的神经环路，如图 79.2 所示。

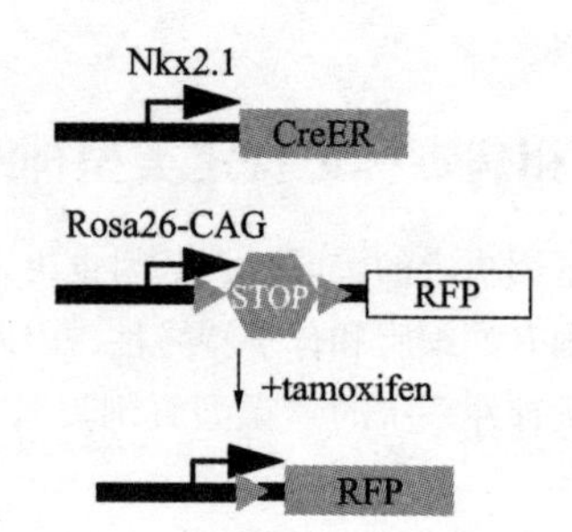

图 79.1 Cre-loxP 系统原理图

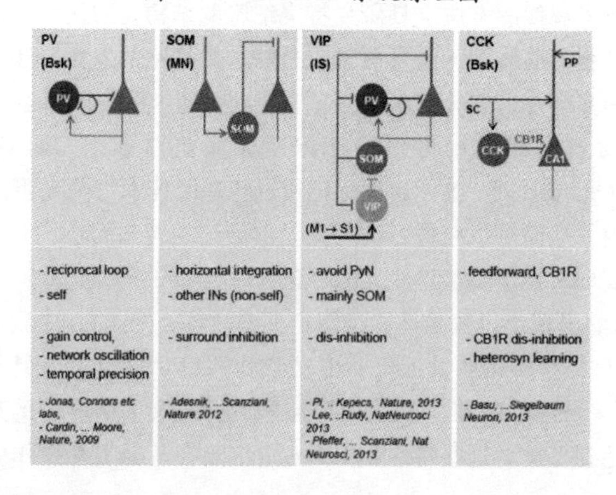

图 79.2 不同亚型的中间神经元拥有其独特的输入/输出方式，参与不同的神经环路

利用上述提到的 Cre-loxP 系统靶定这些中间神经元特异性表达的基因，可以实现特异性标记特定类型的中间神经元。如图 79.3 所示，其中，图(a)(b)表示起源于 VGZ 的 Nkx2.1 阳性细胞的发育迁徙路线；图(c)表示免疫组化显示 Nkx2.1 蛋白在侧脑室腹侧的表达情况；图(d)表示 E17 天 tamoxifen 诱导后 E18 天被 RFP 标记的 Nkx2.1 阳性细胞；图(e)表示低剂量 tamoxifen 诱导的 Nkx2.1 稀疏标记；图(f)表示 Nkx2.1 蛋白和巢蛋白双色标记；图(g)表示 E17 天诱导 P0 天 Nkx2.1 阳性细胞的迁徙情况；图(h)表示 E17 天诱导 P2 天 Nkx2.1 阳性细胞的分布；图(i)表示 P7 天 Nkx2.1 阳性细胞富集于 L1，2 层的交界处，深层的阳性细胞富集于 L5，6 层；图(j)表示 VGZ 祖细胞发育成为皮层中间神经元的示意图。

枝状吊灯细胞是一类位于皮层特定层的中间神经元，其轴突末端与锥体神经元的轴突起始段（axon initial segment，AIS）相互作用，控制锥体神经元的兴奋性。枝状吊灯细胞是 Nkx2.1 阳性细胞，通过 Nkx2.1CreER 小鼠与 Ai9 小鼠杂交，通过 tamoxifen 诱导，F1 代的吊灯细胞会被红色荧光蛋白 tdTomato 标记。通过在不同的发育时间点对小鼠注射 tamoxifen 诱导基因表达，即可控制 tdTomato 在吊灯细胞中的表达时间，从而

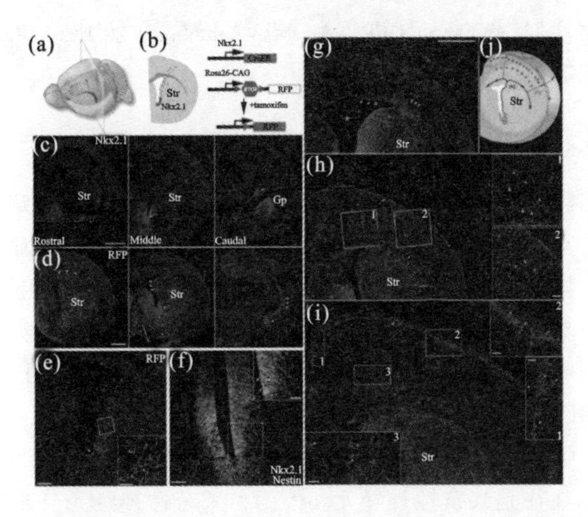

图 79.3　位于侧脑室（VGZ）腹侧生发区的神经前体细胞发育成为 Nkx2.1 阳性细胞

可以观察到鼠脑中吊灯细胞的发育、迁徙过程。如图 79.4 所示，图(a)表示吊灯细胞主要集中分布于皮层2，5，6层；图(b)表示不同区域(cingulate(CC)，motor(MC)，and somatosensory(SSC) cortices)的锥体吊灯细胞在不同层的分布；图(c)表示不同区域锥体吊灯细胞占 RFP 阳性细胞的比例；图(d)表示锥体吊灯细胞中 PV 阳性细胞所占比例；图(e)表示锥体吊灯细胞与椎体神经元轴突起始段（axon initial segment，AIS）共定位；图(f)(g)(h)表示2，5，6层典型形态的吊灯细胞。

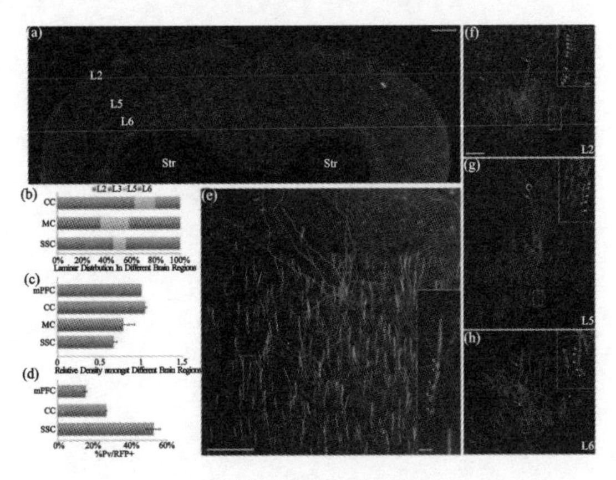

图 79.4　枝状吊灯细胞在皮层的分布情况

此外，在空间上，利用这种 Cre-loxP 系统加化学药物诱导的方式，可以实现特异性标记 Nkx2.1 阳性细胞，这种标记技术相对于传统的标记方法，其结果更为稀疏，从而更有利于分割出被标记细胞的完整形态。

除了通过转基因小鼠杂交的手段，还可以通过病毒标记的手段标记特定类型的神经细胞，如在皮层注射 AAV-FSF-GFP、AAV-TVA-mcherry 加 EnvA-Rabies-GFP 进行特定类型的细胞标记等。

4. 总结与展望

研究神经环路需要了解神经环路的细胞类型构成。因为基因决定了细胞类型的特异性，因此可以将基因分析结果作为对细胞进行分类的基础。同一亚型的细胞往往表达相同的生物标志物，在皮层的定位相似，有相似的输入/输出、相似的电生理特征、相似的功能，参与同一类的神经活动。然而，以单个基因决定细胞类型的特异性是十分困难的，要找到一类基因只在一类细胞中表达几乎是不可能的，因此需要进一步的研究，通过多个基因靶定一种细胞类型。

到目前为止，中间神经元的遗传学分类研究已经取得重大进展，然而在神经系统中直接发挥作用的往往是兴奋性神经元。因为，兴奋性神经元分布广泛、投射范围大，需要在全脑范围进行精细结构和环路分析，因此对这类细胞进行遗传学分类和光学全局解析在神经生物学研究中具有重大意义。

（记录人：孙庆涛　审核：李向宁　何苗）

David N. Payne 教授，爵士，英国南安普顿大学光电子研究中心主任，是国际公认的光子学领域研究先驱，具有40余年的丰富研究经历。Payne教授的工作涵盖了光子学的很多领域，包括通信、光学传感、纳米光子学和光学材料等。在同行看来，他在几乎所有光纤技术中都做出过关键性的贡献，直接影响了世界光通信技术研发和普及。2013年，因其在光子学领域的卓越贡献，名列英国女王新年嘉奖名单，获得了骑士爵位。他还是英国皇家科学院院士、英国皇家工程院院士、俄罗斯科学院院士、挪威科学院院士、马可尼基金会主席和国际物理光学学会IET、IOP和OSA会士。

主要学术成就包括：在20世纪70年代，其关于光纤制造工艺的研究推动了当今许多特种光纤的产生；在南安普顿大学带领团队发明了掺铒光纤放大器；他率先研究光纤激光器，并发明了单模光纤激光器和放大器，突破了光纤激光器输出的千瓦瓶颈。

第80期

From Glass to Google

Keywords：optical communication，fiber，optical amplifier，fiber laser

第 80 期

从玻璃到谷歌

David N. Payne

1. 光通信的起源

通信在人们的生活中不可或缺，而高速通信则改变了世界。1858 年 8 月，人们搭建了跨大西洋电报电缆，并利用莫斯代码进行通信。而在此之前，穿越大西洋至少要坐三天的船。高速通信不仅提高了通信速度，还能避免一些国际争端。目前代表性的高速通信就是光通信。

光通信技术的发展日新月异，人们常常认为它是一门新兴技术。事实上，早在公元前 458 年，人们就开始使用光来传递信息。埃斯库罗斯所著的《阿伽门农》中，特洛伊陷落的消息通过烽火一步一步传到希腊。这是历史上第一次关于自由空间光传输的记录，传输总长度约 600 km，最长跨度约 150 km，但是速率仅为 1 比特每晚，消耗了大量木材，而且传输不稳定易受天气影响。

可以看出虽然过去的光通信能够传输较远的距离，但是速率低、功耗大，而且缺少合适的光源。

2. 现代光通信的研究进展

现代光通信系统包含以下几个部分：光源、调制器、探测器和传输链路。1969 年，A. L. 肖洛提出微波激射器和微波通信系统的概念。系统中包含微波激射器、微波调制器和探测器，但没提到传输链路。

2.1 光纤的产生

1965 年，高锟提出可以用光纤来作为传输链路。这个想法在当年被认为是无稽之谈，因为当时光纤的损耗太大，达到了几百甚至一千分贝每千米，很显然这种光纤对于通信是毫无用处的。然而高锟认为光纤中的损耗可以降低，并在论文中首次明确提出，通过改进设备工艺、减少原材料杂质，能够拉制出损耗低于 20 dB/km 的光纤，从而使光纤可用于通信。这是一个富有创造性的科学论断，许多国家的科研团队纷纷开始研究如何拉制更低损耗的光纤。而随着气相沉积和提纯工艺的发展，不断有更低损耗的光纤被拉制出来。如1970年被报道的损耗为17 dB/km的掺钛单模光纤，1972年被报道的损耗为4 dB/km的掺锗多模光纤，1978年被报道的在1.55 μm处损耗为0.2 dB/km的单模光纤出现。

2.2 掺铒光纤放大器的产生

随着光纤损耗大幅度降低，我们已经可以将信号传输到几百千米外，但仍然难以实现跨洋传输，主要原因是没有光放大器。以前信号放大的方法是使用光-电-光中继，在光-电-光中继器中首先由光电探测器转换为电信号，再经过电的放大器进行功率放大，然后驱动激光器发射光信号而注入光纤中，进行光信号的传输。然而在波分复用系统中，每一个波长的信道就需要一套这样的光-电-光中继器，随着波分复用信道的增多，中继器的数目也越来越多，使系统复杂性增强，成本升高。另一方面，光-电-光中继器中有电信号处理参与，使信号处理的速度难以提高，对通信速率限制较大。于是，实现光的直接宽带放大显得极为重要。1964年，随着激光器的研制成功，人们一直在寻找在光纤中做光放大器的方法。1985年ECOC上，David Payne教授提出利用玻璃中稀土元素的宽的荧光线宽能制作WDM系统中的宽带放大器，掺杂光纤放大器应运而生。1989年，英国南安普顿大学研制出掺铒光纤放大器，在较短的15 m光纤内，使信号放大了1000倍，获得了30 dB的增益。掺铒光纤放大器给光纤通信带来了一场革命，由于其对波长的透明性，在波分复用系统中得到了广泛应用，大大降低了系统的复杂性和成本。

2.3 光纤束和光子带隙光纤

随着光纤通信技术的发展，视频技术对通信容量的要求越来越高。引用谷歌总裁Eric Schmidt的话来说，“目前每个月上传到网上的视频容量已经超过3大美国网站在过去60年间传输的总容量”。那么当通信容量消耗殆尽时，该如何继续提高通信容量，是目前需要解决的问题。

总的光纤通信容量等于可用的带宽、频谱效率和信道数目三者的乘积。从这三个因素入手，人们提出了很多想法，比如使用新的宽带放大器、利用高阶调制格式、降低非线性效应、采用多芯光纤或多模式光纤等。这里主要介绍光纤束和光子带隙光纤。

常见的光纤束有多元光纤（multi element fiber）和多芯光纤（multi core fiber）。以多元光纤为例，多根半径较普通光纤小的光纤聚成一束，可以提高信道数目。

光子带隙光纤是一种利用光子带隙效应来限制光传输的光纤，其横截面呈周期性的格子状，格子中间是空心的。

普通光纤中的损耗主要由瑞利散射、材料吸收等因素造成。在光子带隙光纤中，由于99%以上的光在空气中传输，所以瑞利散射和材料吸收产生的损耗相比普通光纤要小很多。大大降低了光纤损耗，大约是普通光纤的一千分之一。但是由于光子带隙光纤横截面结构复杂，产生了一种新的散射，其大小正比于波长的负三次方，这使得其损耗并没有我们预想的那么小。

在传输带宽方面，由于光子带隙光纤复杂的结构，会产生谐振，影响其传输谱线，但可以通过特殊的反谐振结构来解决这个问题。

Payne 教授介绍了两种低损耗宽带宽的空气芯的 HC-PBGF（hollow-core photonic band gap fiber）。一种是中心工作波长为1.5 μm 的HC-PBGF，其纤芯直径为26 μm，最低损耗为3.5 dB/km；另一种是中心工作波长为 2 μm 的 HC-PBGF，其纤芯直径为 37 μm，最低损耗为4.5 dB/km，虽然仍比普通光纤大很多倍，但是每个月其损耗都在不断变小。现如今空气芯的光子带隙光纤的制作工艺已经比较成熟，其损耗也会不断减小。

在得到工作波长为2 μm 的光子带隙光纤后，自然就需要工作在2 μm 处的光放大器，掺铥光纤放大器（TDFA）应运而生。TDFA 使用波长为1560 nm 的半导体激光器来泵浦，在1900 nm 处小信号增益达到峰值且大于35 dB，饱和输出功率为100 mW，转换效率大于40%，带宽大于300 nm。目前 TDFA 已经在传输波长为 2 μm 的系统中得到了应用，但现阶段其效果还不是非常理想。

由于光在 HC-PBGF 中99% 以上都在空气中传输，使得 HC-PBGF 具有一些普通单模光纤没有的特性。

（1）低延时性。空气的折射率大约为1.003，光信号在 HC-PBGF 中的传输速度是其在单模光纤中的1.46 倍，传输相同的距离，使用 HC-PBGF 能减少光信号传输延时，也就提高了通信速率。

（2）能在中红外波段进行信号传输。在普通光纤中，由于红外吸收，中红外波段的光损耗极大，不能用来做通信。然而在 HC-PBGF 中，光主要在空气中传输，就避免了玻璃红外吸收带来的损耗，让人们能够在中红外波段通信，拓宽了传输窗口，提高了通信容量。

2.4 高功率光纤激光器

随着激光器、光纤激光器、通信光纤、光纤放大器的产生，人们开始着手研究高功率光纤激光器。基本原理十分简单，将一个种子光经过多级光发大器放大输出，输出波形取决于种子光。这样就构成了高功率光纤激光器，已报道的最高输出功率达到14 kW。但是若光纤中功率太高，会使非线性效应加强，为了解决这个问题，最简单的方法是增大纤芯的横截面积以降低纤芯中的功率密度，来减小非线性效应。如果将纤芯横截面积增大到普通通信光纤的400 倍以上，理论上输出功率可以达到20 kW。

高功率光纤激光器的应用包括激光打标、显微机械加工、金属切割焊接等。

高的峰值功率对光纤激光器来说是不利的，所以如何用光纤激光器输出高功率的脉冲是一个难题。Payne 教授介绍了一种输出脉冲能量为 2 mJ、平均功率达 300 W 的 ns-MOPA（主控振荡器的功率放大器，master oscillator power-amplifier）。其包含一个直接调制的半导体激光器作为种子光源、掺镱光纤放大器和自适应脉冲控制器。通过控制脉冲的形状，可以在金属上进行彩色打标。

另一种方法是 Gerard Mourou 教授提出的，先将脉冲经过一个脉冲展宽器，再进行放大，然后经过脉冲压缩，输出放大的脉冲信号。利用这种方法，人们得到了脉宽为 5.8 fs 的脉冲。

还有一种方法是激光泵浦激光，其结构为用多个中等功率泵浦的光纤激光器来泵浦一个高功率光纤激光器。这种结构能够将信号通道的热负荷转移，减少高温引起的相位抖动，减小光纤长度和非线性效应。而用来分配能量的空芯微结构光纤能够更灵活地进行光束合并并降低了损耗，模场半径可与任何固态光纤匹配。这种串联泵浦的光纤激光器减少了信道数目，从而降低相位关系的复杂程度，降低了成本。

3. 总结

激光器的产生和光纤损耗的降低使人们能够进行远距离通信，但当距离不断增加时，为了改变光-电-光中继的限制，EDFA 应运而生。日新月异的视频技术促进了通信容量需求指数增长，为了提高信息容量，人们发明了光子带隙光纤等，而以上的种种又促使人们加深了对高功率光纤激光器的研究。

（记录人：余宇　吴文昊）

张艳天 美国国立卫生研究院（NIH）国家肿瘤研究所（NCI）肿瘤成像项目的项目主管，博士。1994年于密歇根大学获得生物工程博士学位。从2004年就起在NIH的国家生物医学成像和生物工程研究所（NIBIB）工作，直到加入NCI。在NIBIB工作期间，主管光学成像和分子成像的项目。他的研究背景是生物医学成像，早期的工作主要集中在核磁共振成像技术的发展和应用方面。现在的工作主要集中在不同领域的生物医学成像技术开发和临床转换的研究与项目管理。

第81期

Biomedical Imaging Research：Lookforward to the Future

Keywords：medical imaging，biomedical imaging，cancer research，development trend

第 81 期

生物医学影像研究：展望未来

张艳天

1. 概述

美国国立卫生研究院（National Institutes of Health，NIH）作为美国最高水平的医学与行为学研究机构，是全球医学研究最大的资金来源，以“探索生命本质和行为学基础知识，并将其用于改善人类健康、延长寿命、减少疾病与残障”为使命，通过各种研究基金等资助方式支持世界范围类的各大学、医学院校、医院等非政府科学家及其他国内外研究机构的研究工作。与一些私有资助机构不同的是，NIH 更注重基础研究和技术发展，及其对未来的影响，而不关心眼下的经济效益，所以 NIH 更多地资助基础医学的研究，而对临床医学研究的支持相对较少。NIH 拥有 27 个研究所，美国国家癌症研究所（national cancer institute，NCI）是其中历史最为悠久的研究所之一，它的主要任务是推动国家癌症研究计划的进行，寻找新的肿瘤诊断方法和防治方法。肿瘤成像项目（cancer imaging program，CIP）作为 NCI 的一个分支，在其中发挥着重要作用。成像不仅对肿瘤的诊断有决定性作用，而且在肿瘤疗效评价、治疗方法指导、术中肿瘤定位和肿瘤切除术的指导等方面，都发挥着不可替代的作用。

2. 成像技术的发展

2.1 医学成像技术的发展

1896 年，伦琴发现 X 射线，标志着医学成像的开始。随着不同组织对 X 射线透过率不同的发现及图像重建理论的产生，出现了计算层析成像（computed tomography，CT）。1971 年，第一台临床用 CT 诞生。CT 的出现是医学影像上的巨大革新，完成了从二维成像到三维成像的跨越，可以在无损情况下获得人体内部解剖结构。CT 成像主要是利用不同组织对 X 射线的衰减不同，通过探测器接收不同角度处透过人体的 X 射线，获得一系列二维投影图，再根据逆 Radon 变换重建出每个体素的 X 射线吸收系数。从 CT 成像的原理可以看出，CT 图像的对比度来自不同组织对 X 射线的不同吸收，除去肺和骨骼，其余软组织对 X 射线的吸收差别不大，导致 CT 图像软组织对比

度不像核磁共振成像（magnetic resonance imaging，MRI）那么高，但 CT 成像速度很快。尤其是近年来，随着探测器技术的发展，多层螺旋 CT 的排数越来越多，从 2 排、4 排发展到现在的 256 排甚至 320 排，CT 机架也能在约 250 ms 完成一次旋转，这都使得 CT 成像时间分辨率和空间分辨率不断提高，大大扩展了它在临床上的应用。现有的多层螺旋 CT 可以实现对快速运动的心脏成像及冠状动脉造影成像，诊断冠状动脉狭窄等疾病。CT 的产生和发展展示了医学影像的普遍发展过程：首先是新技术的发现，随后新的成像模式的发明和发展，最终开启新的医学应用。

20 世纪 40 年代，Flelix Bloch 和 Edward Purcell 各自独立发现了核磁共振现象。1973 年，Pual C. Lauterbur 发展了一套对核磁共振信号进行空间编码的方法，用于图像重建，开发出了基于核磁共振现象的成像技术，并应用他的设备成功地得到了第一幅质子图像，该成果发表在 *Nature* 上。从此，MRI 开始正式步入人们的视野。MRI 是一种生物磁自旋成像技术，它利用原子核自旋运动的特点，在外界磁场内，经射频脉冲激发后产生信号，重建出图像。30 多年的时间里，MRI 得到迅速发展，硬件设备和成像技术不断更新，现在 MRI 已知参数十余种，序列组合多达百种，可以根据不同的应用需求选择不同的成像模式，如观察解剖结构的 T1 加权成像和 T2 加权成像，观察事件刺激的功能激活区域的功能磁共振成像，及观察组织各向异性的扩散加权成像和扩散张量成像等。2006 年，Kamil Ugurbil 研制出了一台超高场强——9. 4T 的 MRI 仪，对人脑进行成像，极大地提高了成像空间分辨率，对高分辨率成像和功能甚至分子影像学的发展都有着重大意义。MRI 的发展实现了从结构成像到功能成像的跨越。

正电子发射断层成像（positron emission tomography，PET）作为一种功能成像技术，主要是将标记过的具有生物活性的化合物作为示踪物质引入要研究的人体部位或器官，通过这种示踪物质的空间分布状况，反映人体或器官的机能和代谢状况的空间信息。PET 成像中用到的是正电子放射性核素，它衰变时产生的正电子在人体组织中运动很短距离后和电子相遇，发生湮灭，产生一对向相反方向出射的能量为 511 keV 的 γ 光子，再由探测器测量出射的光子。根据人体不同部位吸收标记化合物的能量不同，同位素在人体内各部位的聚集程度不同，湮灭反应产生光子的强度也不同，测量 γ 光子就可以确定电子对湮灭的位置、时间和能量信息。PET 成像只有两个相对的探测器同时检测到湮灭光子才计数，直接利用电子准直，这就决定其灵敏度很高。PET 现在常用的示踪剂 ^{18}F 标记的氟脱氧葡萄糖（FDG），在肿瘤探测中应用广泛，尤其是肿瘤的早期诊断。肿瘤组织新陈代谢旺盛，对 FDG 的摄取比一般组织多，PET 图像中的亮斑反映 FDG 中标记物 ^{18}F 的聚集，即可反映肿瘤组织的存在。PET 的图像是一种功能图像，对病变检测灵敏度高，但解剖结构远不如 CT 和 MRI，在诊断和治疗定位上存在较大困难，为了解决此问题，出现了 PET/CT 双模式系统。在这之前，人们通过分别进行 PET 和 CT 成像，利用标记点融合两组图像来对病变组织进行定位。PET/CT 的出现消除了分别成像产生的相对运动，能更精确、方便地对病灶进行定位。

正所谓“眼见为实”，人们总是更倾向于相信眼睛所直观看到的，在医学影像技术出现之前，外科医生必须对病人进行创伤手术才能知道在病人体内发生了什么。自从X射线成像首次被应用于影像技术中，医学影像在成像分辨率、成像速度、发现新的内源性对比机制和发展新的外源性造影剂，医学影像的处理、分析、可视化等方面取得了长足进步。从简单的二维投影成像跨越到实时获取三维影像，从仅仅显示解剖结构跨越到高灵敏度和特异性的生理功能、疾病状态和治疗效果的检测。生物医学影像技术使我们能在无创的情况下观察人体内部结构，这是生物医学影像技术的主要贡献。此外，医学影像在探测和诊断疾病、评估治疗效果、药物研究、微创手术、手术指导等方面也发挥了重要作用。

2.2 小动物成像技术的发展

许多测试探究性的实验是无法直接在人体进行的，需要在小动物身上进行研究与试验，这就使得对实验室小动物的成像成为临床前生物医学研究的关键组成部分。动物模拟是现代生物医学研究中重要的实验方法与手段，对小动物进行成像能帮助我们更方便、更有效地认识人类疾病的发生、发展规律，帮助我们进行新药物的筛选和测试，进行新的治疗方法的研发及疗效评价等。

近年来，各种影像技术在动物研究中发挥着越来越重要的作用，出现了各种对小动物成像的专业设备，如微型MRI、微型CT等。生物医学影像技术的发展通过结构成像、功能成像，现已到了分子成像水平，在细胞和分子水平上进行显示和测量。分子成像旨在对与疾病相关的分子改变进行成像和量化，而不是对最终结果的形态学改变进行成像，能帮助实现疾病的早期诊断和治疗。分子影像还不是很成熟，但在生命科学研究中具有重要的应用价值，引起了研究人员的广泛重视，近年出现了大量分子影像研究的内容和成果。分子影像技术的发展除了有成像技术的发展，还包括分子探针技术的发展。分子探针将特殊分子引入组织体内与特定的靶分子特异性结合时产生信号，使体外成像设备能进行成像，特异性高、便于定量研究。2007年，Eric T. Ahrens等用全氟聚醚纳米颗粒对细胞进行标记示踪，然后利用^{19}F MRI图像对糖尿病模型中的T细胞迁移进行显示和定量研究。2008年，Ralph Weissleder等将细胞载入芯片，进行MR显微成像，在分子水平实时分析测量一系列生物蛋白标记物，确认特殊细胞，比如区别标记的肿瘤细胞和一般细胞。Younan Xia等对金纳米笼状颗粒进行了一系列研究，通过调控金纳米笼状颗粒的表面等离子体共振峰位置，可得到适用于不同波长成像的外源性造影剂等。

分子探针技术进步的同时，分子成像技术也得到了飞跃性的发展，除了传统的MRI、PET、微型CT外，出现了光学分子成像技术。如现在常见的荧光成像和生物发光成像，基本上各大研究所都有在使用。光学相干断层成像（optical coherence tomography，OCT）也是一个成功的例子，1991年，C. A. Puliafito等研制了第一套OCT系统，分辨率为几微米，能对视网膜上的视神经盘旁区域进行成像。2005年，Mark E.

Brezinski 等用偏振 OCT 评估冠状动脉斑块中胶原蛋白含量，从而预测其破裂的风险性。双光子和共聚焦技术也是大家所熟知的，2003 年，David Kleinfeld 等利用飞秒激光脉冲和双光子显微镜快速切割样本，同时进行成像，每成像一次，切掉一层，对下一层成像，得到整个网络，在微米级别分辨率上完成了对脑皮层内标记的投射神经元的成像，及脑皮层微血管的成像和重建。最后，要提到的是一种活体光学分辨成像技术——光声成像，这也是现在非常流行的一个研究领域。众所周知，光学成像最大的挑战在于穿透深度，而光声成像深度相对较深，有望突破深度限制。2011 年，Lihong V. Wang 等利用光学分辨的光声显微成像，在 570 nm 实现了活体组织下 1.2 mm 的穿透深度，获得了鼠耳及不开颅情况下鼠脑血管的总血红蛋白浓度和血氧饱和度测量结果。传统的医学成像模式，如 X-ray 成像，分辨率在几百微米，光学成像的分辨率在亚微米水平，远远超过普通医学成像；但成像视野、成像深度对生物光学成像都是巨大的挑战，任何可能解决这些问题并让生物光学成像走得更远的方法，我们都乐意去尝试。

3. 肿瘤研究面临的挑战

从 1950—2003 年各大疾病死亡率的统计数据来看，心脏病、脑血管疾病、肺炎的死亡率都有所下降，而令人失望的是，在过去的 50 年里，肿瘤的治愈情况并没有多大改善。肿瘤死亡率随年龄增加，男性稍高于女性，年龄到达 50 岁以后，肿瘤死亡率急剧增加。在中国，接下来的 20 年里我们将面临人口老龄化问题，因肿瘤而死亡的人口总数将增加，我们需要寻找解决方案。肿瘤细胞数随时间变化呈现“S”形曲线，曲线中间拐点处细胞数为 10^6，这个时期，肿瘤血管新生因子启动，肿瘤开始生成血管，获取营养，快速生长；当肿瘤细胞数达到 10^9 时，肿瘤大小接近 1 cm^3，属于现有的临床技术能探测到的大小；肿瘤细胞数量继续增加，达 10^{12} 时，即可导致病人死亡。从这一数据来看，从临床探测到肿瘤开始，肿瘤细胞只需要分裂 10 次，即可达到致死数量。通常，肿瘤细胞倍增时间为几天，甚至一天，也就是说，肿瘤病人留给医生的治疗期通常只有几个月时间。在肿瘤治疗中，人们经常提到疗效一词，我们在肿瘤生长的某个时期开始干预治疗，肿瘤体积会下降，但随后又会不可避免地回升。换句话说，即使我们准确地知道靶区位置，用最好的药物进行治疗，最多也只能延长病人几个月的寿命，远远不能治愈肿瘤。

过去 50 年，人类对肿瘤进行了大量的研究。Robert A. Weinberg 等对肿瘤基本特征进行了长时间的研究，从 2000 年的 6 个特征扩增到 2010 年的 10 个特征，分别为持久的增殖信号、抗生长信号的不敏感、抵抗细胞死亡、无限的复制潜力、持续的血管生成、组织浸润和转移、避免免疫摧毁、促进肿瘤炎症、细胞能量异常和基因组不稳定及突变，对肿瘤基本特征的研究和总结为肿瘤的研究和讨论统一了基础语言和系统框架。2009 年，Rakesh K. Jain 和 Brett E. Bouma 等利用多光子显微镜和频域光学成像技术获取了小鼠脑肿瘤血管新生情况，发现其脑组织正常区域血管分布具有规律性，因为它们有各自的职责，而肿瘤区域血管的唯一任务即促进肿瘤生长，故肿瘤区域血管密集而杂乱。NCI 将肿瘤的基本发展分为四个阶段，从最开始的单个细胞突变、增殖；到异型增殖，也就是癌前阶段；再到原位癌，细胞发生恶变，在局部形成肿瘤，尚未浸破基底膜；继续发展，肿瘤细胞由发生部位向深处浸润，进入浸润癌阶段。随后，肿瘤会发生转移，90% 的肿瘤病人死于肿瘤转移引发的疾病，而非原发癌，我们能通过外科手术切除原发癌，但转移肿瘤分布广泛，无法手术切除。2012 年，Marco Gerlinger 等通过外显子测序、染色体畸变分析、染色体倍性分析等手段，对原发性肾细胞癌及相应的多个转移瘤的活检样本进行分析，从而研究肿瘤内遗传异质性，跟踪肿瘤发展过程。肿瘤难以治愈的原因之一在于肿瘤的异质性，肿瘤不同部分不仅生理病理特性不同，遗传性也不同。Marco Gerlinger 等发现肿瘤内遗传异质性可能通过达尔文自然选择规律促进肿瘤适应性，导致治疗失败和出现耐药性。肿瘤发展不同阶段，其微环境也不同，在原位癌及以前的阶段，属于无血管期，肿瘤和基质分离，肿瘤处于低氧、酸中毒环境中，代谢缓慢；浸润癌和转移癌阶段，肿瘤浸入基质，进入血管期，大量血管新生。肿瘤微环境中包含的细胞有上皮细胞、肿瘤细胞、干细胞、成纤维细胞、内皮细胞、巨噬细胞和淋巴细胞等，大分子有细胞因子、受体、水解酶、胶原蛋白、波形蛋白、粘连蛋白和粘多糖等，小分子有一氧化氮、水、氢离子、氧、葡萄糖、基质和代谢产物。肿瘤微环境又可分为解剖微环境、代谢微环境、生理微环境、生化微环境和血管微环境。

人类基因组计划对肿瘤研究领域有着巨大的影响，2003 年，人类基因组序列图完成。起初，人们在基因图谱上做了大量工作，关注部分基因的表达谱和一些相关研究。一些批评意见指出我们并不知道哪些是“司机突变”，哪些是“乘客突变”，当我们研究癌症药物时，如果没有作用于诱发癌症的“司机突变”，也不会对情况有多大改善。这就需要一些和癌症相关的基因组研究，NCI 和 NHGRI（national human genome research institute）共同创立了癌症基因图谱计划（the cancer genome atlas，TCGA），研究基因突变如何诱发癌症。当我们同时将癌症组织和组学数据关联起来，就能知道到底是什么突变造成了我们所观测到的现象，帮助我们研究癌症病理学，进一步研究癌症治疗方法。提到肿瘤，异质性是一大问题，获取肿瘤组织和组学数据时，丢失了时间和空间信息，无法知道肿瘤组织来源于哪里。因此，NCI 建立了癌症影像档案（the cancer imaging archive，TCIA），存储了获取到的肿瘤组织的图像，希望利用这些图像指导肿瘤采样。哈佛大学的 Vogelstein 团队多年来致力于癌症基因组研究，取得了很多惊人的成果。癌症是一种基因疾病，并且不稳定，已经发现有约 140 个基因能发生基因内突变，驱动肿瘤发生，驱动基因可分为 12 个信号通道。基因突变的积累对驱动肿瘤发生意义重大，癌症的发生类似生物进化过程，一两个基因的突变还不至于引发癌症，在经过一定时间的突变积累后，癌症细胞获得了比正常细胞更强的生长能

力，首先一部分细胞存活下来，随着时间演变，更多的细胞存活下来，最终它们变成了癌细胞，自给自足，并逐渐取代正常细胞。当我们能完整地了解这一过程后，我们就能找到方法停止和逆转这一过程。成像技术让我们从分子遗传学、新陈代谢以及癌症医学治疗等多方面学习了解了癌症的发生、发展及治疗，成像技术的发展对肿瘤治疗来说是一个重大的机遇。

4. 生物医学影像的发展趋势和未来

生物医学成像技术在过去 50 多年里取得了惊人的进展，但仍然有很多问题值得我们思考和待解决。在未来，我们希望能实现形态成像和功能成像以外的成像，如分子成像；希望能在分子和细胞水平对体内生化反应进行成像；希望超越简单的信号传导跟踪，实现定量成像；希望能利用多模成像实现对疾病的早期诊断和活体病理成像；希望成像能引导生命科学的研究，这一点很重要。成像技术发展的最终目的是应用于医学研究，拯救生命，如何将生物影像技术的成果转化到临床应用，是我们目前面临的极具挑战且重要的任务。

未来是一张白纸，预测未来最好的方式就是去创造它。

（记录人：严冬梅　审核：杨孝全）

陆永枫 现任美国激光协会主席，是国际激光材料处理和纳米制造加工技术方面最知名的教授之一。美国内布拉斯加林肯大学 Lott 特聘教授，长江学者奖励计划讲座教授，国际光学工程学会（SPIE）、美国激光学会（LIA）和美国光学学会（OSA）三会会士，陆永枫教授在基于特定空间可控性的纳米材料激光加工方面的研究处于世界前沿水平，探索出“自下而上”的纳米结构生长工艺，为纳米制造领域提供了新的思路。通过数年的研究，已形成了基于激光的碳纳米管、碳纳米球、纳米洋葱等纳米结构的成熟的加工工艺，并将其应用到摩擦学、能源、医疗等广泛领域。发表高水平作品300 多篇，并著有国际会议文章 340 多篇。曾获得包括德国 International Laser Award 等多项激光界最主要的国际性奖励和新加坡国家科技奖（当年唯一获奖人）。已承担美国国家科学基金、美国军方、美国能源部等多项重大科研项目，总额超过 1800 万美金。

主要学术成就包括：①采用激光 CVD 技术制备了基于碳纳米管的自准直纳米电子器件和磁电子器件，在国际上首次研发出低温环境下将单根电极相连，形成自组装生长纳米材料的技术，克服了此前碳纳米管生长无序和无法控制其生长形态和位置的重大技术难题，对应的 2 项技术被英国皇家物理学会评为 2010 年度全球纳米制造技术亮点，有 2 篇论文作为 *Journal of Nanotechnology* 的封面文章；②在国际上首次提出利用多能级激光束实现能级转换合成新材料技术，采用激光辅助燃烧合成方法在大气环境下高效、低成本合成了金刚石膜、块体和纳米洋葱结构膜层，开创了薄膜与厚膜制备技术新领域，应用前景广阔；③首次采用激光 STM 技术在固体表面制造分辨率在分子量级的微结构，开发出 2D 和 3D 纳米结构的 STM 监测控制技术，制造精度达到 50 nm，为探索单个纳米粒子几何、光、热、化学特性奠定了基础；④在国际上开创性地采用可调谐脉冲激光器和磁约束、空间约束等方法，将激光激发等离子体约束在较小空间，对原子发射光谱的灵敏度和稳定性均有显著提高可用于痕量元素成分分析，为 LIBS 技术成为高精度光谱分析仪器奠定了基础。

第82期

Spectral and Spatial Control Technology in Nanostructure Growth

Keywords：nanostructure growth，laser assisted growth，laser-induced breakdown spectroscopy，laser ablation-mass spectrometry，coherent anti-stokes Raman spectroscopy

第 82 期

光谱及其空间调控下的纳米结构材料合成技术研究

陆永枫

1. 纳米材料合成的动机和它所面临的挑战

20 世纪 80 年代初，德国科学家 Gleiter 提出“纳米晶体材料”的概念，随后通过人工制备首次获得纳米晶体，并对其各种物性进行系统的研究。近年来，纳米材料已引起世界各国科技界及产业界的广泛关注。

纳米材料是指特征尺寸在纳米量级（通常指 1 ~ 100 nm）的极细颗粒组成的固体材料。纳米材料主要包括纳米微粒及由它构成的纳米固体（体材料与微粒膜），它将人类认识客观世界提高到新层次，属于交叉学科战略科技领域。纳米材料具有很多奇异的特性。例如，纳米材料中，当粒径小于某一临界值时，每个晶粒都呈现单磁畴结构，而矫顽力显著增长，这些磁学特性是纳米材料成为永久性磁体材料、磁流体和磁记录材料的基本依据；纳米粒子的超小粒径形成了超大表面原子数，使得许多纳米材料具有极强的化学活性和吸附能力，在工业生产和环保领域具有广阔的应用前景。

纳米材料的独特优势使其在各领域的应用越来越广泛。柔性显示材料早已成为下一代显示设备的首选材料，它的核心就是纳米材料；工业生产中使用的润滑剂，要求低磨损率和无渣特性，纳米洋葱结构的润滑材料是这种高端润滑剂的核心材料；无线充电、高频传感等热门技术实现的必备条件也是纳米材料；污染检测与治理污染中使用的污染物质吸附材料大多由纳米材料构成；关系到人类可持续发展的新能源与能源储存问题仍然与纳米材料相关，制作超级电容器的碳纳米球、石墨烯电池等都是纳米材料。由此可见，纳米材料与未来人类的发展密不可分，无论是工业、能源、环保、还是日常生活都离不开纳米材料，纳米材料的制造与合成技术也因此具有广阔的应用前景和无限的发展潜能。

然而，纳米材料的制备仍然面临着一些挑战。例如，纳米材料的生长往往要求真空与高温环境，能量使用效率低且生长速度缓慢等。这些问题极大地影响了纳米材料的大规模制备及广泛应用，如何解决这些问题，是当今纳米材料制备领域的研究

热点。

纳米材料的制备主要可分为气相法、液相法和固相法。其中气相法由于其制备的纳米材料具有粒径小、无团聚、无需后续处理等优点而被广泛研究。

2. 激光辅助纳米材料合成的研究进展

2.1　激光诱导纳米材料合成

由于分子存在平动、振动、转动与电子激发等多种运动，导致在纳米材料合成时能量利用效率低下、生长速度缓慢，且材料质量不可控。

为克服纳米材料制备的上述缺点，通过采用波长可调谐激光与分子振动能级耦合，直接将激光能量耦合进入分子振动，从而快速加热气体分子、加速分子的振动及其化学键的断裂，最终提高纳米材料的合成速度。如果某分子的振动能级差与激光单光子能量一致，那么激光光子的能量能直接传输给分子而形成共振激发，分子振动能量急剧增大，纳米材料合成速度将快速增长，同时由于振动方向的可选择性，所形成的晶体形貌也能保持一致，材料生长速度和质量均能大幅提高。

在金刚石的合成中，采用10.22 μm激光输出与乙烯（原料气体）分子振动能级相匹配，在大气环境条件下生长出完美的<100>面金刚石，重量可达克拉量级。与传统气相法相比，金刚石的生长速度与质量均有大幅提高。使用X射线衍射与拉曼光谱法检测，激光辅助金刚石合成的光谱图和天然金刚石基本一致。另外，实现了低温、常压条件下纳米材料的合成制备，例如，在氮化镓的生长中使用10.22 μm激光照射，使得合成温度由650 ℃降至250 ℃，同时生长速率得到提升。

2.2　激光空间控制纳米结构生长

在微纳器件的制造中，如何生长出特定形状的器件是人们感兴趣的。例如一维碳纳米管，具有良好的导电、导热及力学性能，常常应用于特种材料场合。目前一维碳纳米管常用化学气相沉积法制备，但由于化学反应不可控，长出的纳米管形状难以控制。通过引入激光照射，调控激光的强弱，能有效控制碳纳米管的尺寸与结构，从而长出特定形状的器件。

二维石墨烯薄膜是目前纳米材料研究的另一热点，两位发现石墨烯的科学家在不到十年时间就都获得了诺贝尔奖，这足以说明石墨烯的重要性。石墨烯具有非同寻常的导电性能、超出钢铁数十倍的强度和极好的透光性，它的出现有望在现代电子科技领域引发新一轮革命。在石墨烯中，电子能够极为高效地迁移，而传统的半导体和导体，例如硅和铜远没有石墨烯表现得好。由于电子和原子的碰撞，传统的半导体和导体通过热传导的形式释放了大量能量。根据2013年的数据，一般的电脑芯片以这种方式浪费了72%~81%的电能。石墨烯则不同，它的电子能量不会被损耗，这使它具有了非比寻常的优良特性。

传统制造石墨烯薄膜主要有以下4种方法：

（1）碳化硅为基板外延法，成本高；

（2）机械玻璃沉积法，产量少；

（3）液相分离，质量低；

（4）化学沉积法，金属作催化剂，但金属会使得基体不能用于制成器件。

针对上述石墨烯的制造过程中所存在的成本高、质量差及其空间构型不可控等问题，在方法(4)的基础上，使用一种碳镍合金（熔点低，可升温蒸发掉）作为原料，直接用激光扫描原料，可以得到任意轨迹的石墨烯形状，从而实现了空间可控石墨烯的合成。

对于三维纳米结构的合成，双光子合成与多光子去除技术的应用大大提高了纳米结构的合成质量和速度。

3. 激光光谱检测技术的研究进展及前景展望

材料的成分分析，是沟通材料科学与工程四要素（结构/成分、合成/制备、性能与使役行为）之间的重要纽带。因此，对材料的检测有如工业的“眼睛”，具有极其重要的地位。目前，比较流行的新型检测方法有：激光诱导击穿光谱（laser-induced breakdown spectroscopy，LIBS），激光烧蚀质谱（laser ablation-mass spectrometry，LA-MS），相干反斯托克斯拉曼散射（coherent anti-stokes raman spectroscopy，CARS）。这三种新兴的激光检测技术各具特点，极具应用前景。

3.1 LIBS 技术

LIBS 技术在元素快速检测领域独树一帜，它利用一束高能脉冲激光轰击样品表面，产生等离子体，用光谱仪探测等离子体发出的特征谱线，从而实现样品成分的快速检测。因为 LIBS 的检测是全光、非接触式的，所以具有远距离、原位、在线检测等优点，在众多领域具有广阔的应用前景。

（1）2012 年 8 月 6 日，“好奇号”成功降落在火星表面，展开为期两年的火星探测任务，它所搭载的名为“ChemCam”火星表面土壤和岩石成分检测仪采用的就是 LIBS 技术，开创了 LIBS 技术在太空探测实际应用的先河。

（2）LIBS 技术为核电原料铀的检测提供了新的方法。随着能源问题越来越严重，核电的使用不可逆转，对核燃料中铀元素的检测显得尤为重要。LIBS 与荧光技术结合能在几秒钟内检测痕量级的铀元素。这种非接触、无需预处理样品的检测方式，减少了工作人员受放射污染的概率。相对于传统的电感耦合等离子体发射光谱技术需要人工溶解等步骤，LIBS 无需样品处理，因此更快捷安全。

新型发展的 LIBS 技术克服了传统元素分析方法的不足，尤其在微小区域材料分析、镀层/薄膜分析、缺陷检测、珠宝鉴定、法医证据鉴定、粉末材料分析及合金分析等应用领域优势明显。因此，LIBS 可以广泛应用于地质、煤炭、冶金、制药、环境、太空等领域。

3.2　LA-MS 技术

LA-MS 技术是一种基于激光烧蚀进样的质谱检测技术，相对于传统的质谱技术需要真空、样品处理复杂的缺点，LA-MS 技术样品处理简单且无须真空，极大地简化了实验步骤。

（1）在同位素的定性或粗略定量分析分析中，LA-MS 技术将发挥重要作用。

（2）LA-MS 结合了激光烧蚀和质谱两方面的优势，可以对样品进行原位和快速检测。

研究发现，LA-MS 技术对铜的同位素有极好的分辨作用，对于其他元素的同位素分辨原理不尽相同。

3.3　CARS 技术

CARS 是一种基于三阶非线性拉曼散射的非线性光学效应。拉曼散射现象于 1928 年由印度物理学家拉曼首先发现，是指当单色光入射到介质时，散射光中除了包括频率与入射光相同的瑞利光之外，还包括强度比瑞利光弱得多，频率与入射光频率不同的散射光。拉曼散射光的频率对称分布于瑞利光频率的两侧，频率低的称为斯托克斯线，频率高的称为反斯托克斯线。拉曼散射线与瑞利散射线之间的频率差与入射光频率无关，而与介质分子的振、转能级有关，与入射光强度和介质分子浓度成正比。在通常的拉曼散射过程中，频率为 ω_p 的入射光与分子相互作用，产生一束斯托克斯散射光，频率记为 ω_s。当 ω_p 的强度增加时，频率为 ω_s 的散射光超过阈值，产生频率为 $\omega_R=\omega_p-\omega_s$ 的受激斯托克斯辐射，与入射光结合为频率 $\omega_{as}=\omega_p+\omega_R=2\omega_p-\omega_s$、相干的反斯托克斯线，这就是 CARS 谱线。CARS 技术在医学领域具有非常广阔的应用前景。

1）CARS 技术对脂肪肝的检测

CARS 技术能对生产油脂的藻类进行检测，探测出藻类中油脂含量最高的阶段。CARS 技术还能清晰地分辨出小鼠正常肝细胞与脂肪化肝细胞。在脂肪肝、肝硬化等疾病高发的今天，CARS 技术能无损分析肝细胞，相对容易地获取肝脏健康状况信息，从而能对脂肪肝进行预防和报警，提早发现肝硬化和肝癌等疾病。

2）CARS 技术对乳腺癌癌细胞的判别

乳癌切除范围一向遵循 2 mm 原则，即医生凭经验切除癌组织时，保险起见一般多切 2 mm，CARS 技术能通过血管成像区分乳癌细胞与正常细胞（癌细胞血管增生严重）。这能给医生提供参考，让他们在切除组织时能更为准确。同理，在心血管、肌肉萎缩以及其他很多与血管相关疾病的检测领域，CARS 都极具应用潜力。

4. 结论

（1）激光诱导纳米材料合成技术可加快合成速度，提高合成质量。

（2）激光空间调控纳米结构生长技术能实现一维至三维纳米结构的复杂构型生

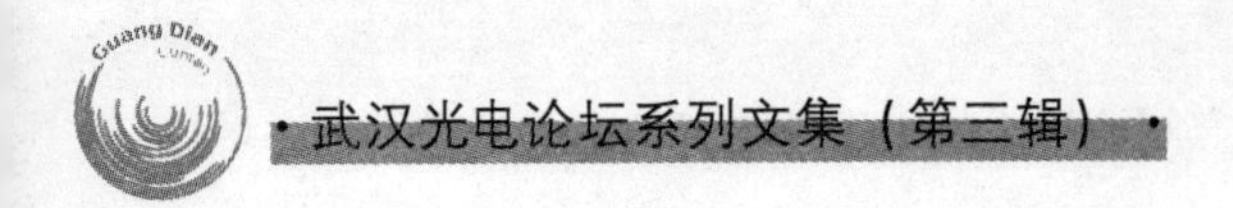

长，促进纳米器件应用。

（3）LIBS 技术在痕量元素分析和太空探测等领域极具前景。

（4）LA-MS 技术可实现同位素原位、快速检测。

（5）CARS 技术为医学检测提供了新的检测方法，帮助解决脂肪肝、乳腺癌等疾病的诊断问题。

（记录人：郭连波　审核：曾晓雁）

鄢炎发 博士，美国托莱多大学教授，同时也是美国橡树岭国家实验室和美国国家可再生能源实验室（NREL）客座科学家。他于1983—1993年在武汉大学学习并获得学士、硕士和博士学位。在20余年的研究中，他获得了一系列国家和国际奖项，包括2001年获得美国能源部的青年科技者奖，2007年获得NREL杰出研究的主任奖，2011年获得被誉为科技界“奥斯卡”的“研究与发展100”奖，同年被推选为美国物理学会会士。他目前已经发表270余篇国际期刊文章，被邀请撰写6篇综述文章，近期被邀请作大会邀请报告20余次。当前研究课题主要包括：太阳能利用相关的材料、器件结构和应用（光伏、燃料电池、可充电式蓄电池、超级电容器等）；理论计算设计能源材料；先进电子显微镜技术于能源领域应用。

第83期

Status and Challenges of Thin-Film Solar Cells

Keywords：solar cell，CIGS，CdTe，perovskite

第 83 期

薄膜太阳能电池最新研究进展和挑战

鄢炎发

1. 太阳能电池的发展及工作原理

太阳能电池的发展最早可追溯到19世纪30年代，法国的Becquerel首先发现了液体电解液中的光电效应；英国的Adams和Day在1876年于Se管中发现了光生电流，这也是首次在固体中观察到光生伏特效应；1954年，美国贝尔实验室发表了单晶硅太阳电池效率达到6%的报道；1960年，Shockley等系统阐述了以pn结为基础的太阳电池工作原理，同年晶硅太阳电池作为空间能源，第一次应用于卫星；在1970年前后太阳电池开始了地面应用。

总的说来太阳能电池技术发展至今，大致经历了三个阶段：第一代太阳能电池是基于单晶硅晶片，多晶硅基片以及其他形式的晶体硅材料。目前，它们仍占据着约90%的地面光伏市场，而产品主要来自亚洲和欧洲，其价格受原料——太阳能级硅的价格影响；第二代太阳电池（和2.5代）主要有掺氢非晶硅和纳米晶硅薄膜，以及碲化镉和铜铟镓硒，它们占据了10%的光伏市场，产品主要来自美国俄亥俄州，成本约为$0.9/W，大约是第一代太阳能电池成本的三分之一；第三代太阳电池是基于新兴的科学技术，在理论上提出高效率新概念电池或在实际中制作出高效率太阳能电池，如染料敏化电池、量子点电池、有机太阳能电池等。

太阳能电池是能够将光能转换为电能的器件，是由p型和n型半导体及前后电极组成。光激发产生电子-空穴对，在电场的作用下电子-空穴对分离。对电子来说，能级越往上能量越高而受光激发并跃迁到高能量的载流子，通过带间跃迁回到能带顶，其间会有热损失（通常讲热载流子难以搜集）。光激发产生电子-空穴对，在电场的作用下电子-空穴对分离产生电池的开路电压。根据Shockley-queisser极限计算得单节电池最高理论效率为32%。

2. 薄膜太阳能电池新进展

2.1 铜铟镓硒（CIGS）

铜铟镓硒薄膜太阳能电池（CIGS）是由铜铟硒薄膜太阳能电池（CIS）发展而来。

其背接触层为CIGS薄膜电池的最底层，直接生长于衬底上。在背接触层上直接沉积吸收层材料（也就是背电极）。其背接触层选取遵循的原则：与吸收层之间良好的欧姆接触以尽量减少两者之间界面态。作为整个电池底电极，承担输出电池功率，因此要求其具有良好的导电性能。从器件稳定性要求来看背接触层既要与衬底具有良好的附着性，同时又不与CIGS吸收层发生化学反应。而背接触层选择MO是由大量实验经验得到的结果。CdS缓冲层的主要作用是使氧化锌和CIGS之间有个过渡从而减小两者之间带隙台阶和晶格失配。另外的作用：一是防止射频溅射ZnO时对CIGS吸收层的损害；二是Cd、S元素向CIGS吸收层中扩散，S元素可以钝化表面缺陷，Cd元素可以使表面反型。

有研究发现，以钠钙玻璃为衬底的CIS薄膜电池性能远优于其他衬底。深入研究发现，玻璃衬底中的Na进入CIS中起到优化作用。只要Na在CIGS薄膜中占0.01%~0.1%的原子比例，就能明显提高太阳电池的光电效率。氟化钾或氟化钠通过去除铜铟镓硒表面的铜和镓促进水浴沉积硫化镉的镉扩散，从而改善了电池界面的接触。

2.2　碲化镉（CdTe）

碲化镉也是第二代太阳电池的杰出代表，它具有合适的禁带宽度为1.5 eV，理论效率达30%，还有优异的吸光性能（2 μm厚度可以吸收对应波长99%的能量）、稳定的相图、简易的生产工艺，多晶型材料电学性能优良。通过模拟发现只要碲化镉太阳能电池效率超过12%，成本便可控制在$0.7/W以下。碲化镉的结构与铜铟镓硒的结构明显不同，为顶衬结构。由于顶结构的硫化镉及碲化镉的结具有较佳的欧姆接触特性及结特性，因此用顶衬结构。选择顶衬时同时需要考虑顶衬材料的热膨胀系数和软化温度。本课题组采用溅射法所得碲化镉太阳能电池效率为14%，采用近空间升华法制备的碲化镉太阳能电池效率高于15.8%，制得Cu接触。同时，本课题组还与美国国家可再生能源实验室、橡树岭国家实验室合作对经硫化镉处理后的碲化镉太阳能电池进行电子性能分析和原子结构研究，从而阐释了氯化镉处理前后电池相关性能的变化原理。对碲化镉和硫化镉界面进行表征，发现沿晶界方向Te含量减少，Cl相应增加，而Cd没有明显变化，界面由异质结生长变为了同质结生长，没有晶格失配，界面完美。在对能带结构进行观测时发现：随着Cl原子的增加，晶界处的导价带发生变化，并形成了反型层，大大提高了晶界处的电子传输能力，这一结果与密度泛函理论计算所得结果大致相吻合。由于氯化镉的处理，硫化镉的扩散改善了硫化镉与碲化镉的界面接触，同时在不改变碲化镉的吸收界限的情况下增强了电学性能。总的来说氯离子填充电子从而减小了表面的缺陷态，由于氯离子的处理提高了界面处载流子收集的能力，显著地提高了碲化镉太阳能电池的效率。

2.3　钙钛矿（perovskite）

钙钛矿（perovskite）最早由德国矿物学家古斯塔夫·罗斯（Gustav Rose）于1839年在俄罗斯中部境内的乌拉尔山脉发现，并以伟大的地质学家Lev Perovski来命名。该矿石的主要成分是钛酸钙（$CaTiO_3$），而最近引人注目的钙钛矿太阳能电池并不是由这种矿石材料制成，而是拥有了与此钙钛矿晶体结构相似的有机/无机化合物。

2009年时，日本科学家Miyasaka首次报道的钙钛矿太阳能电池的效率仅为3.1%~3.8%。随后韩国科学家Park对电池进行了改进，使效率翻了一倍。虽然转换效率提高了，但还要面对一个致命问题——钙钛矿中的金属卤化物容易被电池中的液体电解质破坏，导致电池稳定性低、寿命短。随后在2012年，由Grätzel领导的洛桑理工学院实验室将一种固态的空穴传输材料（hole transport materials，HTM）引入太阳能电池，使电池效率达到了10%，而且也解决了电池不稳定的问题，新型的钙钛矿太阳能电池比以前基于液体电解液的器件更易封装。自此掀起了钙钛矿太阳能电池研究的热浪。

钙钛矿太阳能电池仅用5年的时间就已达到了20%左右的效率，这在太阳能电池的发展史中可算是奇迹了。钙钛矿太阳能电池的优异性能有如下的特点：吸收系数高，载流子扩散长度长，开路电压高，易于做出高效率的电池。

在钙钛矿中，CH_3NH_3和Pb分别提供1个和2个电子，对应于3个I^-，Pb未占据的p轨道和I已占据的p轨道形成1.5 eV的E_g。CH_3NH_3没有对带边产生有影响的贡献但给Pb-I框架提供了1个电子。有报道发现要形成ABX_3的稳定结构，A原子要比B原子大。对于$CH_3NH_3PbI_3$，Pb已经是大原子，很难再找到足够大的单元素A以稳定$APbI_3$。而大尺寸的有机离子$CH_3NH_4^+$能够有效稳定钙钛矿结构，但是没有对$CH_3NH_3PbI_3$的带边的电子结构起到重要贡献。

通过对钙钛矿太阳能电池的理论计算表明，像Ma_i、V_{Pb}、MA_{Pb}、I_i、V_{MA}有相对于VBM或CBM小于0.05 eV的形成能，另一方面，像I_{Pb}、I_{MA}、Pb_i和Pb_I的形成需要很高的形成能，而只有深能级才会产生非辐射复合，如此高的形成能也有力地揭示了$CH_3NH_3PbI_3$本身具有很小的非辐射复合速率，这很好地解释了电子-空穴长扩散的原因（浅能级对于少子寿命的影响较小）。

钙钛矿的导带底主要由Pb的轨道和I的弱耦合而成，揭示了钙钛矿的离子性，而完全占据的Pb^{2+}的S轨道和I的p轨道有很强的反键耦合，造成了价带顶分离。强的s-p反键结合可以得到比电子有效质量更轻的空穴。

钙钛矿的低形成能仅形成浅能级，而深能级需要高的形成能才能产生。低的形成能造就了狭窄的化学势区域有$CH_3NH_3PbI_3$热稳定性，所以要精细地控制钙钛矿的生长条件以防止第二相的产生。

总之，高的吸收系数有以下几点：高对称性，强的ns^2-np^6耦合，高对称性形成直接带隙，强的耦合导致高的态密度，而直接带隙+高的态密度=高吸收。

长的载流子扩散长度的原因包括：晶体结构的高对称性、强的ns^2-np^6耦合、高离子性、大的离子半径（大尺寸的离子半径）。其决定因素包括：有效质量、复合中心密度、散射中心密度；复合中心和散射中心；点缺陷及晶界。良性缺陷的散射中心

有益于形成高效电池。高开路电压的原因为：浅缺陷对应更高的开路电压，而深能级则相反。不稳定的原因为：强的 ns^2-np^6 轨道耦合，高离子性，以及大的阳离子半径。

正是强的 ns^2-np^6 轨道耦合、高离子性和大的阳离子半径，造就了钙钛矿太阳能电池的优异性能，但这些也都是造成钙钛矿不能稳定存在的因素。

为了使钙钛矿效率迈向新的高度，需要集中优化以下三个方面的问题：

（1）电子传输层材料；

（2）空穴传输层材料；

（3）导电性。

3. 总结

在实际太阳能电池的开发研究中为了尽可能得到高的光电转化效率主要考虑以下三个方面：

（1）PN 结及界面质量；

（2）吸收层质量；

（3）带隙匹配度。

（记录人：董东冬　杨晓坤　审核：宋海胜）

Arjun G. Yodh 教授，美国宾夕法尼亚大学 James M. Skinner 科学教授和物质结构研究实验室及其国家科学基金会材料科学研究及工程中心（NSF-MRSEC）主任。他所在的院系是物理学与天文学系，同时也在医学院的放射肿瘤学系兼职。他在康奈尔大学获得学士学位，在哈佛大学获得博士学位。他在 AT&T 贝尔实验室进行了两年博士后研究，于 1988 年获得宾夕法尼亚大学教职。他目前的研究兴趣包括软物质物理、生物医学光学、光学的基础和应用问题。他在这些领域发表了超过 250 篇文章。在生物医学光学方向，他的实验室开展了一系列临床前和临床研究，从光传输、图像重建等基础问题，到鉴别相关临床问题，以及光学方法在这些临床问题中的应用等。目前的临床应用包括大脑和乳腺的功能成像和监测，监测癌症治疗中的肿瘤血液动力学，研究病人四肢、脊柱及其他组织的缺血等。

第84期

Functional Imaging & Monitoring of Brain & Breast with Diffuse Light

Keywords：near-infrared imaging，brain imaging，diffuse optical tomography，breast cancer detection，fluorescence molecular tomography

第 84 期

扩散光对大脑及乳腺的功能成像和监测

Arjun G. Yodh

1. 扩散光学成像的动机、优势和挑战

无论是对大脑进行成像，还是对癌症进行检测成像，共同的目标实际就是对组织的检测。对组织进行检测的技术有很多种，可以单独使用其中一种，也可以将多种技术融合以提供关于组织更加全面的信息。基于近红外波段的扩散光的检测、成像技术就是其中一种重要的技术。这种技术是在近红外波段进行成像，由于近红外波段组织对光的吸收是最小的，例如 700 nm 波段附近的近红外光可以穿透数个厘米（5 cm，有时甚至可以达到 10 cm）深的生物组织。因此可以利用扩散光对深层组织进行成像，例如对大脑及乳腺的功能成像和监测。利用红外波段的扩散光进行成像的优点更是十分明显的，首先它具有非入侵的特点，不会对生物体造成伤害，这就优于某些成像技术（例如 X 光断层成像技术会对生物体造成一定程度的辐射伤害）。所以这是一种安全的成像技术，同时它还具有快速和便携的优势，因为所需的系统架构较为简单。同时这种成像方式的成本也比较低廉，不像 MRI、SPECT 等成像设备那么昂贵。

利用近红外光对组织进行成像当然也有它的困难之处，正如用激光笔打在手指上，另一端只能看到一个模糊的光斑，光在通过散射介质时会被散射，当散射的距离超过一个平均自由程时，光就完全弥散了，失去了原先的方向性，例如光在通过纯水的时候可以一直保持入射方向不变，当通过水和一点牛奶的混合物时，光就会被一定程度的散射，随着散射介质对光散射作用的增强，例如通过纯牛奶时，光就完全扩散了，失去了原先入射的方向性。还有一个重要的问题是，我们无法将组织对光的散射作用和吸收作用区分开，如果可以区分这两者的作用，那么布立顿·强斯曾经所预想的各种检测就可以以一种非入侵、快速、低成本的成像方式实现了。

2. 扩散光学成像技术的原理

近红外波段的光在组织当中的散射运动通常可以通过“随机行走”理论进行近似的描述。值得注意的是，在近红外波段，组织中的约化散射系数 μ'_s 大约为 10 cm^{-1}

(即约为 1 mm)。组织中的吸收系数 μ_a大约为 0.1 cm^{-1}（即约为 10 cm），这是因为组织对近红外波段的光的吸收作用比较小，散射占主要的作用。单独的一个光子在组织中都经历一个“随机行走”的过程。当许多光子通过组织时，我们通常对光通量率这个量感兴趣，这个量有点类似于光子的密度。而我们通常使用扩散方程这种数学模型来描述光通量率，它是一种量化的区分散射作用和吸收作用的基础，可以通过它理解浑浊介质中所谓扩散波的传播规律，有了扩散方程，我们可以计算不同几何形状组织中光通量的分布，并且也可以将它运用于断层成像当中。

我们一开始先是努力寻找最理想情况下扩散方程的解，在这种理想情况下，介质是无限大的，并且是满足均匀介质的要求，然后我们用点光源照射样品，在特定的位置可以探测到出射光的相位和幅值。理想情况下，扩散方程的解具有非常简单的形式。我们亦可以求解频域下的扩散方程，当使用振动源时，我们可以得到一种过阻尼的扩散波，该过阻尼扩散波的波数依赖于组织的吸收作用、调制频率和扩散常数（或光子随机补偿）。通过测量光源对侧从组织出射的光的幅值和相位（通常幅值有所衰减，相位有一定平移），我们可以获得关于吸收作用和散射作用的信息。

由于检测的对象一般不会是无限介质，一种较为符合实际情况的对象是半无限介质。半无限介质同样可以得到形式简洁的解析解。通过测量出射光的频率和相位的变化（通常和不同的源-探分离有关），就可以得到组织的平均吸收系数和散射系数。也就是说我们可以测量组织的吸收和散射。这种方法有许多应用，例如光谱学检测。通过在多个不同波段对组织进行检测，计算其吸收系数，就可以得到总血红蛋白浓度和组织的血氧饱和度。

如果不仅仅局限于得到关于吸收系数的一种平均化的信息，那么我们可以对异质性介质进行断层成像。获取关于组织内部不同体积单元单独的吸收和散射的信息，这在数学上归类于逆向问题，也称为图像重建问题。可以看出这是一种三维成像技术。

3. 扩散光学成像技术的应用

通过对去氧血红蛋白和血红蛋白浓度的检测，另一个想要推断的重要参数就是血流。我们可以通过扩散相关光谱学检测技术来实现这一目标。这一技术的思路就在于去测量被组织散射的近红外光在时间上的波动。我们利用激光照射组织样品，然后连续拍摄从组织出射的光斑，如果单独看每个像素或每个散斑，探测到的强度会具有一定的平均值，并且这些强度会在平均值附近波动。这种波动就是来源于移动的血红细胞。通过检测这些波动，就可以检测移动的血红蛋白，而非检测一个平均值。在单次散射的情况下，我们可以通过检测到的波动信号来计算自相关函数，来反映散射介质中粒子的运动，自相关函数随着时移会不断衰减。当然，如果要将其应用于生物组织的检测，就需要考虑多重散射的作用。本实验室的 David Boas 指出，这和近红外光谱术是很相似的，他指出：时域相关性也是在多重散射介质当中扩散的，可以想象组织

中一系列随机动态的光散射过程；也是满足扩散方程的，和通常扩散方程略有不同，当散射子是静止的时候，就和普通扩散方程的形式一样。我们可以测量光强度或者光电场时间相关函数，这个自相关函数也是经过组织的散射，具有明显的时间依赖性。我们可以将该函数的时间衰减速率同血流的指标联系在一起，该血流指标和血细胞的位移均方根有关。当然要指出的是，这个衰减函数中包含的信息不仅限于上述这些。例如，早期的衰减通常来源于那些已经在组织中传播了较长路径的光子，后期的衰减来自于那些已经传播了相对较浅组织深度的光子。通过测量死亡和活体小猪颅骨的相关函数，可以看出两种情况下相关函数具有十分不同的形式，如血液不循环的死亡小猪的自相关函数的衰减速率大约小于活体小猪自相关函数衰减速率两个数量级。总结这项技术的思路就是，首先利用光源照射组织，然后测量出射光的波动，求出自相关函数，从衰减的斜率可以得到关于血流的指标，该指标依赖于粒子运动的快慢，以及有多少粒子在运动。由于我们通常关心的是正常和疾病两种情况下某个指标的不同，所以也可以求取相对血流速度，这个指标相对来说对于系统误差不太敏感。通过关注其他参数，可以得到关于组织不同生理参数的信息，例如关注散射系数的变化可以得到细胞器浓度（如线粒体浓度）的信息。如此一来，通过不同参数反映不同生理参数就可以应用于不同的临床应用当中，例如癌症的成像、诊断和治疗检测，中风的检测和诊断，线粒体疾病检测，癫痫症检测，脑功能活动和大脑受伤的检测和成像，肌肉活性检测（用于周围性血管疾病诊疗）。

扩散光学断层成像还有一个重要的应用就是乳腺癌的成像。除了上述提到的非侵入、相对快速、便携和成本低等优势以外，它还可以和其他模式的成像技术相结合使用。Regine Choe 参与研制了一个可用于乳腺扩散光学断层成像的设备。该设备配备了多个波长的光源，例如690 nm、750 nm、786 nm、830 nm、650 nm、905 nm，采用CCD作为探测器，成像腔中有匹配液，整个数据获取过程可在8 min内完成。通过断层重建，我们可以得到血红蛋白的图像、去氧血红蛋白的图像以及散射的图像。通过大量实验结果看出，恶性肿瘤部分的总血红蛋白通常高于良性部分，同样的规律也出现在散射系数和光学指数上。

上述提到的扩散光学断层成像基于的是内源性的对比度，例如吸收系数，我们可以利用不同的荧光标记物来实现外源性的对比度，这便是荧光断层成像技术。并且荧光信号还有一个更重要的优势在于，同吸收信号相比，它具有更高的探测灵敏度和特异性。这使得我们可以获取更多的信息，如组织的氧分压、酸碱度，以及细胞内钙浓度。也可以用分子成像的探针（如荧光染料、分子信标和纳米颗粒）对肿瘤进行标记。同样，这种技术在用于人类的乳腺成像时也会面临一定的挑战。经常使用的一种荧光染料是吲哚菁绿（ICG），这是美国食品及药物管理局唯一认可的染料。它的激发峰大约在780～800 nm之间，发射峰大约在830 nm附近。从大量实验结果看出肿瘤部分的ICG浓度大约是背景浓度的4倍，对比度要强于内源性的对比度来源。

扩散光学技术在临床方面的应用前景包括了连续，非侵入的对大脑血流的检测，对组织微脉管系统的直接测量，亦可以对大脑新陈代谢进行检测。虽然现在也有各种非入侵技术对大脑进行检测，例如颅内压监测是目前获取血流信息和组织氧结合信息的技术。而基于扩散光学成像，我们同样可以得到这些信息，并且无须在颅骨中插入设备。另一方面测量血流和血液氧合特性也可以通过核磁共振成像（MRI）和计算机断层成像技术（CT）来实现，但是这些技术成本较高，并且生产量有限。光学技术可以提供对这些参数连续测量的方法。最后，和一些其他的可携带的技术（例如热传导检测仪）相比，光学技术可以测量不同的、互为补充的关于血管响应的信息。特别是借助光学技术可以探测局部的微血管系统，而其他的技术通常探测大静脉和大动脉。最近，Meeri Kim 开始了在临床背景下对光学探测技术和其他技术的交叉验证。例如成人脑外伤，Meeri 在利用血管加压药治疗过程中，对比了光学测量到的血流变化以及 Xe-CT 测量到的血流变化。例如苯肾上腺素的浓度会随着时间变化，她测量了头部两边随时间变化的光学信号，在特定的时间区间进行 Xe-CT 成像。同样的，Erin Buckley 最近在测量排水矢状窦静脉中血流和血氧饱和度时将光学技术和核磁共振成像技术进行了交叉验证。这个工作中，还对有先天性心脏病的新生儿在血碳酸过多症前后进行了同样的探测。Turgut Durduran 对人类颅骨进行了同样的探测，他做了一个小的探测器，可以固定在头部，可以对不同深度进行探测。他进行了一个简单的实验，探测了在手指敲击时运动皮质的光信号。在应对缺血性中风时，通常采取增加受伤区域血流的策略，目前临床中常用的方法之一就是改变床头的倾角。所以 Turgut 开始了一系列的研究，将探测器放置于受伤和非受伤的脑部区域，并测量不同倾角下的血流响应。这个实验的一个基本期望是，脑部受伤区域的组织的自我调控机能不是很好，所以通过倾斜头部可以增加这部分的血流量。我们发展的另外一项研究是探测经颅磁刺激时的脑血流量。Rickson Mesquita 进行了经颅磁刺激时对脑部两侧血流变化的测量。我们关注的另一个关于婴儿的研究是碳酸氢钠对脑血流量的影响。有时我们采用注射碳酸氢钠来治疗酸中毒，但是它有可能会对某些特定的病人带来不良后果。当我们想要单独测量静脉血氧饱和度时，需要将光学信号中的静脉信号分离出来以计算静脉血氧饱和度。实现这一点的思路就是只扰动静脉血管区域。可能的扰动方法包括了静脉闭塞、头部倾斜，这两种都具有一定的危险性，最好的方法是通过呼吸作用。当我们呼吸时，也就改变了腔体内的压力，静脉微血管就会有轻微的压缩。然后再测量血红蛋白和去氧血红蛋白的变化。

4. 未来的挑战和机遇

未来我们面对的一些挑战包括如何分离脑部和脑外部的信号。同时要注意到，由于头部是多层的介质，这使得定量测量成为了一个难题。还需值得注意的是，探测器的压力会改变脑外部的信号，这些信号通常来自于颅骨和头皮。当源-探分离较短时，这种影响尤为明显，即便是在长分离的情况下，依然可以检测到微小的不同。

总之扩散光学可以检测深层组织的生理机能，可以用于乳腺肿瘤检测、脑部肿瘤和肌肉的成像以及一些临床前研究，例如对动物模型的研究。

（记录人：谢文浩　审核：杨孝全）